# LA CITÉ VERTUEUSE D'ALFARABI

*Bibliothèque Albin Michel*
*Idées*

DU MÊME AUTEUR

*Ibn Khaldun's Philosophy of History : A Study in the Philosophic Foundation of the Science of Culture*, Londres, 1964, Chicago, 1971, 2e éd.

*Alfarabi's Philosophy of Plato and Aristotle*, traduit de l'arabe avec une introduction, New York, 1962, Ithaca, 1969.

*Medieval Political Philosophy : A Sourcebook* (éd. avec Ralph Lerner), Cornell, 4e éd., 1984.

Muhsin Mahdi

# LA CITÉ VERTUEUSE D'ALFARABI

## La fondation de la philosophie politique en Islam

*Traduit de l'américain*
*par François Zabbal*

Ouvrage publié avec le concours
du Centre national du Livre

Albin Michel

*Collection « La Chaire de l'IMA »*
*de l'Institut du monde arabe*
*dirigée par François Zabbal*

Je remercie particulièrement Charles Butterworth qui a revu entièrement la traduction et m'a fait de précieuses suggestions. Toutefois, les erreurs ou maladresses que le lecteur pourrait trouver dans le texte sont entièrement de ma responsabilité.

F. Z.



www.albin-michel.fr

ISBN 2-226-11749-0
ISSN 1242-8620

A L. S.
Si nous devions lui verser la dette de gratitude pour toute la gentillesse qu'il eut envers nous, le temps entier n'y suffirait point.

# Introduction

Au cours du Moyen Age, Abû Nasr al-Fârâbî (ca 870-950) était tenu en grande estime par les principaux philosophes de l'époque, tels qu'Avicenne dans l'Orient musulman et Averroès dans l'Occident musulman.

Si, par la suite, sa réputation fut partiellement éclipsée par ses deux grands successeurs, on continua néanmoins de le tenir pour le plus grand philosophe *politique* de cette période. Et ce jugement n'a cessé de se confirmer au cours de la seconde moitié du XXe siècle avec la publication du reste de ses ouvrages politico-philosophiques qui ont survécu, notamment des écrits aussi fondamentaux que *La Philosophie de Platon*, *Les Lois de Platon* et *La Philosophie d'Aristote*.

Les religions révélées avaient inauguré une nouvelle époque et instauré un nouvel ordre politico-religieux. De ce fait, elles avaient mis la tradition philosophique grecque au défi d'analyser et de rendre intelligible cet ordre fondé sur la prophétie, la révélation et la loi divine. Et l'on peut soutenir qu'Alfarabi fut le premier philosophe majeur à relever ce défi.

On sait peu de chose sur la vie d'Alfarabi, hormis qu'il mourut à Damas en 950 à un âge avancé. On sait qu'il naquit dans le district de Fârâb en Asie centrale et qu'il grandit et étudia dans cette région avant de venir à Bagdad poursuivre sa formation. Il voyagea ensuite dans l'Empire byzantin, apparemment pour compléter ses recherches dans l'une des institutions d'enseignement en arabe, proches de la frontière, et il retourna à Bagdad où il enseigna jusqu'à ce que la situation de la capitale abbasside le forçât à partir pour la Syrie, puis l'Egypte d'où il revint pour demeurer en Syrie jusqu'à sa mort. Parmi les maîtres qu'il eut en Asie centrale et à Bagdad, il y avait des clercs chrétiens qui faisaient remonter l'origine de leur enseignement philosophique à l'école d'Alexandrie, l'école platonicienne païenne de philosophie qui avait été christianisée à la fin de la période romaine et dont les derniers membres s'étaient déplacés vers Antioche, Harrân, Bagdad et l'Asie centrale. Eu égard aux fonctions qu'ils occupaient et aux écrits théologiques qui ont survécu, il paraît certain que ces maîtres étaient des chrétiens nestoriens qui avaient hérité de la tradition néoplatonicienne chrétienne transmise par l'un des derniers représentants de l'école d'Alexandrie.

Grâce à ses maîtres chrétiens nestoriens et aux écrits des grands commentateurs néoplatoniciens des écoles d'Athènes et d'Alexandrie, Alfarabi devint suffisamment versé dans la tradition philosophique néoplatonicienne et la tradition théologique chrétienne néoplatonicienne. Il n'aurait donc pas été surprenant de le voir adopter ces deux traditions et développer une théologie musulmane néoplatonicienne. Or, il n'en fit rien, et ce qui paraît surprenant, c'est son rejet des principaux tenants des traditions à la fois païenne et néoplatonicienne chrétienne et son retour à une tradition pré-néoplatonicienne, tradition qu'il découvrit dans les propres œuvres de Platon et d'Aristote et dans ceux de commentateurs plus anciens, pré-néoplatoniciens, plus précisément moyen-platoniciens. L'appréciation par Alfarabi de la signification et de l'usage possible des périodes et des niveaux différents de la philosophie politique platonicienne est un sujet qui reste à étudier. Néanmoins, le résultat apparent en est la récupération de la philosophie politique platonicienne et l'utilisation dans ses écrits politiques de quelques éléments provenant de la tradition philosophique post-platonicienne, principalement aristotélicienne et moyen-platonicienne. La troisième partie de ce livre, « La philosophie de Platon et d'Aristote », aborde partiellement cet aspect de la pensée d'Alfarabi, une présentation plus complète de la relation entre Alfarabi et la tradition philosophique platonicienne devant faire l'objet d'un autre ouvrage.

Non seulement Alfarabi démontre que la philosophie de Platon et d'Aristote convient à l'étude des religions révélées, mais il soutient que la science ou philosophie politique est la discipline philosophique au sein de laquelle devrait être menée pareille étude. Ainsi l'importance d'Alfarabi dans l'histoire de la philosophie tient-elle, notamment, au fait qu'il a été le premier philosophe à développer une philosophie de la religion basée sur la tradition philosophique platonico-aristotélicienne en général et sur la philosophie politique platonicienne en particulier, présentées dans un contexte analogue à celui de *La République*, du *Timée* et des *Lois* de Platon, tout en faisant usage de la tradition philosophique grecque qui a précédé les innovations doctrinales introduites par le néoplatonisme.

Alfarabi était bien au fait des travaux des principaux philosophes néoplatoniciens et de l'incorporation de doctrines néoplatoniciennes dans la théologie chrétienne, qui était la théologie philosophique dominante de ses maîtres et de ses disciples chrétiens de Bagdad. Il lut et utilisa les travaux des maîtres néoplatoniciens distingués de la philosophie d'Alexandrie et d'Athènes à l'époque romaine, qui furent traduits en arabe au cours du IXe siècle et de la première partie du Xe siècle. Il comprit l'apport de la tradition philosophique néoplatonicienne à l'entreprise d'harmonisation entre la philosophie et l'orthodoxie religieuse et à la construction d'un platonisme pour le peuple. C'est donc compréhensible : les historiens de la philosophie qui n'avaient pas étudié ses écrits avec suffisamment d'attention ont pu croire qu'il avait suivi la tradition néoplatonicienne ayant dominé les écoles d'Alexandrie et d'Athènes. Cependant l'absence totale de doctrines philosophiques néoplatoniciennes — la doctrine de l'Un, de l'Intellect et de l'Ame — dans ses écrits authentiques aurait dû suffire à alerter les spécialistes de la philosophie islamique qu'ils étaient en présence d'un philosophe qui faisait usage de quelques éléments tirés de la tradition philosophique néoplatonicienne, mais dont le néoplatonisme demeurait pour le moins suspect.

Alfarabi inaugura dans la philosophie islamique une tradition de retour à ce qu'il appelle les deux sources premières de l'enquête philosophique, Platon et Aristote, sans pour autant ignorer les développements philosophiques postérieurs et leurs contributions éventuelles à la science humaine et naturelle. Ses successeurs au sein des trois religions révélées confortèrent sa haute stature d'autorité philosophique, la plus grande depuis Aristote, en l'appelant le « Second Maître ».

Le lecteur constatera dans les études qui suivent qu'Alfarabi a fait revivre la philosophie politique platonicienne et l'a élevée au statut de discipline permettant d'étudier l'instauration des religions révélées et les sociétés fondées sur celles-ci. Dans un contexte dominé par le problème de la relation entre la philosophie et la religion, il mit en avant le thème de la relation entre la philosophie et la politique, et souleva la question des liens entre la religion et la politique, entre la philosophie de la religion et la philosophie politique.

La manière dont cette approche fut utilisée ou modifiée par ses successeurs dans leur réflexion sur les religions révélées constitue un chapitre de l'histoire de la philosophie qui reste encore à écrire. Cependant, il apparaît que, sans les écrits d'Alfarabi dans le domaine de la philosophie de la religion, une grande partie de l'histoire de la philosophie islamique et, plus généralement, de la philosophie médiévale resterait inintelligible.

Les écrits d'Alfarabi sur la philosophie politique et la religion comprennent des textes très accessibles et d'autres plus spécifiquement philosophiques. Jusqu'à la Seconde Guerre mondiale, ce furent ses écrits les plus connus, *L'Harmonisation*, *La Cité vertueuse* et *Le Régime politique*, qui fournirent aux lecteurs ce qui passait alors pour l'ensemble de sa philosophie politique.

Même des œuvres relativement populaires qui auraient pu éclairer *La Cité vertueuse* et *Le Régime politique*, comme, par exemple, le chapitre 5 de *L'Enumération des sciences* et *Le Livre de la religion*, n'étaient pas encore publiées ou prises en compte. Quant aux œuvres les plus difficiles et néanmoins fondamentales, qui auraient éclairé la manière dont Alfarabi lut et interpréta les écrits de Platon et d'Aristote, telles que *La Philosophie de Platon* et *La Philosophie d'Aristote*, seuls leurs titres figuraient dans les bibliographies médiévales.

Dans ces conditions, il était difficile au chercheur qui lisait des ouvrages tels que *La Cité vertueuse* et *Le Régime politique* de formuler les questions pertinentes sur leurs présupposés : ceux-ci permettent-ils d'expliquer les doctrines incluses dans les deux écrits ? pourquoi commencent-ils de façon différente ? pourquoi des thèmes tels que l'intellect actif, l'imagination, la prophétie et l'état universel sont-ils présents ou occupent-ils une place plus importante dans l'un que dans l'autre ? Quelques-unes de ces questions auraient pu trouver une réponse grâce à la comparaison minutieuse des deux écrits ; cependant une grande part de ce qui n'y est pas dit demeurait hors de portée du lecteur en l'absence d'écrits programmatiques et plus fondamentaux. On s'interrogeait plutôt sur la cosmologie, la biologie et la psychologie totalement obsolètes de *La Cité vertueuse* et du *Régime politique*. Et il est vrai que bien des aspects de la cosmologie et de la biologie présents dans ces deux ouvrages sont devenus caducs avec l'introduction du télescope et du microscope, sans compter d'autres instruments plus récents. Mais toutes les questions qui y sont posées sont-elles dépassées pour autant ? Qu'en est-il de la relation entre la politique, la religion et la cosmologie ? entre l'homme, la société, l'environnement naturel et l'univers physique ? Qu'en est-il de l'idée de l'unité de la science ? En dépit de leur facture sommaire, *La Cité vertueuse* et *Le Régime politique* fournissent au lecteur le moyen de poser de telles questions. Deux de ses ouvrages politiques complets commencent par une réflexion sur l'univers et ses principes, et situent l'homme dans ce contexte plus large ;

cependant, à la fois la cosmologie et la politique qui y sont présentées diffèrent d'un écrit à l'autre, et elles sont totalement étrangères à nos conceptions actuelles. Le caractère anachronique des parties consacrées à la cosmologie est quelque peu compensé par la pertinence contemporaine de la question. Et en science, c'est la question qui est essentielle.

A titre d'exemple, le chapitre 5 de *L'Enumération des sciences*, dont le sujet principal est la science politique, se conclut par de brefs exposés sur ce qui ressemble à la jurisprudence islamique (*fiqh*) et à la théologie islamique (*kalâm*), même si un examen plus précis révèle qu'Alfarabi pense à la jurisprudence et à la théologie comme à des disciplines présentes dans tout régime. Hormis le fait d'une juxtaposition de la science politique à la jurisprudence et à la théologie, on ne peut s'expliquer la raison de tels exposés en appendices à un chapitre sur la science politique, question qu'Alfarabi examine explicitement seulement dans *Le Livre de la religion*, où il apparaît clairement que les opinions sur Dieu et le monde ne sont pas le domaine réservé des sciences énumérées auparavant au chapitre 5 de *L'Enumération des sciences* ; elles sont en grande partie réglementées, définies et défendues par des êtres humains qui ne sont pas des chercheurs chevronnés, qui ne connaissent pas nécessairement la logique, les mathématiques, la physique et la métaphysique ou la science politique. Voici des arts qui entrent en compétition avec les vraies sciences, à la fois théoriques et pratiques, utilisant des méthodes (la rhétorique, la dialectique, la sophistique ou la poétique, l'expérience pratique, l'imitation des législateurs et souverains antérieurs, etc.) dont l'importance politique doit être comprise et évaluée.

La première étude complète consacrée à la place d'Alfarabi dans la philosophie islamique fut publiée en 1936 par Ibrahim Madkour. C'était le premier ouvrage proprement dit sur Alfarabi dans les Temps modernes, correspondant à ce que la recherche pouvait conclure à partir de l'œuvre publiée et des manuscrits alors connus dans les bibliothèques européennes. A la même époque (1936), Leo Strauss était parvenu, en examinant le *Reschith Chokhmah* de Falaquera, à identifier la structure des principaux ouvrages philosophiques d'Alfarabi, la trilogie intitulée *Philosophie de Platon et d'Aristote*, comprenant *L'Obtention du bonheur*, *La Philosophie de Platon* et *La Philosophie d'Aristote*. Cependant, l'avancée la plus décisive fut la publication de *La Philosophie de Platon* en 1943, suivie d'un essai de Leo Strauss sur cette œuvre cruciale (1945).

Parmi les œuvres analysées ici, *L'Enumération des sciences*, bien connue depuis le Moyen Age, fut fréquemment citée et résumée en arabe, en hébreu et en latin. Mais on la tenait pour un simple exposé « encyclopédique » des sciences. On reconnaissait l'importance du chapitre 5 « Sur la science politique, la jurisprudence et la théologie », et on le citait souvent, notamment parce qu'il était difficile de trouver ailleurs une présentation relativement longue de la science politique, postérieure à la tradition platonicienne, car elle avait quasi disparu de la philosophie. Cependant, on ne comprenait pas ce que la jurisprudence et la théologie, ajoutées à la science politique, avaient à voir avec cette discipline ou avec la philosophie en général. En effet, la relation entre la philosophie politique, la jurisprudence et la théologie ne devient intelligible qu'à la lumière de l'exposé sur la science politique du *Livre de la religion* d'Alfarabi, une œuvre qui ne fut disponible qu'en 1968. Avant sa publication, on ne pouvait donc qu'émettre des hypothèses sur la relation entre la science politique d'une part, et la jurisprudence et la théologie d'autre part. Plus encore, c'est *Le Livre de la religion* qui développe et explique clairement et sans équivoque la vision d'Alfarabi sur la relation entre la cité (*madîna*) et la religion (*milla*), tenue par lui comme le principal sujet de la science ou de la philosophie politique.

*La Cité vertueuse* d'Alfarabi fut constamment lue et citée depuis le Moyen Age, et maintes fois imprimée et traduite à l'époque moderne. *Le Régime politique*, qui semble avoir été mieux connu et apprécié dans l'Occident musulman à l'époque médiévale, fut traduit par Dieterici à la fin du siècle dernier et imprimé à Hyderabad au début de ce siècle. Pourtant, on y prêta peu d'attention, car on le prenait pour une simple version de *La Cité vertueuse*. L'opinion générale persistait à n'y voir, comme dans *La Cité vertueuse*, qu'une sorte d'encyclopédie présentant encore un sommaire des sciences philosophiques, une autre version de *L'Enumération des sciences*, avec omission de disciplines telles que la logique et les mathématiques ; pareille vision est reprise dans l'introduction et le commentaire de la dernière édition (1985).

L'une des premières tâches de l'analyse et de l'interprétation de la philosophie politique d'Alfarabi consiste à établir la relation entre le chapitre 5 de *L'Enumération des sciences* et *Le Livre de la religion*, qui comportent tous deux une présentation de la science ou philosophie politique, puis à clarifier la relation entre ces présentations générales de la science politique et *La Cité vertueuse* et *Le Régime politique*, deux constructions produites par le type de science politique décrit par Alfarabi. En d'autres termes, *La Cité vertueuse* et *Le Régime politique* peuvent être désormais considérés comme des exemples ou des modèles construits par Alfarabi conformément à des règles décrites dans son exposé sur la science politique. De tels modèles sont destinés à être imités par les futurs fondateurs et législateurs, et utilisés par les étudiants de la philosophie afin de comprendre leur propre fondement politico-théologique. Ces deux œuvres n'incarnent donc pas la philosophie théorique ou la philosophie pratique d'Alfarabi ; elles représentent seulement des exemples du genre de régime susceptible d'être construit par la philosophie politique.

L'une des principales questions posées par *La Cité vertueuse* et *Le Régime politique* est le statut de la première partie de chacune des deux œuvres — partie débutant par l'énumération des attributs divins et s'achevant par la génération de l'homme et la description initiale de ses facultés —, et son lien avec la seconde partie qui est la partie politique proprement dite. La question n'est pas entièrement résolue dans *L'Enumération des sciences* où la dernière section du chapitre 4, qui énumère quelques thèmes traités dans la troisième et dernière partie de la science divine, ou métaphysique, et le début du chapitre 5, où Alfarabi commence sa présentation de la science politique, sont simplement juxtaposés, sans que la relation entre la métaphysique et la science politique soit expliquée. De plus, on constate que la section consacrée à la science politique, à l'exclusion de la jurisprudence et de la théologie, possède au départ une orientation pratique. C'est seulement quand Alfarabi présente les composantes de l'art royal vertueux (dans 105, 15ff.) qu'il fait référence aux sciences théoriques ou à la philosophie théorique (106, 1 ; 106, 16).

Dans la présentation de la théologie, les descriptions de Dieu et du monde sont centrales, de même que la nécessité de réfuter les opinions fausses, opinions qui ne concorderaient pas avec la présentation de la nature et de la divinité faite aux chapitres précédents de *L'Enumération des sciences*, notamment le chapitre 4, et plus particulièrement sa dernière partie. Dans la présentation de la jurisprudence et de la théologie, il est posé que, dans toute religion, les opinions sur Dieu et le monde sont réglementées et que la jurisprudence et la théologie, une fois le prophète-législateur disparu, visent à poursuivre le travail de déduction de nouvelles conceptions et de défense des anciennes. Les sections consacrées à la jurisprudence et à la théologie viennent tout de suite après le dernier exposé de la science politique consacré aux gouvernements ignorants et à la mention qu'ils n'ont besoin de philosophie ni théorique ni pratique. De plus, on suppose que les opinions sur Dieu et le monde sont des composantes de l'art royal, vertueux aussi bien que non vertueux, de tout législateur et de sa religion, enfin de toute religion.

Par conséquent, le traitement par Alfarabi de ces sujets dans ses œuvres de philosophie politique n'est pas une innovation. Il consiste à mettre l'accent sur la similarité entre l'art royal vertueux et l'art du législateur, entre la cité vertueuse telle qu'elle est conçue par Platon et la communauté religieuse fondée sur la révélation. Il en résulte donc la nécessité de saisir la conception philosophique platonicienne de l'art royal vertueux, une conception devenue désormais plus accessible avec l'avènement des religions révélées. Il est superflu de souligner qu'en dépit de leurs différences la politique platonicienne et les religions révélées comportent des ressemblances susceptibles d'amener la personne qui étudie la philosophie et la religion à rechercher ce que la politique platonicienne peut lui apprendre sur les religions révélées. Bien entendu, la présence d'opinions sur Dieu et l'univers au sein d'une communauté ne suffit pas à l'assimiler à la cité vertueuse conçue par Platon ou à voir dans tout prophète-législateur le roi-philosophe de Platon. Il existe de vrais et de faux prophètes, et les arts de la théologie et de la jurisprudence existent dans des communautés bonnes aussi bien que mauvaises. Alfarabi y fait référence au chapitre 5 de *L'Enumération des sciences* en présentant de façon neutre la jurisprudence et la théologie telles qu'elles sont pratiquées dans différentes religions et en décrivant sur un mode comique certaines activités théologiques.

On ne peut donc admettre comme telles les positions des juristes et des théologiens sur le caractère des opinions et des actions prescrites par leur propre religion ; car ils en sont les défenseurs et non pas les observateurs neutres. A la différence de la science politique d'Alfarabi, la jurisprudence et la théologie ne sont pas scientifiques ; ce sont des arts pratiques basés sur les opinions et les actions prescrites par le fondateur de chaque communauté religieuse. Cependant, l'importance accordée aux opinions des juristes et des théologiens impose que la science politique accorde également une grande attention aux opinions et aux actions. Par conséquent, une science politique aristotélicienne, tendue essentiellement vers l'action, devrait être abandonnée ou incorporée à une science politique platonicienne aussi attentive, sinon plus, aux opinions. En outre, l'art vertueux royal doit être l'objet d'un plus grand intérêt. Au chapitre 5 de *L'Enumération des sciences*, Alfarabi passe d'une brève description de la science politique pratique, placée après celle des sciences théoriques du chapitre 4 et centrée, par conséquent, sur l'aspect pratique de la science politique, à une science politique plus platonicienne.

*La Cité vertueuse* et *Le Régime politique* sont des œuvres que leur titre désigne clairement comme des parties de la philosophie pratique ; ce sont donc des œuvres politiques. Cependant, elles contiennent des thèmes qui appartiennent en propre aux sciences théoriques, à la physique et à la métaphysique. On ne saurait trop insister sur le caractère politique de ces œuvres prises dans leur totalité, y compris les soi-disant parties métaphysique et physique, ou encore sur le caractère politique de ces parties qui semblent purement théoriques. Car, du *Livre de la religion* et du chapitre 5 de *L'Enumération des sciences*, nous apprenons que les opinions sur Dieu et le monde, ainsi que les opinions sur les activités humaines, peuvent être présentées d'une façon qui n'est pas purement théorique et scientifique. Il est donc crucial de déterminer si *La Cité vertueuse* et *Le Régime politique* sont scientifiques, et jusqu'à quel degré ils le sont, car les deux livres ne le prétendent pas et ne suivent pas l'ordre d'investigation que les sciences sont supposées appliquer ; assertoriques, ce ne sont pas des ouvrages d'enquête et de démonstration. Cela suffirait à nous inciter à ne pas prendre tout ce que présente Alfarabi pour un exposé scientifique, surtout si son caractère est politique et ne prétend pas même être scientifique. Il importe de s'en souvenir, compte tenu de l'assimilation fréquente des visions exprimées dans *La Cité vertueuse* et *Le Régime politique* à la conception philosophique ou scientifique d'Alfarabi.

De plus, les opinions exprimées dans ces deux œuvres ne sont pas seulement le produit d'un contexte politique déterminé ; elles sont politiquement pertinentes, importantes, voire cruciales. Car elles désignent la fin, ou la vision du bonheur, en vue de quoi les actions sont réalisées ; ce qui est une question fondamentale de science politique. Elles présentent les vues ou les opinions différentes relatives au bonheur ; ce qui est aussi le principal sujet de la science politique[1]. Et elles indiquent le fondement de la distinction entre les biens, les choses belles,

les vertus, les choses utiles et leurs contraires (102, 14ff.), de même que la base des distinctions entre les régimes et les types de gouvernements (103, 1ff.).

En bref, *La Cité vertueuse* et *Le Régime politique* sont des œuvres parallèles, quoique non identiques en tous points. De façon générale, toutes deux sont divisées en ce qui semble une partie cosmologique (de cosmologie politique ou de théologie politique), et une partie politique. Elles contiennent des éléments dérivés de la philosophie de Platon et d'Aristote, mais leur cadre général est platonicien plutôt qu'aristotélicien.

*L'Enumération des sciences* et *Le Livre de la religion* passent en revue les fonctions de la science politique, qui correspondent en partie à l'objet de *La Cité vertueuse* et du *Régime politique*. Par conséquent, la répartition du contenu de ces deux œuvres en parties cosmologique et politique n'est pas précise. Le politique est assimilé au cosmologique et le cosmologique au politique. Si nous négligeons le politique, nous ne pouvons plus expliquer pourquoi l'homme et la société occupent une telle position dominante dans ces deux œuvres, en comparaison par exemple avec les *Eléments de théologie* de Proclus ; car l'homme n'est pas l'être supérieur (c'est Dieu qui l'est), ou le corps supérieur (ce sont les corps célestes qui le sont). Et nous n'aurions pas de moyen de définir la science dont traitent ces œuvres.

Selon *Le Livre de la religion*, tout ce que contiennent ces deux œuvres fait partie du sujet de la science politique. Par ailleurs, on ne saisit pas d'emblée pourquoi une œuvre politique devrait commencer de cette manière et procéder ainsi. Dans les deux livres, il est possible d'emprunter différentes voies d'enquête : 1. L'homme : sa place au sein du tout (les principes et les corps par quoi commence *Le Régime politique*) et la relation entre son âme, la forme, la matière et le reste des principes et des corps dans le monde. 2. Dans *Le Livre de la religion*, la science politique est appelée à enquêter sur le cosmos, le corps et la cité en vue de faire ressortir quelques aspects ou caractéristiques particulières qui sont *en eux* : ces activités de science politique sont énumérées en détail dans *Le Livre de la religion*. Et il faut se reporter de nouveau au *Régime politique* et à *La Cité vertueuse* pour s'expliquer comment la science politique effectue quelques-unes des tâches qui lui sont fixées au chapitre 5 de *L'Enumération des sciences* et dans *Le Livre de la religion*, et comment elle applique quelques-unes des règles générales décrites sur ces deux cas particuliers. 3. Comme la science politique signifie la science qui a un rapport avec la cité, il convient de prêter une attention particulière aux parties du *Régime politique* et de *La Cité vertueuse* qui traitent de la cité, afin de comprendre comment la cité est modelée sur le cosmos ou le corps humain. A l'inverse, il est nécessaire d'examiner comment le cosmos et le corps humain sont présentés dans ces deux ouvrages, c'est-à-dire s'ils visent à fournir ou souligner les caractéristiques qui sont politiquement pertinentes et qui peuvent être imitées. Ce qui revient à dire qu'Alfarabi n'est sans doute pas intéressé à enquêter sur la nature comme telle, mais à utiliser la présentation du cosmos la plus vraisemblable, celle d'Aristote, modifiée par Ptolémée, reprise encore par lui-même en en politisant la présentation pour en faire une introduction à son exposé sur la cité. La question qui se pose ici est de savoir si le cosmos et le corps humain sont déjà interprétés politiquement, et jusqu'à quel point ils le sont, ou si les conclusions des enquêtes scientifiques sont modifiées pour en faire des opinions plus conformes pour les citoyens et les présenter comme des modèles de la construction de la cité. En ce sens, il n'est sans doute pas juste de parler de « cosmologie politique » ou de « mythe », c'est-à-dire d'un cosmos ou d'un corps humain présentés sans égard aux exposés scientifiques sur le cosmos ou le corps humain. Car c'est précisément la *relation* entre la science et la cité qui est en question, dilemme qu'Alfarabi élabore quand il examine les racines des opinions des cités (ou des religions) ignorantes ou trompeuses à la fin de *La Cité vertueuse* et du *Régime politique*. L'implication en est que, de la même manière que les anciennes opinions justes et corrompues expliquent les visions de ces cités, les opinions modernes non corrompues devraient être à la base des visions de la cité vertueuse. Mais « non corrompu » signifie que la connaissance scientifique ne devrait pas être corrompue quand elle est modifiée et présentée politiquement.

PREMIÈRE PARTIE

# PHILOSOPHIE, JURISPRUDENCE ET THÉOLOGIE

## *Chapitre 1*

# L'orientation politique de la philosophie islamique

« *Et d'abord, permettez-moi de parler de notre Eglise établie, qui est le premier de nos préjugés ; non pas un préjugé dénué de raison, mais une conviction qui renferme une sagesse étendue et profonde. Si j'en parle en premier, c'est que cette institution est dans nos esprits le commencement, la fin et le milieu. Car en nous fondant sur le système religieux qui est aujourd'hui le nôtre, nous continuons à agir en conformité avec le jugement formé par le genre humain dès les temps les plus anciens et transmis uniformément jusqu'à nous. Ce jugement a non seulement bâti, comme un sage architecte, l'auguste édifice des Etats, mais en propriétaire prévoyant, qui entend préserver son ouvrage de la profanation et de la destruction — tel un temple sacré, purgé de toutes les souillures de la fraude, de la violence, de l'injustice et de la tyrannie —, il a solennellement et pour jamais consacré la république et tous ceux qui y remplissent un office. Cette consécration a lieu afin que tous ceux qui exercent une fonction dans le gouvernement des hommes, où ils représentent la personne même de Dieu, se fassent de leur rôle et de leur mission une idée haute et digne ; afin qu'ils ne s'attachent ni aux sordides considérations de lucre ni aux éloges éphémères du vulgaire, mais à une existence solide et permanente, dans la partie permanente de leur nature, et à une réputation et une gloire durables, dans l'exemple qu'ils laissent en héritage à l'univers.* »

Dans ce texte[1], Edmund Burke résume l'une des prémisses

fondamentales de la théologie et de la philosophie politiques occidentales antérieures au XVIe siècle, contre laquelle se sont rebellés depuis les philosophes. L'on pourrait certainement trouver d'anciens épicuriens et des philosophes religieux occidentaux modernes dont la position serait différente, mais ils ne sont jamais parvenus dans le passé, les premiers, à sérieusement ébranler cette vision dominante, les seconds à empêcher plus tard la rébellion contre elle. On envisagera ici le problème, tel qu'il s'est posé dans la philosophie islamique.

Selon l'opinion commune, l'activité humaine appelée philosophie n'est ni nécessaire ni utile, et la prégnance de cette idée impose à la philosophie de se justifier. Mais il convient au préalable de s'interroger sur ce qui est nécessaire et utile à l'homme, et éventuellement sur la propre nature de l'homme. L'une des façons d'aborder la question « Qu'est-ce que l'homme ? » consiste à observer la place qu'il occupe dans le monde et à spéculer sur ce qui pourrait le distinguer des autres êtres que l'on voit ou imagine. La question revient à ceci : la raison ou l'intelligence de l'homme est-elle différente du reste du monde naturel et des parties de son propre être qu'il partage avec les animaux supérieurs ? Ou bien la raison de l'homme est-elle seulement un mécanisme mental plus complexe que celui des autres animaux, une simple extension ou amélioration des facultés animales, qui servirait à satisfaire les mêmes besoins, désirs, passions que les animaux éprouvent, mais de façon plus efficace et parfaite ? Cette question est inséparable de celle de la nature de la politique. Les Anciens et les Modernes ont appréhendé l'homme comme un animal politique, un animal qui diffère des autres en vivant, agissant et poursuivant des objectifs au sein d'une communauté politique. Les questions « qu'est-ce que l'homme » et « qu'est-ce que la politique » visent le même objectif en partant de deux positions différentes.

La philosophie islamique partageait avec les Anciens la vision selon laquelle l'homme est un être d'un type particulier, dont la capacité à raisonner, c'est-à-dire le pouvoir de se connaître et de connaître le tout, constitue une activité qui le distingue des autres animaux ; et dont, par conséquent, raisonner est le but ultime de l'existence. Elle considérait cette distinction entre l'homme et les autres êtres vivants comme radicale, tout autant, sinon plus, que celle qui existe entre les êtres animés et inanimés, les êtres dotés d'âme et ceux qui en sont dépourvus.

Il s'agit en réalité d'une vision philosophique. Pourtant le philosophe ne vit pas parmi des êtres inanimés ou parmi d'autres animaux, avec lesquels il discuterait et justifierait sa position à leur égard, c'est plutôt avec des hommes qu'il s'entretient, qui sont, comme lui, déjà membres de la communauté politique. Cependant, ceux-ci sont généralement immunisés contre la philosophie et le mode de vie qu'elle induit. Ils partent donc de la conviction que les opinions fondamentales admises et appliquées dans la communauté politique sont normatives et hors de portée de toute interrogation. Qu'un individu ose les mettre en doute, il sera considéré comme traître, passible de bannissement ou de mort. De la sorte, le philosophe est confronté à un dilemme. Si l'existence de l'homme et ce qui le distingue des autres animaux ont pour raison l'exercice de l'intelligence et la capacité à connaître — ce dont le philosophe est fermement convaincu —, si pareille connaissance est destinée à examiner les convictions et les opinions et à enquêter sur tout, et si la communauté politique dénie le besoin d'une telle investigation et la rend impossible, cette communauté politique a, par conséquent, déjà opté en faveur d'une vision selon laquelle l'objectif propre de la vie politique et de l'homme lui-même est d'acquérir une plus grande capacité à poursuivre des fins qui ne sont pas spécifiquement humaines, mais qui sont des versions plus élaborées des fins recherchées par certains animaux : le plaisir, la richesse, l'honneur, etc. C'est là que commence le conflit classique entre la philosophie et la communauté politique.

## PHILOSOPHIE ET LOI DIVINE

S'il est une attitude commune à toute la communauté musulmane au cours des siècles, c'est tout à la fois la gratitude pour la révélation et la loi divine, l'adhésion aux actes et paroles exemplaires du Prophète, véhicule de la révélation, l'engagement dans le mode de vie du Prophète et de ses compagnons, tenu pour la juste voie que la communauté doit préserver et imiter et à laquelle elle doit constamment retourner, et la conviction que tout éloignement de la voie tracée par les pieux ancêtres est une erreur et une rébellion qui conduit à des déviances, à l'abandon des commandements de Dieu, à l'errance et l'exil dans le monde de l'infidélité d'où la communauté musulmane doit se sortir pour intégrer de nouveau sa demeure. Il n'est pas une interprétation, quelque généralisée fût-elle, un appareil légal, un avis unanime de la communauté, une justification par la nécessité ou le changement temporels qui puisse miner la croyance foncière que le progrès originel consiste en un retour à l'origine. Il n'existe ni arc-en-ciel à l'horizon ni âge d'or à la fin des temps humains, que ceux-ci résultent de la perfection des sciences et des arts de l'homme ou du contrôle et de la conquête de la nature par l'homme. Le progrès consiste à résister à la tentation de s'éloigner et d'emprunter des voies fausses, et à retourner à l'origine en bouclant le cercle : sa fin est dans le commencement. La communauté musulmane n'est donc jamais satisfaite du présent. Elle regarde vers l'avenir, mais seulement dans la mesure où celui-ci est appelé à déclencher la révolution qui supprimera sa propre rébellion et, surtout, à provoquer une réflexion sur la fin et le jugement derniers. Au-delà du retour à la juste voie tracée par les pieux ancêtres se trouve le retour final de tous les hommes à leur Créateur, à l'autre monde, le monde d'au-delà le monde. Oublier ou négliger la fin suprême sont tenus pour une rébellion ultime, une infidélité et un exil, par une communauté qui, dès l'origine de sa formation, avait le sentiment dominant de l'imminence de cette fin.

Les exigences de la philosophie islamique et celles de la loi islamique divine, telles que généralement perçues, ne correspondent pas en tous points. Par contre, pour le spécialiste occidental moderne de l'Islam, les concordances s'imposent à l'esprit. Pour les philosophes et les théologiens musulmans du passé, les désaccords imposaient d'y prêter une attention particulière et d'y apporter quelquefois des solutions.

Tout d'abord, l'homme est au centre des préoccupations à la fois de la philosophie et de la loi divine : la philosophie est une activité humaine et la loi divine est destinée à l'homme et non aux animaux, aux étoiles ou aux anges. De plus, toutes deux exigent de l'homme qu'il recherche quelque chose de plus élevé que soi, devienne divin, s'attache à ce qui est au-dessus et au-delà de soi. L'homme est confronté au devoir de s'ouvrir au tout ou aux principes supérieurs du tout. De plus, ni la philosophie ni la loi divine ne sont conçues au service de l'homme ; c'est plutôt l'homme qui est à leur service. Elles ne sont pas destinées à répondre à ses besoins ou à améliorer sa condition, tels qu'ils étaient avant qu'il eût connaissance de la philosophie ou de la loi divine, car ses besoins et son état humain sont tenus par la philosophie et la loi divine pour misérables et indignes de sa qualité d'être humain. Désormais, l'humanité de l'homme est définie ou redéfinie par une aspiration supérieure. La philosophie appelle l'homme à connaître l'univers visible et ses principes par le moyen de sa faculté supérieure, sa raison ou son intelligence ; la loi divine lui impose d'obéir fidèlement aux commandements de Dieu. Dans les deux cas cependant, il accomplit d'abord un devoir plutôt qu'il ne réclame des droits. Les droits supérieurs ne sont pas les droits de l'homme, mais les droits de l'univers et de son plus haut principe, le droit de Dieu à être connu et obéi. Par conséquent, la cité conçue par les philosophes et la cité instaurée par la loi divine exigent toutes deux de l'homme une vision exhaustive de l'univers et de son principe supérieur et une appréhension de sa place dans l'ordre général des choses.

L'insistance sur le devoir de l'homme est aussi le principe dominant de la vie politique et sociale telle qu'elle est perçue à la fois par la philosophie et la loi divine. La vie politique et sociale est fondée sur l'obligation d'agir de façon vertueuse. Accomplir une activité vertueuse ne signifie pas rechercher ses désirs, ses passions et ses plaisirs, mais répondre aux exigences de la vertu telle que l'établissent l'intelligence humaine ou la loi divine. L'activité vertueuse n'est pas au service du plaisir ; celui-ci dérive comme par hasard de celle-là. Par conséquent, la cité construite par les philosophes et la cité établie par la loi divine sont vouées à la vertu ; ce sont des cités vertueuses. La vertu en est le centre ; elle est le principe de leur régime et de leur organisation, à l'opposé de la cité tyrannique dont le but n'est pas le bien commun du souverain et des sujets, mais seulement le bien personnel du souverain. La cité vertueuse est dirigée par le sage, la cité tyrannique par l'ignorant, lequel assouvit ses basses passions, ses désirs et ses plaisirs.

La principale vertu commune à la cité construite par les philosophes aussi bien qu'à celle établie par la loi divine est la justice ; et la justice signifie l'obéissance à la loi, une loi exhaustive incluant tout ensemble ce que nous appelons aujourd'hui la loi civile et la loi pénale, la loi publique et la loi privée, la loi morale et religieuse, ou loi portant à la fois sur les actions et les croyances. Les philosophes et les théologiens musulmans ont longuement défendu la supériorité de ces lois exhaustives sur les lois qui se limitent aux seules actions ou aux actions socialement ou politiquement valables. Leurs arguments ne seront pas analysés ici. Nous examinerons plutôt comment une loi exhaustive a poussé des membres de la communauté musulmane à transcender les exigences légales ordinaires de vertu et de justice, les amenant même à s'imposer le devoir d'aller au-delà de celles-ci, comment cette entreprise tend à devenir une activité asociale ou privée et comment le philosophe, partant de l'idée qu'il se forge de cette entreprise, est amené à se dissocier de certains adeptes de la loi divine.

Afin de comprendre comment cette divergence s'est opérée, il est nécessaire de partir des contraintes légales générales pesant sur la croyance, le culte et les transactions sociales. La loi divine est apparue tout équipée de règles visant à assurer l'obéissance en suscitant des traits de caractère, des états d'esprit et des sentiments que l'on peut résumer par la piété et l'humilité, la peur et l'espoir : peur de Dieu, du châtiment et de la rétribution divine, et espoir dans une récompense future et dans la miséricorde divine. A la différence des contraintes légales ordinaires de la loi divine, la piété et l'humilité admettent des différences de degrés. De la même manière, si la loi divine exige de l'homme qu'il enquête sur l'univers et parvienne à connaître ses principes supérieurs, notamment le plus élevé d'entre eux, Dieu Lui-même, cette connaissance admet aussi des différences de degrés. Mais tandis que les exigences minimales de la pitié et de l'humilité ainsi que de la connaissance incombent à tous, les exigences maximales possibles s'imposent seulement à quelques élus. En effet, le caractère et l'esprit des individus capables de répondre au mieux à ces deux types d'exigences sont différents, sinon antithétiques ; y satisfaire au-delà du minimum requiert des vertus additionnelles de type différent, et par conséquent deux formes distinctes de préparation ou d'éducation. Une vie vécue dans la peur et l'angoisse permanentes n'est pas propice à l'acquisition de la connaissance, à l'enquête, à la compréhension et à la contemplation. Celles-ci demandent plutôt que l'homme soit serein, prenne plaisir à regarder autour de lui et à s'interroger sur ce qu'il voit, soit libéré de toute crainte devant le résultat de son enquête, examinant différentes conceptions, acceptant la vérité de ce qu'il découvre par démonstration et confessant son ignorance ou son doute quand il ne parvient pas à la certitude.

Il est vrai que ni l'enquête ni la piété n'exigent la connaissance des principes supérieurs ou de la soi-disant essence de Dieu, de même qu'elles ne supposent pas une sagesse s'appliquant au tout. L'inconnu peut être craint ou examiné, ce sont là deux attitudes également possibles, allant de pair avec une ignorance initiale. Mais les hommes ne se confinent pas d'ordinaire dans la confession de leur ignorance ; ils discutent ensemble et recherchent un appui plus ferme que l'ignorance, afin de construire des conceptions positives sur l'univers, ses structures et ses principes supérieurs.

## JURISPRUDENCE ISLAMIQUE ET THÉOLOGIE

Examinons tout d'abord l'époque où l'étude juridique de la loi divine, la théologie, le mysticisme et la philosophie avaient atteint un certain degré de maturité, et suivons le chemin qu'un musulman pratiquant aurait emprunté pour maîtriser ces disciplines et tenter de s'y frayer une voie. Vers la fin du XIe siècle, al-Ghazâlî [2] passait en revue ces différentes voies de la connaissance ; mais comme il recherchait son fondement ultime, il ne se préoccupa pas de l'étude juridique de la loi divine, dans laquelle il excellait déjà. Ses raisons étaient plutôt simples : selon lui, cette étude concernait en premier les questions pratiques et mondaines. Partant des déclarations explicites du Coran et des faits et paroles du Prophète-législateur et de ses disciples directs et usant de procédés logiques comme l'analogie, cette discipline s'efforce d'arriver à une détermination correcte des cas pour lesquels il n'existe pas de précédents explicites. La perspective du juriste se confine aux limites fixées par le Législateur et la loi divine. En tant que juriste, il ne se pose pas, à propos des fondements de la loi divine, des questions telles que : pourquoi donc une loi divine ? pourquoi cette loi divine particulière plutôt qu'une autre ? pourquoi un régime basé sur cette loi divine plutôt qu'une autre ? pourquoi cette forme d'organisation d'une communauté humaine plutôt qu'une autre ? Bien sûr, la majorité des croyants et beaucoup de leurs dirigeants croient, à juste titre peut-être, que toute tentative d'aller au-delà d'une détermination des exigences de la loi divine et d'une obéissance sincère à celles-ci constitue soit une perte de temps soit une forme de rébellion. Cette équation entre le juste et le légal est la marque de la bonne citoyenneté, mais elle ne satisfait pas les membres de la communauté religieuse qui pensent que la loi divine les convie à rechercher les secrets de la création divine. Ceux-ci ressentent le besoin de connaître les secrets de la loi divine elle-même, surtout quand la communauté se scinde en opinions multiples sur des questions telles que les attributs de Dieu, le caractère de la révélation et les responsabilités de l'homme, ou quand elle est confrontée à des étrangers qui nient la vérité de la loi divine et soutiennent que d'autres lois divines ou humaines lui sont supérieures.

La théologie est la discipline qui défend la loi divine ; elle établit la vérité d'une révélation particulière, l'authenticité de la mission du Législateur et la rectitude des croyances et des actions imposées par cette loi. Cependant, afin d'élaborer une vision rationnelle, relativement cohérente, de ce qu'est la source ultime de la loi divine, Dieu, et de préciser les exigences qu'elle pourrait imposer ou non, de ce que sont la prophétie et la manière de distinguer les prophètes authentiques des faux prophètes, de ce qu'est l'homme et ce qui pourrait lui être légitimement imposé, la théologie ne peut se contenter des énoncés explicites de la loi divine. Autrement, elle ne pourra pas défendre la validité de la loi divine particulière, le caractère juste de ses exigences ou la vertu et la divinité de ceux qui les accomplissent sincèrement. Tout cela suppose que ces questions soient à la portée de la connaissance humaine, non seulement à partir de la loi divine, mais aussi indépendamment d'elle. Cela suppose, de plus, que ce qui mène à cette connaissance constitue un genre particulier de discours ou d'enquête théologique.

Or, toutes ces questions peuvent-elles être appréhendées indépendamment de la loi divine ? Telle semble la question qui a départagé les théologiens musulmans entre ceux qu'on dénommait les rationalistes et les traditionalistes. La question était difficile à traiter, d'abord parce que l'intention de la théologie islamique était de défendre la loi divine, et qu'elle ne pouvait accomplir cette tâche sans la dépasser pour en expliquer le sens, les objectifs et les fondements ; en d'autres termes, sans d'abord obtenir une vision complète de la structure de l'univers et de ses principes directeurs, de l'essence et des attributs de Dieu, et de la structure et de la volonté de l'être humain. Les différentes écoles de théologie islamique explorèrent les multiples conceptions générales possibles mais, à en croire al-Ghazâlî, leur point de départ qui restait la loi divine et leur intention initiale qui restait la défense de cette loi les empêchèrent de mener de telles enquêtes aussi loin qu'il était nécessaire pour satisfaire leur soif de connaître la vérité des choses ou surmonter leur incertitude face à tant de positions conflictuelles. De plus, la théologie islamique, déjà suspecte aux yeux des juristes qui trouvaient que leurs enquêtes sur la loi divine touchaient à l'impiété, avait maintenant à faire face aux philosophes et aux mystiques qui soutenaient qu'ils avaient trouvé des moyens supérieurs et fructueux de mener ces enquêtes.

De même que l'étude juridique de la loi, la théologie islamique a été dès l'origine très centrée sur la politique. En réalité, la direction de la communauté islamique est l'une des premières voire la première question qui a conduit au développement de la théologie islamique. Cependant, à l'époque d'al-Ghazâlî, la politique, dans ce sens plus large, avait reflué à l'arrière-plan dans l'étude juridique de la loi ainsi que dans la théologie. On discutait toujours les qualifications légales des souverains, mais les souverains eux-mêmes avaient cessé depuis longtemps de se conduire comme de dignes successeurs du Prophète. Ils n'étaient plus que des rois séculiers, soumis à un minimum de critères légaux, et dont la fonction légale se limitait désormais à nommer des juges à qui il revenait d'appliquer la loi divine ; ils n'étaient plus engagés dans l'élaboration, l'interprétation ou encore l'application de celle-ci. Ces fonctions étaient assumées par les juristes et les théologiens qui avaient réussi à s'imposer comme les gardiens de la loi divine et à séparer la sphère législative et juridique de la sphère administrative. Les juristes et les théologiens protégèrent et préservèrent la loi divine et la communauté musulmane correspondait à l'aire d'application de cette loi, plutôt qu'au domaine régi par une dynastie particulière. Mais cela signifiait également que la sphère de la loi divine tendait à se limiter à la loi personnelle et à la loi sur les transactions, laissant aux souverains et à leur bureaucratie le contrôle de la loi constitutionnelle et administrative et d'une partie de la justice criminelle. Parallèlement, la théologie se préoccupa de plus en plus des questions d'éthique plutôt que de politique au sens large, sauf quand elle adoptait quelques considérations des philosophes sur les régimes politiques.

La politique devint ainsi le domaine réservé de ceux qui la pratiquaient : rois, vizirs et bureaucrates. La jurisprudence et la théologie islamiques vérifiaient que les rois terrestres ne tentaient pas de s'attribuer des droits divins, de fonder un droit de succession dynastique sur la loi divine ou d'agir comme intermédiaires entre leurs sujets musulmans et le Prophète ou Dieu ; et elles réussirent de cette manière à démythologiser le statut des souverains et à déraciner définitivement les conceptions de l'ancien Proche-Orient relatives à la divinité des rois. En outre, les juristes et les théologiens débattirent longuement de l'obligation légale d'écarter, par la force si nécessaire, un souverain injuste ; mais ils adoptèrent sur cette question des points de vue si divers qu'il est difficile de parler d'un consensus minimal. Toutefois, sur les grands problèmes de la vie politique, ils manifestèrent une indifférence totale. Par conséquent, ils n'étaient préparés ni à comprendre ni à examiner le caractère général des ordres ou régimes politiques sous lesquels les musulmans vivaient, la diversité de leurs formes à mesure que l'islam se répandait sur une grande partie du monde civilisé, ou les changements qui intervenaient avec la succession des souverains, l'extension ou le déclin du pouvoir, et les changements économiques et sociaux subis par la communauté, qui allaient progressivement transformer son caractère, ses idées et ses pratiques.

## NATURE ET CONVENTION

Quant à la philosophie, al-Ghazâlî affirmait que ses partisans soutenaient trois opinions qui n'étaient pas partagées par le reste de la communauté musulmane : l'idée que le monde a toujours existé et qu'il n'était pas issu du néant ; que Dieu connaît les universaux plutôt que les particuliers ; et que, dans le monde à venir, rétributions et châtiments s'appliquent aux âmes et aux esprits plutôt qu'aux corps. Ces questions avaient été déjà traitées par Alfarabi dans *L'Harmonisation* et reprises par Averroès dans son *Traité décisif* ; et tous deux tentaient de prouver que, sous la forme présentée par al-Ghazâlî, ces accusations étaient fausses, car les positions des philosophes sur ces questions étaient variées, complexes et bien moins dogmatiques qu'il ne le soutenait. Mais Alfarabi et Averroès montraient aussi que la manière dogmatique dont une religion révélée cherche à imposer sa vision de la création du monde, de la connaissance des particuliers par Dieu et de la résurrection corporelle place l'enquête philosophique devant des difficultés graves et parfois insurmontables. Al-Ghazâlî, qui assimilait les conceptions des philosophes à un seul ensemble de doctrines ou de dogmes, ne nous aide pas à évaluer ces difficultés. Pour ce faire, il est besoin de prendre d'abord la mesure de la place que la philosophie accorde à la découverte de la nature et à la distinction entre la nature et la convention.

Commençons par un examen rapide de l'histoire des termes *tabî'a* (nature) et *sunna* (convention) en arabe. Dans l'usage préphilosophique, la forme abstraite *tabî'a* n'est pas courante, et les autres formes dérivées (telles que *taba'a*, *tab'*, qui signifient « marquer », « faire impression » ou « empreinte », et par suite : « tempérament » et « caractère » au sens d'une chose imprimée dans les âmes des hommes ou de chose qui marque leurs âmes à la suite par exemple de la nourriture ou de la boisson) sont difficilement dissociables de *sunna*, « tradition », « coutume », ou « voie » ; en réalité, *tab'* est conçu, dans certains cas, comme subordonné à *sunna*, qui peut avoir une connotation plus étendue et constante que *tab'*, en particulier quand *sunna* est utilisé pour indiquer la forme et la conduite de la vie, la « manière des Anciens », ou « la voie de Dieu ». La découverte philosophique de la nature imposait la modification du sens attaché au mot *tab'* et le recours à la forme plus abstraite de *tabî'a* (nature) et *tabî'î* (naturel) pour signifier, non pas une « impression » et une « marque », mais une « expression » : la nature s'exprime elle-même, et les êtres naturels sont ces êtres qui s'expriment ou s'exposent tels quels à nos yeux et révèlent ce qu'ils sont à notre pensée. Al-Ghazâlî savait, bien sûr, que les philosophes avaient une telle vue de la nature, et il ne pouvait pas la condamner car, ainsi qu'il le dit à la fin de *L'Incohérence des philosophes*, il y avait des théologiens musulmans qui défendaient un point de vue similaire. Il était forcé de reconnaître que cette appréhension de la nature était bien une interprétation musulmane du monde, à la fois possible et légitime. Mais il en existait une autre, tout aussi possible et légitime, celle développée par les théologiens dont al-Ghazâlî suivit la voie, plus précisément celle qui affirmait que le monde n'a pas de nature, mais seulement une convention, une habitude ou une coutume. L'atomisme et le déni d'une causalité interne représentaient l'élaboration rationnelle systématique de l'idée selon laquelle rien dans le monde n'a de nature en soi, mais uniquement une convention qui lui est externe. Toute chose a une *sunna*, ce qui signifie que toute chose est prescrite, ou sanctionnée, de l'extérieur et par autre chose.

Ces théologiens concevaient donc la création divine par analogie aux objets fabriqués par l'homme, et Dieu lui-même par analogie aux artisans ou fabricants humains. De leur côté, les philosophes partaient de la distinction entre les choses fabriquées par l'homme et les choses qui ne l'étaient pas et qui avaient leurs principes en soi. Pour eux, le monde visible est un monde naturel dont les parties possèdent un ordre naturel et dont le principe supérieur est l'intelligence suprême : le Créateur, celui qui connaît et qui soutient cet ordre. L'homme aussi est un être naturel, et sa nature se révèle dans la réalisation de ses capacités innées. Cette nature s'exprime par ses désirs, ses passions, son pouvoir de raisonner, sa capacité d'œuvrer pour satisfaire ses besoins et son aptitude à développer les arts et l'ordre politique, moral et social qui correspondent à ses besoins et qui lui permettent de parvenir à la perfection que l'espèce humaine est vouée à réaliser par nature. La nature de l'homme est la source de son bonheur. Tout ce que l'homme fait doit être compris en fonction de sa nature, de sa place dans le tout naturel, et des fins de sa nature en tant qu'être vivant au sein de ce tout naturel qu'est le monde visible.

Il n'est pas difficile de comprendre pourquoi ceux qui ont une telle perception de la nature en général et de la nature humaine en particulier admettaient difficilement la conception que le principe supérieur du monde est un être omnipotent qui n'est d'aucune manière limité par sa connaissance du monde ou par la nature de la création, un Dieu conçu par analogie avec un administrateur, préoccupé par tout incident et accident particuliers, qui brandit des rétributions et des châtiments matériels. L'une des voies qui s'offre pour affronter ces difficultés est de considérer cette vision conventionnelle comme nécessaire à l'instruction de la grande majorité des croyants qui ne sont pas capables, ou qui n'ont pas l'occasion, d'étudier ces questions et qui ont pourtant besoin d'opinions fixées et faciles à comprendre afin de renforcer leur attachement à la loi divine. A cette fin, les philosophes et les mystiques admettaient que la loi divine contenait un sens superficiel qui convenait à la multitude et un sens supérieur qui convenait aux élus. De cette manière, ils pouvaient essayer de transcender la vision juridique et théologique commune de la loi divine sans nier sa validité ni son utilité. Cependant, la ressemblance entre la philosophie et la mystique s'arrête là.

## PHILOSOPHIE ET MYSTICISME

Pour les mystiques comme al-Ghazâlî[3], Dieu est inconnaissable, inaccessible et entièrement imprévisible, car il est absolument libre. La manière relativement constante et prévisible dont le croyant agit en fonction des injonctions de la loi divine ne constitue pas un accès sûr au ciel ou à la vision de Dieu dans l'au-delà. L'individu doit être patient et espérer la bonté et la miséricorde de Dieu, dépasser les strictes prescriptions de la loi divine et pratiquer les vertus mystiques supplémentaires qui culminent dans la confiance et l'amour, les seules grâce auxquelles l'homme peut se prémunir contre sa relation tout à fait imprévisible avec son Seigneur.

Pour les philosophes, cependant, ce type d'attitude mystique suppose une sorte de sagesse divine qu'ils ne prétendent pas posséder. Au contraire, leur compréhension de la nature et de l'ordre du monde visible et leur compréhension de la nature de l'homme et de sa place au sein du tout naturel les mènent à une nouvelle appréciation des conventions. Ils soutiennent d'abord l'idée que la nature humaine, à la différence du reste du monde naturel, n'est pas éternellement parfaite, qu'elle ne parvient pas spontanément à la perfection, mais possède des capacités d'y parvenir qui doivent être développées et que leur développement prend la forme d'activités et d'habitudes qui nécessitent une société et une vie politiques. Les philosophes se mirent donc à enquêter sur la nature de ces activités et habitudes grâce auxquelles l'homme réalise son bonheur en ce monde et dans le monde à venir. Ils s'interrogèrent sur la nature du corps humain et sur les besoins naturels de l'homme, sur ses désirs et ses passions, lesquels soit le forcent soit l'amènent à s'associer à d'autres et à se plier à un minimum de règles nécessaires pour mettre sur pied ne fût-ce que les formes les plus élémentaires et nécessaires de la vie sociale. Ils recherchèrent la manière par laquelle la société humaine progresse vers des communautés politiques évoluées qui permettent aux hommes de satisfaire davantage leurs aspirations au plaisir, au jeu, à la richesse, à l'honneur ou à la liberté, ou encore à quelque combinaison de ces aspirations. Ils enquêtèrent sur les différentes formes que prennent les communautés et les régimes politiques et sur la partie précise de l'âme humaine qui domine chaque forme, le type de souverain qui la dirige, le genre de convention et de loi qui la favorise et préserve, et les causes des révolutions et des changements qui la transforment en un régime différent. Ils recherchèrent les différentes unités qui composent une société et un régime politique — familles, tribus, villages, cités, nations et empires — et étudièrent la part des facteurs naturels ou quasi naturels, tels la race, le caractère commun, la langue, la géographie et l'environnement naturel, dans la formation et la détermination du caractère particulier des régimes politiques. Ils accordèrent une attention spéciale à la relation entre les lois humaines et divines, et à leurs variétés respectives. Ils mirent l'accent sur le fait que leur variété n'infirme forcément aucune d'elles, mais reflète simplement les différences entre les hommes et peut s'accorder avec les différentes étapes de l'évolution des communautés humaines et des conditions et conventions sous lesquelles elles vivent, ou du moins en tenir compte. Ils furent ainsi conduits à examiner l'art du législateur, à la fois le Législateur universel qui régit l'espèce humaine dans sa totalité et les législateurs particuliers qui administrent les nations et cités particulières.

Au cours de ces enquêtes, les philosophes ne perdirent pas de vue leur point de départ. Ils appréhendèrent la convention comme une chose qui n'est pas entièrement arbitraire ou simplement acceptée parce qu'elle est « notre façon » ou « la façon ancestrale », mais comme une chose qui complète et améliore la nature ; c'est, pour ainsi dire, une seconde nature, indispensable à l'homme pour parvenir aux fins qui lui sont fixées par la nature. Qu'il y ait une part d'arbitraire dans la convention, la loi et la vie politique peut être admis sans entacher la possibilité d'enquêter sur la convention ou de développer une science des choses conventionnelles. Une telle science peut être ancrée dans la science de la nature humaine, de ses besoins et de ses fins. Ce ne sera pas une science naturelle, mais une science de l'homme, cet être unique qui peut se transformer en fonction de la vision qu'il a de certaines fins. Ces fins ne sont pas toutes de même rang : certaines sont plus faciles à réaliser que d'autres, et quelques-unes — peut-être même les plus élevées — demeurent en grande partie inaccessibles. Ainsi en est-il, par exemple, du régime politique voué à la connaissance, régime où les philosophes deviennent rois ou rois philosophes, et où, pour ce qui concerne la partie dirigeante, la fin supérieure de l'homme est identique à la fin supérieure du régime politique. Mais très souvent, la vie politique de l'homme et ses fins ne sont pas identiques aux fins supérieures de l'homme, et il devra rechercher la fin supérieure seul ou en compagnie de quelques amis et disciples. Seuls les dieux et les bêtes sont entièrement exemptés de l'arbitraire et de l'accord sur des actions et des opinions communes, théoriquement incertaines ou problématiques.

## LOI DIVINE ET PHILOSOPHIE

On pourrait soutenir que la philosophie islamique s'accorde avec la jurisprudence, la théologie et la mystique islamiques sur l'orientation pratique de la loi divine, sur son caractère de loi et sur sa supériorité par rapport aux simples lois humaines — c'est-à-dire sur la supériorité d'une loi qui exige de ceux qui y adhèrent à la fois de réaliser certains actes et d'en éviter d'autres, de professer certaines opinions et d'en repousser d'autres. Mais la philosophie islamique a rejeté l'idée que la loi divine interdit l'enquête libre ; de fait, elle dit plutôt l'exiger ; et elle a engagé son enquête selon la méthode la plus valable, celle consistant à croire ce qui peut être vu plutôt que ce qui a été dit, la nature plutôt que l'opinion ancestrale. La philosophie était ainsi appréhendée par analogie aux arts humains dont la pratique est exigée par la loi divine, une loi qui laissait l'homme libre perfectionner ces arts selon ses capacités naturelles. Dans son *Traité décisif*, Averroès rappelle à son lecteur que la loi divine impose, dans des cas précis, le rituel de tuer un animal, mais il revient à l'homme de déterminer le meilleur instrument pour le faire.

En d'autres termes, on peut dire que la philosophie islamique a admis la validité pratique des opinions légales, mais perçu l'existence — au plus haut niveau, parmi les gardiens de la loi pour ainsi dire — d'une certaine disjonction entre l'exigence pratique et l'exigence théorique. La pratique exige des décisions : celles-ci doivent être basées sur une conviction solide, avoir une finalité, et elles sont incompatibles avec l'hésitation ou le manque de résolution. La théorie exige une ouverture d'esprit, la reconnaissance de l'ignorance, la suspension du jugement prématuré, l'acceptation des nouvelles évidences et la volonté de procéder à de nouveaux examens. Cela, pourrait-on dire, est la manière dont la philosophie islamique a découvert ou compris la nature humaine : au plus haut niveau, il existe une dissociation, une dualité ou encore un conflit permanent entre les exigences de la vie pratique et celles de la vie théorique. Comme la vie théorique ne peut être menée isolément de la vie pratique, le philosophe a reconnu cette dualité dans sa propre vie, accompli les actions et accepté la croyance exigée par la loi divine, en même temps qu'il tentait de préserver l'intégrité de l'enquête et de la vie théorique. Pareille harmonisation entre les exigences de la vie pratique et celles de la vie théorique n'est pas sans poser des problèmes, et ces problèmes ne peuvent être esquivés sans sacrifier l'un ou l'autre aspect, soit en abandonnant le désir de connaître, ou l'attachement à sa propre communauté et sa loi divine, soit en subordonnant l'un à l'autre, ou en faisant ce que, aux dires de la « Condamnation des 219 propositions », les averroïstes latins auraient fait

— en soutenant que X est vrai selon la philosophie, même si Y est vrai selon la théologie. Cette dernière solution implique l'idée que la philosophie s'est transformée en sagesse ou qu'elle n'est plus amour et recherche de la sagesse, puisque cette recherche est déjà réalisée et la vérité trouvée. S'il en est ainsi, ce qui était appelé dualité de la nature humaine devient une soi-disant théorie de la double vérité, avec laquelle il est un peu difficile de vivre. Il est sans doute plus aisé de dire : « Je crois et cherche », plutôt que « Je crois quelque chose, et je sais que la vérité est toute autre ». La philosophie islamique a résisté aux affirmations des théologiens, des mystiques ou encore de certaines écoles philosophiques, selon lesquelles elle se serait transformée en sagesse. L'orientation politique de la philosophie islamique n'était en aucun cas dépendante de la résolution des questions philosophiques ultimes ; elle était, au contraire, partie intégrante de l'enquête philosophique sur ces questions.

*Chapitre 2*

# Philosophie et pensée politique

Le dialogue appelé *Les Lois* ou *De la législation*, dans lequel Platon présente le meilleur ordre politique, débute par une question sur l'origine des lois : l'étranger athénien demande à ses deux compagnons s'ils attribuent leurs lois « *à un dieu ou à quelque être humain* » (Platon, *Les Lois*, 624a). C'est en comprenant comment *Les Lois* de Platon posaient des questions pertinentes aux lois divines, comment, ainsi qu'Avicenne allait le soutenir plus tard, cet écrit était l'ouvrage de base sur la prophétie et la loi divine, qu'Alfarabi orientait désormais la philosophie vers la politique et fondait de cette manière la philosophie politique au sein de la communauté musulmane. Bien que les adeptes des religions révélées eussent déjà répondu de manière catégorique et définitive à la question de savoir si « *un dieu ou quelque être humain* » leur avait donné leurs lois, nombre de questions restaient à débattre et à clarifier : la relation entre Dieu, l'homme qui sert d'intermédiaire et la communauté religieuse ; l'étendue du contrôle de la vie privée et collective de l'homme par les lois divines ; l'extension de la communauté religieuse au-delà des frontières nationales et géographiques ; et la relation entre ce qui est révélé et ce qui est accessible par l'esprit non assisté de l'homme.

Pareilles questions préoccupaient également les théologiens et les juristes des religions révélées ; et elles formaient ce qu'il est convenu d'appeler leur pensée politique, laquelle n'était pas un prolongement de la pensée politique païenne ou de la philosophie politique classique. La victoire des religions révélées sur les religions de l'Antiquité païenne transforma tout autant le fondement prépolitique de la vie politique que le fondement préphilosophique de la philosophie. La perception par les hommes du monde environnant et leurs visions du plaisir et de la peine, de l'utile et du dangereux, du bien et du mal, de la vertu et du vice, du bonheur et de la misère, de ce monde-ci et de l'au-delà, subirent un changement radical. Désormais, personne ne pouvait les mener, diriger ou commander sans avoir, au préalable, pris conscience des nouvelles conditions ; personne ne pouvait explorer avec eux des questions pratiques et théoriques, leur transmettre la connaissance ou les engager dans un dialogue sur la nature des choses, y compris la chose politique, sans prendre comme point de départ leur nouvelle perception du monde et d'eux-mêmes.

La réintroduction de la philosophie politique dans ces communautés religieuses constitua donc une tâche qui imposait bien plus que la récupération de la tradition classique, laquelle n'était déjà pas une œuvre facile dans les nouvelles circonstances. Pour des raisons qui n'ont toujours pas été pleinement examinées ou comprises, la philosophie politique ne commença sa carrière dans le nouveau contexte de la civilisation arabo-musulmane qu'au Xe siècle de l'ère chrétienne, quand Alfarabi réussit à faire revivre la philosophie politique de Platon et d'Aristote, en libérant la philosophie socratique de la théologie chrétienne et en initiant ce qui devint la tradition majeure de la pensée politique dans la communauté musulmane. Et ce n'est qu'au XIIe siècle que la philosophie politique pénétra dans le judaïsme par l'intermédiaire de Maïmonide, et au XIIIe siècle qu'elle fut adoptée par la chrétienté latine avec les averroïstes, ainsi qu'avec Albert le Grand et Thomas d'Aquin.

Parler de la philosophie et de la pensée politique au temps des religions révélées — « en notre temps », comme avaient alors coutume de dire les philosophes peut signifier une branche spéciale de la philosophie comme celle qu'a développée

Aristote dans *La Politique*. Cela pourrait également signifier parler de la philosophie et de la religion tout entières ; de la manière dont la philosophie aborde la religion, développe une philosophie de la religion et entretient des liens avec la théologie et la jurisprudence telles que pratiquées par les religions révélées ; ou encore de la manière dont la philosophie propose de nouveaux moyens pour l'enquête théologique et légale au sein d'une religion révélée déterminée. Cela peut aussi signifier parler de la manière dont la tradition religieuse aborde la philosophie, la transforme, la subordonne à la théologie et se la concilie ; ou de la manière dont la loi divine interdit l'enquête philosophique ou lui impose des limitations. Ces questions sont depuis longtemps influencées par la thèse séduisante d'Etienne Gilson, pour qui, dans la chrétienté latine, philosophie et révélation sont incluses dans ce qu'il appelle « la philosophie chrétienne »[1]. Cette thèse a été adoptée par des spécialistes de l'islam et du judaïsme qui parlent d'une « philosophie islamique » et d'une « philosophie juive » comparables, et par des spécialistes d'histoire comparée de la philosophie qui parlent d'une « philosophie religieuse » plus générale. En ce sens, la « philosophie chrétienne » est absurde et mérite la remarque de Heidegger (*Introduction à la métaphysique*, p. 20) selon qui elle n'est pas plus crédible qu'un carré rond.

En effet, ce qu'il faut examiner, c'est comment la philosophie politique a changé d'orientation pour faire face au nouveau contexte créé par les religions révélées, les difficultés qu'elle a eu à surmonter, les circonstances dont elle a pu profiter, et, par-dessus tout, les problèmes qu'elle a trouvé dignes de réflexion et d'investigation. Pour ce faire, il n'est pas nécessaire d'abandonner l'usage de l'adjectif « islamique », « juif » ou « chrétien » pour désigner la philosophie pratiquée dans les communautés adhérant à ces religions révélées ; il suffit de s'abstenir de préjuger de la nature de la relation entre la philosophie et les sciences religieuses.

## LE DÉFI DES RELIGIONS RÉVÉLÉES

De même que la philosophie islamique, la philosophie politique islamique semble une synthèse de l'aristotélisme, du platonisme et du néoplatonisme. Ces trois traditions n'étaient pas étrangères l'une à l'autre. Aristote avait sans doute modifié de façon radicale la pensée de Platon, mais Platon était souvent son point de départ. Les étudiants contemporains en philosophie arabe et islamique devraient prendre garde de ne pas se laisser séduire par la tendance qui a dominé pour un temps l'histoire de la philosophie grecque. Celle-ci mettait Platon et Aristote en opposition radicale et tenait le courant dominant des périodes gréco-romaine et médiévale, qui consistait à privilégier systématiquement les thèmes communs aux deux philosophes, pour des malentendus historiques plutôt que des interprétations légitimes. De la même manière, Plotin et les autres néoplatoniciens étaient des étudiants consciencieux des deux grands maîtres. Les platoniciens (les académiciens), les aristotéliciens (les péripatéticiens) et les néoplatoniciens avaient bien des choses en commun et ils étaient en interaction constante. Ils formaient, en un sens, une seule tradition de philosophes « divins », et ils se distinguaient des « naturalistes » parmi les présocratiques, aussi bien que des épicuriens et des stoïciens. Ils étaient conscients d'être en désaccord sur des questions importantes, y compris la nature du principe suprême, et ils cherchaient à comprendre les sources de leurs accords et désaccords.

Bien qu'il ne soit pas raisonnable de soutenir que les philosophes arabes et musulmans ont totalement ignoré ces différences et désaccords, il faut néanmoins admettre que leurs écrits posent au lecteur moderne de nombreux problèmes. Beaucoup de ces philosophes paraissent davantage portés à souligner l'unité de la tradition philosophique qu'à en expliquer la diversité ; ils ont plutôt tendance à cacher plutôt qu'à mettre au jour les différences d'opinion sur les questions difficiles et non résolues de la philosophie. N'étant pas des historiens modernes de la philosophie, ils s'intéressent aux questions elles-mêmes plutôt qu'à leur genèse. Et ils semblent avoir jugé préférable que le futur philosophe ne soit pas découragé par les désaccords entre les philosophes et ne se laisse pas gagner par les doctrines des sceptiques et les déclarations de ceux qui prétendent que les désaccords des philosophes prouvent la vanité de la philosophie. Il y a enfin l'impact des religions révélées, lesquelles ont représenté pour la philosophie, toute la philosophie, un défi massif et sans précédent.

Les conséquences de ce défi pour la philosophie politique sont considérables. Les religions révélées se basent sur la prémisse que le principe suprême du monde, le fondateur, l'organisateur et le créateur de l'univers et de tous les êtres, a révélé à l'homme, indirectement par les anges et les prophètes, ou directement par son incarnation, le savoir le plus élevé et le plus complet que l'homme puisse jamais espérer obtenir sur Dieu Lui-même, sur sa propre âme, le but de la vie sur terre, la manière dont il doit se conduire ici-bas et sa fin dernière ou la récompense suprême et le châtiment qui l'attendent dans le monde à venir. Comparé à cette connaissance révélée, ce que l'homme a tenté et continue de tenter d'obtenir par ses propres efforts serait au mieux incomplet ou confus, au pire erroné. De ce point de vue, la sagesse la plus élevée du paganisme ne serait qu'ignorance obscure ou désir inassouvi. Pour commencer, la philosophie politique d'Aristote passerait pour le sommet de la folie et de l'orgueil, avec sa conception d'une vie pratique autosuffisante et close et d'un homme capable de mener une vie juste, vertueuse et noble sans nécessairement posséder des opinions correctes sur Dieu, obéir à ses commandements, ou se soucier de son salut dans le monde à venir. Quant à la conception de Platon qui pose que la sagesse théorique n'est pas accessible à l'homme, dès lors qu'il est condamné à une vie de recherche et de quête, et que la vie pratique et politique doit être évaluée à la lumière de cette quête et mise au service de celle-ci, elle constituait sans nul doute une présentation juste de la condition humaine avant l'avènement de la révélation. Ce que Platon aurait dû ajouter — mais il ne pouvait pas même le soupçonner alors —, c'est que la sagesse n'est pas accessible à l'homme tant qu'il s'appuie sur ses propres moyens : Dieu, en sa miséricorde, peut mettre fin à cet état de confusion et d'ignorance, et l'homme obtenir l'objet de son désir, mais pas au moyen de la philosophie. Et sitôt que cet objet est acquis, la vie de l'homme sur terre devrait être basée sur la connaissance révélée, sa vie pratique et politique mise au service de son salut et le tout subordonné, non à la philosophie, mais à la quête de ce que, désormais, il sait être la vertu, la sagesse et la perfection vraies. Enfin, la vision des néoplatoniciens, pour qui le principe du monde est au-delà de l'être et de la connaissance théorique, et le seul moyen de l'imiter est de pratiquer la dévotion et l'activité spirituelle (un *ergon*, plutôt qu'un *logos*), pourrait être une présentation plus vraie que celles d'Aristote et de Platon. Cependant, là aussi, l'effort de l'homme non assisté parvient seulement à un savoir intuitif du Mystère ultime derrière son apparence voilée ou son émanation dans le monde naturel. Pourtant, le Mystère ultime a maintenant choisi de se révéler à l'homme et de lui apprendre à conduire sa vie, seul ou en association avec d'autres, dans le but de réaliser la vie éternelle en sa présence. La sagesse naturelle et limitée réalisée par les néoplatoniciens à propos du Mystère ultime, la structure de l'univers, l'âme de l'homme à travers laquelle le Mystère ultime se révèle, et ce que l'homme doit faire pour parvenir au salut, tout cela devrait être mis de côté : l'homme doit maintenant croire en la révélation par Dieu de lui-même et obéir à ses commandements.

Il s'ensuivit, au sein de chacune des religions révélées, des siècles de réflexion soutenue menée par les philosophes en vue de saisir les implications de la révélation et de parvenir à un accord avec elles, et tout autant d'efforts de la part des théologiens et des juristes pour définir comment et jusqu'où la religion peut utiliser la philosophie. Plusieurs tentatives furent faites pour instaurer des limites aux prétentions de chaque parti ou pour les harmoniser en redéfinissant l'un ou l'autre ou les deux à la fois. Tout cela en vint à constituer une partie de la tradition occidentale, de sorte qu'il parut difficile par la suite d'imaginer que la philosophie et les religions révélées n'avaient pas entretenu depuis toujours des relations intimes. Pourtant, la philosophie arabe et islamique, de même que la philosophie médiévale en général, demeure quasi inintelligible si l'on ne restitue pas la différence entre l'origine et les perspectives de la philosophie d'une part, et des religions révélées d'autre part, l'incompatibilité initiale de leurs aspirations, et la conscience qu'avait chaque camp du défi sérieux et du mode de vie concurrent que représentait l'autre camp. Seule la gravité du conflit permet d'expliquer le besoin que l'on ressentit, durant la période gréco-romaine et les débuts de la période médiévale, de recourir à un compromis.

## CONSÉQUENCES PHILOSOPHIQUES

A l'origine, les aspirations des religions révélées n'étaient pas dirigées contre une école philosophique particulière, mais contre la philosophie comme telle, contre « l'idée » de philosophie et la prémisse selon laquelle la philosophie est le meilleur mode de vie et la voie, accessible à l'homme, qui mène à la connaissance la plus complète. Les philosophes prirent petit à petit conscience du préjudice porté à la philosophie par leurs propres divisions — ce dont les théologiens et les juristes des religions révélées tirèrent profit en toutes occasions — et de la nécessité de régler leurs différends et de s'unir dans la mesure du possible. Pour autant, cela ne signifie pas qu'ils étaient prêts à adopter des vues incompatibles avec les leurs, que les péripatéticiens par exemple étaient prêts à embrasser l'épicurisme.

Mais il existait suffisamment d'intérêts communs et d'affinités doctrinales entre les académiciens, les péripatéticiens et les néoplatoniciens pour favoriser la formation d'un front commun. Ils ne mirent pas longtemps à s'apercevoir que presque tout Aristote, ou l'essentiel d'Aristote, était inacceptable pour les religions révélées, que certaines doctrines platoniciennes étaient déjà admises par les théologiens, et que le néoplatonisme était accueilli à bras ouverts dans quelques cercles de théologie. Quand le succès indéniable des religions révélées amena les philosophes gréco-romains à la conviction que la coexistence, le compromis et la relation plus harmonieuse avec les religions révélées étaient la seule alternative prudente et pratique à la défense infructueuse des religions païennes décadentes, la question la plus urgente devint : comment protéger et préserver Aristote ? Cela se réalisa en cachant Aristote à la vue du public.

Comme un seul homme, le front commun des philosophes embrassa les religions révélées en mettant à leur tête Plotin, ce sage grec de l'au-delà qui enchantait tout le monde avec ses discours divins, suivi par le divin Platon, Aristote étant gardé à l'arrière-plan, rarement montré, lu seulement par des étudiants qui avaient été initiés d'abord à Plotin, puis à Platon. Il est assuré qu'à une date indéterminée un clerc malin décida qu'Aristote méritait de devenir connu comme auteur de quelques extraits des *Ennéades* de Plotin et des *Eléments de théologie* de Proclus, réunis ensemble sous le titre de *Théologie d'Aristote*. Quelques étudiants de philosophie du même acabit, riant sans aucun doute dans leur barbe, pensèrent que c'était là une idée géniale, et ils attribuèrent également à Aristote d'autres écrits néoplatoniciens. Après quoi, quand l'un de leurs coreligionnaires reprenait l'accusation selon laquelle Aristote croyait dans l'éternité du monde ou ne croyait pas dans la survie après la mort, ils pouvaient désormais répondre : « C'est faux ! Lisez donc ce qu'il écrit ici. Cela peut-il provenir de quelqu'un qui croit en l'éternité du monde ou nie la survie après la mort[2] ? » Une autre manière de protéger et préserver Aristote consistait à s'abstenir d'enseigner la plus grande partie de sa philosophie dans des sessions publiques et à la réserver à des séances privées ; ou encore à noyer ses écrits de commentaires mêlant les doctrines platonicienne et néoplatonicienne.

Enfin, il y a le cas curieux de *La Politique* d'Aristote. Ce livre semble disparaître au cours de la période gréco-romaine et durant toute la période médiévale, pour ne resurgir qu'à la seconde moitié du XIIIe siècle. Pourtant il a dû être constamment présent, puisque les Latins n'eurent aucune difficulté à trouver ses manuscrits quand ils les recherchèrent. Malgré le regain d'intérêt pour les travaux d'Aristote durant la période gréco-romaine et les débuts de la période médiévale, et alors que ses autres écrits étaient traduits en latin, syriaque et arabe, en entier ou en partie, peu de choses furent dites sur celui-ci. On ne sait s'il fut traduit en syriaque ou en arabe, ni quelle partie le fut ; et s'il advint que quelqu'un en fît un commentaire en grec, syriaque ou arabe, nous n'en savons rien non plus. Au sein de la communauté musulmane, des philosophes connaissaient le livre et les sujets qui y étaient traités, mais ils n'en exposèrent pas la doctrine dans le détail. S'ils n'y avaient pas eu accès, ils en auraient ignoré le contenu et auraient mentionné sa disparition ; ce qui n'est pas le cas, à une exception notable près. Le seul philosophe qui ressentit le besoin d'en dire quelque chose est Averroès qui avait conçu le projet de commenter tous les écrits d'Aristote. Il ne mentionne pas que le livre n'était pas traduit en arabe ou que ses prédécesseurs n'y avaient pas eu accès, mais seulement que, n'ayant pu se le procurer lui-même, il avait entrepris de commenter à la place *La République* de Platon. Il n'indique pas que pareille substitution posait des problèmes ou que *La République* de Platon pouvait ne pas concorder avec l'esprit et la lettre de *La Politique* d'Aristote, choses qu'un éminent connaisseur des écrits d'Aristote comme lui ne pouvait ignorer. Il lut et commenta *L'Ethique à Nicomaque*, où il put trouver (au Livre VI) la principale argumentation d'Aristote sur la science pratique et politique, et *La Rhétorique*, qui comporte la classification par Aristote des régimes politiques. Il pouvait se faire une idée claire de la conception d'Aristote sur la science politique ; pourtant, il procéda comme s'il allait de soi qu'après avoir terminé *L'Ethique* d'Aristote, on pouvait se passer de sa *Politique* (celui-ci n'étant pas trouvable) et se contenter de *La République* de Platon.

Certes, on pourrait soutenir que la disparition de *La Politique* d'Aristote fut un simple accident et que des hommes tels qu'Averroès ne pouvaient de toute manière saisir la différence entre Aristote et Platon. Mais de telles affirmations ne sont pas convaincantes : elles ne tiennent pas compte de l'incompatibilité entre *La Politique* d'Aristote et les religions révélées, ou des implications de ce livre sur les discussions de philosophie politique à un moment et dans un contexte où Platon, ou du moins une combinaison de Platon et de Plotin, pouvait être d'un plus grand secours pour éclairer la vie politique telle qu'elle existait alors et éviter les attaques frontales contre la religion sur une question (l'autosuffisance de la sagesse pratique) qui n'était plus vitale pour l'avenir de la philosophie. La vision d'Aristote sur l'autosuffisance de la vie politique pouvait être étudiée et comprise à moindre risque dans *L'Ethique* et *La Rhétorique* par exemple.

La contrepartie de l'escamotage de la science politique d'Aristote fut la récupération et l'introduction de la politique de Platon. *La République* et *Les Lois* de Platon devinrent les textes de base de la philosophie politique arabe et judéo-arabe ; situation qui n'a pas son équivalent dans la chrétienté latine, où *La Politique* d'Aristote, traduite au XIII^e siècle, devint, de préférence à *La République* et aux *Lois* de Platon, le livre de base de la philosophie politique. Mais, encore une fois, un exposé seulement historique de la survivance des textes et de l'influence des traditions anciennes n'est ni suffisant ni utile pour clarifier le caractère ou l'intention de la philosophie islamique telle qu'elle fut développée dans la communauté musulmane et, plus tard, dans la communauté juive et la chrétienté latine.

Tout d'abord, on aurait pu s'attendre à voir totalement inversée la situation respective de la communauté musulmane et de la chrétienté latine. Car, après tout, l'islam se présente comme une religion plutôt politique, liée à l'ici-bas. Elle accorde certainement plus d'attention aux choses d'apparence exclusivement mondaine. Par conséquent, *La Politique* d'Aristote aurait dû séduire plus fortement les philosophes de la communauté musulmane du fait qu'elle constitue un exposé plus « réaliste » de la vie politique où les choses d'ici-bas bénéficient d'une certaine indépendance et d'une relative dignité. De leur côté, les écrits de Platon auraient dû attirer plutôt les théologiens chrétiens. Ses conceptions transpolitiques, « idéalistes », aspirant à l'autre monde et sa cité idéale située quelque part dans « le ciel » avaient séduit les Pères de l'Eglise, notamment Augustin, au cours de la période gréco-romaine. De plus, le Platon transmis aux philosophes de la communauté musulmane, comme le souligne Alfarabi dans *L'Harmonisation*, était un Platon « gréco-romain » ascète, divin et détaché du monde, dont le mode de vie contrastait avec celui du mondain Aristote. Telle était du moins la tradition héritée, qu'ils s'appliquèrent à transformer et corriger. Le Platon qui leur fut transmis était, en effet, un Platon non politique, un Platon pour qui la philosophie était un exercice et une préparation à la mort. Il était connu aussi comme l'auteur de *La République* et des *Lois*, et de *L'Homme d'Etat*, mais le contexte politique de ses écrits avait été perdu de vue.

Tout cela n'explique pourtant pas ce Platon restitué et présenté par Alfarabi et ses successeurs musulmans et juifs. Ce qu'Alfarabi expose est, en un sens, une interprétation non platonicienne de Platon, tout au moins du Platon tel que les traditions gréco-romaines, athénienne aussi bien qu'alexandrine, et leurs survivances médiévales l'ont perçu. Car il présente un Platon franchement politique dont le détachement à l'égard du monde serait accidentel et dont les vues sur la relation entre l'ici-bas et l'au-delà sont plus adéquates que celles d'Aristote. En bref, d'un point de vue historique, le Platon ou la politique platonicienne selon Alfarabi n'ont pas d'antécédent. C'est une création ou réinvention propre à Alfarabi, qui doit, de toute manière, être éclairée par sa façon d'appréhender la vie et la science politiques et par la façon dont cette appréhension motiva à son tour la recréation de la politique platonicienne à partir de traductions et de résumés disponibles à son époque.

Cela est vrai aussi de *La Politique* d'Aristote dans la chrétienté latine. La politique aristotélicienne n'existait, avant le XIIIe siècle, dans aucune des traditions d'où l'Occident latin tira son inspiration scientifique : la tradition gréco-latine, la tradition latine médiévale antérieure ou les traditions arabe et judéo-arabe. La fin supranaturelle et transpolitique de la vie dans la première théologie chrétienne, les doctrines de la Vision, de la Grâce et de la Foi béatifiques et l'indépendance relative accordée à la loi de César ont sans doute préparé le terrain à une science politique autonome qui aurait été alors développée à l'aide de *La Politique* d'Aristote. Mais son contexte immédiat fut la nouvelle refondation de la théologie par Albert le Grand et surtout Thomas d'Aquin, lequel articula et développa les pleines implications de la distinction entre le surnaturel et le naturel, distinction qui correspond d'une certaine manière à la distinction qu'établit Aristote entre la sagesse pratique et la sagesse théorique.

## LE PROBLÈME

Il convient donc de prendre en compte tout à la fois le poids de la tradition religieuse chrétienne de l'Occident latin dans le travail mené par des philosophes comme Thomas d'Aquin et Albert pour comprendre les objectifs de *La Politique* d'Aristote, et l'aide que leur a assurée *La Politique* d'Aristote pour appréhender la conception chrétienne de la vie politique. Il est également nécessaire d'aborder de la même manière l'influence de la tradition religieuse islamique sur la réflexion menée par des philosophes comme Alfarabi sur les objectifs de *La République* et des *Lois* de Platon, ainsi que l'éclairage apporté par ces deux ouvrages à la manière dont l'islam a envisagé la vie politique.

Dès lors que les questions, certes intéressantes mais aucunement décisives, de la disponibilité des manuscrits, des antécédents et des influences, sont écartées au profit de l'examen des intentions des philosophes eux-mêmes et de ce qu'ils entendaient réaliser dans leur travail de philosophes politiques, nous sommes amenés à poser, avec quelque raison, que la tradition religieuse n'est pas seulement un facteur indépendant mais, en un sens, le facteur fondamental et déterminant : c'est lui qui a poussé les philosophes à réinterpréter des penseurs et des courants philosophiques antérieurs dans le but de les concilier avec leur propre tradition religieuse ou de justifier celle-ci. Certes, en tant que phénomène politique, une tradition religieuse est mieux établie, plus stable, plus autoritaire et plus complète que la tradition philosophique qui se développe en son sein. Cela n'est pourtant pas vrai de *l'interprétation* de la tradition religieuse élaborée soit par les philosophes, soit par une catégorie plus large d'« intellectuels », composée, en l'occurrence, de juristes, de théologiens, de mystiques et d'hommes de lettres. Une interprétation est généralement présentée comme une clarification ou une réforme ; il n'en demeure pas moins aisé de constater qu'une tradition religieuse est également susceptible d'interprétations et cela d'une façon qui pourrait affecter son for intérieur en permettant de la concilier avec des conceptions philosophiques ou de justifier celles-ci au regard de la tradition religieuse. On ne peut se contenter par exemple de supposer qu'Alfarabi, réfléchissant sur l'islam en gardant à l'esprit *La République* et *Les Lois* de Platon, et Thomas d'Aquin, réfléchissant sur le christianisme avec *La Politique* et *L'Ethique à Nicomaque* d'Aristote en tête, restent confinés dans un cercle dont le centre immuable serait la foi ou la croyance religieuse. Il est plutôt assuré que la manière dont la foi ou la croyance est formulée au sein de pareille approche n'est plus la vision préphilosophique de la foi ou de la croyance, mais le résultat d'un processus complexe de transformation et d'interprétation. C'est là une question qui mérite d'être traitée avec prudence et mesure.

Il est vrai que *Les Lois* de Platon fournissent un cadre politique pour la compréhension des lois divines, des législations prophétiques et des communautés basées sur celles-ci ; par contre, *La Politique* d'Aristote ne traite pas de ces thèmes et, dans ce livre, la classe des prêtres est présente comme une des parties de la cité, non comme son élément constitutif. Mais *Les Lois* de Platon et, plus précisément, l'analyse par Platon des lois de Minos, représentent-t-elles une analyse adéquate des lois divines des prophètes ? Ce que Minos apprit de Zeus est notoirement différent de ce que Moïse, Jésus ou Muhammad apprirent de Dieu. De même, Minos n'est pas comparable à Moïse, Jésus ou Muhammad. Ces derniers étaient des hommes qui ont accompli des miracles au vu et au su de tous, promulgué des lois nouvelles et organisé des communautés qui ont obéi à ces lois. Et leurs lois ne dépendent ni d'un lieu ni d'une localité déterminés. Elles sont immuables et leur continuité est ininterrompue : une chaîne vivante d'hommes les restitue et les transmet constamment. Dans le christianisme et l'islam, elles sont, de surcroît, universelles, applicables à tous les hommes ; et la guerre ainsi que le prosélytisme sont reconnus comme moyens légitimes de répandre le message. La différence entre les lois de Minos et ces lois divines s'impose d'elle-même, et les philosophes des communautés musulmanes et juives qui enquêtèrent sur la prophétie et la révélation avec l'aide des *Lois* de Platon en étaient certainement conscients. En quel sens pensèrent-ils que l'étude d'un ancien phénomène grec par Platon pouvait les aider à mener à bien leur examen — le seul examen pleinement théorique parvenu jusqu'à nous — des actes fondateurs ainsi que des fondateurs des religions révélées ?

Quant à la situation dans la chrétienté latine, il n'existait pas de philosophie politique proprement dite avant Thomas d'Aquin. Au XIIIe siècle, deux voies s'esquissaient. La première consistait à adopter la démarche d'Alfarabi, Avicenne, Averroès et Maïmonide et à développer et appliquer le modèle platonicien. Ce fut la voie suivie par Roger Bacon, mais elle ne devait ni s'épanouir ni se poursuivre dans la chrétienté latine. La deuxième consistait à partir de zéro en prenant pour modèle *La Politique* d'Aristote et à construire une nouvelle approche. Cette démarche impliquait de tracer une distinction entre les royaumes naturels et surnaturels, en limitant drastiquement l'horizon de la philosophie politique et en laissant à la théologie le soin de traiter du reste. La philosophie politique serait ainsi limitée aux lois et affaires humaines, et ce qui était le problème central de la philosophie politique dans la communauté musulmane, la relation entre les lois naturelles, conventionnelles et divines, serait désormais soulevé et examiné dans un cadre théologique plutôt que philosophico-politique. Quand Dante et Marsile de Padoue essayèrent de libérer la philosophie politique de sa supposée soumission à la théologie, ils durent modifier et compléter la philosophie politique d'Aristote afin de pouvoir discourir sur la question politique centrale du moment : la relation entre le Saint-Empire romain et la Sainte Eglise romaine.

## JURISPRUDENCE ET PHILOSOPHIE POLITIQUE

Pour appréhender la philosophie politique telle qu'elle fut pratiquée dans la communauté musulmane, il convient de commencer là où les auteurs musulmans ont eux-mêmes débuté : par une réflexion cohérente sur la vie politique de la communauté musulmane. De même que ses concitoyens, le philosophe politique musulman s'identifiait avec la communauté religieuse islamique, la *Umma*. Certes, la notion de régime politique religieux n'a plus cours dans notre lexique politique ; il n'empêche que ces philosophes vivaient dans une communauté religieuse où cette notion était une réalité qui dominait l'esprit des hommes, déterminait fortement leurs allégeances politiques et commandait leurs alliances sociales en temps de guerre et de paix. Le régime politique islamique au sein duquel la philosophie politique prit essor après l'époque gréco-romaine était une communauté où une loi divine unique, révélée à l'origine à un prophète-législateur, réglait ou prétendait régler la vie de tous ses membres conjointement aux anciens systèmes juridiques (administratifs, publics et coutumiers) que la loi divine reconnaissait. Les distinctions, évidentes pour nous, entre le public et le privé, le religieux et le profane, n'ont pas, dans la loi divine, le même poids que dans nos systèmes légaux modernes.

En tant que citoyen d'un tel régime politique religieux, le philosophe politique a commencé sa réflexion par une tentative de comprendre l'origine, le caractère et le but de la loi divine qui déterminait ce que ses concitoyens considéraient comme vrai ou faux, vertueux ou vicieux, noble ou vil. En tant que bon citoyen, il se trouvait lui-même tenu par la définition légale de ces questions et croyait ou agissait en accord avec les injonctions de cette loi. La détermination précise de ces matières relevait de la jurisprudence que la communauté musulmane considérait comme la science de la loi divine par excellence. La jurisprudence est basée sur des sources transmises par le Législateur divin. Ces sources sont acceptées, sans être mises en question, et tenues pour des axiomes. A partir de ces sources, et tout en tenant compte de l'intention du Législateur (c'est-à-dire des raisons qui ont motivé la promulgation de cette loi et ce qu'il entendait accomplir grâce à elle pour sa communauté), la jurisprudence s'efforce d'inférer la détermination légale des matières qui n'ont pas été explicitement énoncées par le Législateur. Et dans la mesure où le juriste ne s'interroge pas sur ces sources, mais se contente d'inférences à partir de celles-ci, il n'est pas en position de les comprendre, encore moins de les justifier et de les défendre. Il confine son activité à l'intérieur des frontières de sa propre loi et ne parvient même pas à présenter un exposé complet de son propre système légal. Ce qui était connu dans la communauté musulmane comme la science des racines ou des fondements de la jurisprudence se limitait à l'étude des méthodes de confirmation des sources de la loi et des moyens valables d'inférer des règles particulières à partir de celle-ci. Dès le début, le philosophe politique était donc contraint d'élargir son horizon au-delà de celui du juriste s'il voulait parvenir à une appréhension cohérente de la loi divine à laquelle il adhérait.

En tant que bon membre de sa communauté religieuse, il était tenu d'accepter les opinions et d'accomplir les actions prescrites et tenues pour contraignantes par sa propre loi divine telle qu'elle était définie par le juriste. Mais, en tant que philosophe politique, il se devait d'aller au-delà de la jurisprudence et de tenter d'appréhender les fondations de la communauté religieuse islamique. Il devait poser des questions que les juristes en tant que tels n'étaient ni contraints ni capables de poser : pourquoi une communauté politique doit-elle être une communauté religieuse ? Pourquoi le dirigeant ou le législateur de la communauté politique doit-il être un prophète ou le représentant d'un prophète ? Ces questions le conduisaient inévitablement à enquêter sur les différents genres de communautés politiques, de régimes et de lois, et à établir leurs mérites relatifs. Cette enquête faisait apparaître le besoin universel d'une association politique et la diversité des formes actuelles et possibles de celle-ci. Elle révélait la diversité d'opinions concernant le but ou la perfection de l'homme, ainsi que les moyens d'y parvenir. Elle montrait aussi que les membres des différentes communautés politiques adhéraient à des opinions et accomplissaient des actions qui tiraient leur origine de trois sources différentes : certaines dues à la nature humaine, commune à tous les hommes, d'autres dues à la raison et à la convention, d'autres encore d'origine divine.

La diversité d'opinions sur les questions humaines et les objectifs contradictoires de ces opinions différentes manifestaient le besoin d'une enquête qui remplacerait ces opinions par un savoir, disponible à l'homme en tant qu'homme. En bref, l'existence même de ces opinions humaines différentes et contradictoires semblait nécessiter le type d'activité poursuivie par la philosophie politique. Telle était la perspective du philosophe politique, à la différence de celle de ses concitoyens. Son nouvel horizon était plus large : il comprenait et dépassait leur (et son) horizon de bons citoyens. Comme eux, il adhérait aux impératifs de la loi divine et agissait en conformité avec ceux-ci. Leur croyance se justifiait. Ils n'étaient pas troublés par les arguments de ceux qui ne croyaient dans aucune loi religieuse ou divine et menaient leur vie selon leur propre idée. Et ils n'étaient pas guidés par un sens du merveilleux qui ne trouve aucun répit avant de justifier ou de remplacer les croyances par une connaissance supérieure accessible à l'homme.

Les philosophes politiques découvraient ce nouvel horizon dans les écrits des philosophes politiques classiques, en particulier ceux de Platon et d'Aristote. Ces écrits les mettaient devant un défi capital et de portée considérable : leurs croyances religieuses, notamment celles qui concernent les fins de l'homme et le régime politique qui y mènerait le mieux, devaient être soumises à une enquête dont les résultats justifieraient ou remplaceraient ces croyances. Les philosophes politiques furent ces membres de la communauté musulmane qui relevèrent le défi au lieu de se satisfaire de traiter la philosophie grecque en discipline étrangère, cherchant à la réfuter sans comprendre ce qu'elle voulait dire, ou enfouissant leur tête dans le sable. En agissant ainsi, ils ne furent pas toujours compris ou soutenus par leurs coreligionnaires.

## THÉOLOGIE NATURELLE ET THÉOLOGIE RÉVÉLÉE

La philosophie politique doit être distinguée de la théologie et de la pensée politique des théologiens. Afin d'appréhender leurs différences, il est besoin d'aller au-delà des écrits des philosophes politiques eux-mêmes. Quelques-uns étaient aussi des théologiens ; mais tous, même ceux qui n'étaient pas théologiens ou qui critiquaient la théologie, étaient au fait de la théologie et ont produit quelques-uns des plus pénétrants exposés de ses principes et de son histoire. Bien entendu, la théologie naquit avant la philosophie politique en Islam et, par suite, dans la communauté juive. Elle constitua la première réponse au défi posé par la pensée grecque et par la pensée des diverses religions préislamiques. Elle avait peu à voir avec son équivalent chez les philosophes païens, notamment Aristote. Pour Aristote, la théologie est la recherche des choses divines ou des premiers principes pour autant qu'ils sont accessibles à l'esprit humain non assisté ; elle se distingue donc de l'exposé des choses divines par les mythographes, les poètes, les législateurs. Dans la chrétienté latine, l'examen des choses divines, qui n'est pas nécessairement basé sur la révélation divine mais reste accessible à l'esprit humain non assisté, est appelé théologie « naturelle » en opposition à la théologie « révélée ».

A la différence de la théologie naturelle, la théologie révélée puise ses principes dans les informations sur les choses divines livrées par Dieu Lui-même à ses prophètes ou par le moyen de sa propre incarnation ; ces principes ne sont pas forcément évidents à l'esprit humain non assisté, mais ils le deviennent par croyance ou par foi et seulement à l'homme qui possède cette croyance ou cette foi. Elle essaie de clarifier ou d'interpréter cette information révélée telle qu'elle figure dans le Coran et les faits et dires du Prophète, afin de prouver sa possibilité et de la défendre contre ceux qui s'y opposent, les sceptiques, les non-croyants ou ceux qui adhèrent à d'autres principes révélés. Ainsi, à la différence des principes de la théologie naturelle accessible à l'esprit humain non assisté, et par conséquent non limitée à une communauté politique et religieuse particulière, les principes de la théologie révélée sont accessibles seulement aux membres d'une communauté religieuse particulière, qui croient ou possèdent la foi dans la révélation originale et dans la véracité de la personne qui a transmis cette information. Comme la jurisprudence, la théologie révélée appartient à la communauté religieuse particulière dans laquelle elle prospère. Ainsi existe-t-il une multitude de théologies révélées correspondant aux nombreuses communautés religieuses. Il leur arrive d'appliquer des méthodes rationnelles ou scientifiques, et parfois la ou les mêmes méthodes ; pour autant, elles demeurent multiples et leur champ d'application reste limité à la communauté religieuse à laquelle elles appartiennent. S'il est possible de parler de théologie naturelle tout court, c'est-à-dire sans lien avec la communauté politique ou religieuse au sein de laquelle elle est développée, il est impossible d'en dire autant de la théologie révélée. En effet, la théologie révélée est inconcevable sans une révélation divine particulière, et elle se rattache foncièrement à la communauté religieuse au sein de laquelle elle se développe : elle est, au sens fort, théologie islamique, juive ou chrétienne.

Il est possible de qualifier la théologie politique de discipline théologique spécialisée traitant des questions politiques à partir de l'enseignement de la révélation. Cependant, comme la théologie s'occupe de clarifier et renforcer les opinions et les pratiques fondamentales établies pour un régime politique religieux par son fondateur, toute théologie est en un sens théologie politique. De fait, cette motivation et cette fonction politiques semblent à l'origine de la théologie révélée, non pas dans l'islam seul, mais également dans les trois religions révélées. Toutes ont eu à relever le défi de la philosophie grecque ; chacune était confrontée au rejet de sa révélation nouvelle par les membres des autres communautés religieuses et à leurs critiques ; et chacune était menacée de dissensions internes et d'hérésies qui mettaient en question l'interprétation communément admise de la révélation originale. La jurisprudence, science visant à déterminer ce que la communauté religieuse doit croire ou faire à partir des inférences tirées des faits et paroles du fondateur d'une communauté religieuse particulière, n'était pas préparée à affronter ces contingences. C'est ainsi qu'apparut le besoin d'une compétence ou d'une science capable de défendre par des arguments les principes incorporés dans la révélation constituant la communauté religieuse et de réfuter les critiques de tous ceux qui s'opposaient à ces principes, que ce soit à partir de la philosophie, d'une autre révélation ou d'innovations internes.

Nombreuses étaient les raisons qui imposaient à la philosophie politique d'accorder une attention particulière à la théologie. Il y avait d'abord l'impulsion politique qui donna naissance à la théologie. La théologie révélée naquit dans la communauté musulmane pour résoudre les divergences sur l'identification du souverain légitime de la communauté autant que pour clarifier et défendre la justice de Dieu et ses implications sur la vie de l'homme sur terre. Ensuite la théologie faisait de son mieux pour apporter une explication rationnelle des croyances les plus élevées et fondamentales sur lesquelles reposaient les opinions et les modes de vie de la communauté religieuse et pour les défendre par tous les moyens disponibles. Enfin la théologie était la science religieuse la plus ouverte à l'appel de la raison. En conséquence, les philosophes politiques étaient obligés de délimiter les sphères respectives de la théologie et de la philosophie politique, de distinguer leurs principes et objectifs respectifs et de définir comment les uns se rapportent aux autres.

## THÉOLOGIE ET JURISPRUDENCE

La théologie occupait une place importante, mais nettement auxiliaire, parmi les sciences religieuses de l'islam. Elle ne fut jamais considérée comme la plus haute science religieuse ou la « reine » des sciences comme dans la chrétienté latine. Cette position était occupée par la jurisprudence, dont les praticiens étaient les dépositaires de la loi divine. Le pouvoir de vérifier les principes de la loi leur incombait ; ce sont eux qui déterminaient son mode d'application dans de nouvelles circonstances et qui détenaient le pouvoir de dire ce qui constituait la croyance vraie et l'action juste. Quand, par exemple, les mu'tazilites[3] tentèrent, à Bagdad, au IX^e siècle, de forcer juges et juristes qui n'étaient pas de leur obédience à adhérer à leur doctrine théologique, ils furent confrontés à une résistance généralisée. La théologie n'eut pas le pouvoir de déterminer seule l'une quelconque des questions théoriques ou pratiques essentielles concernant la communauté musulmane. Sa fonction était de défendre ce que les juristes considéraient comme le véritable sens de la loi divine. Les juristes, de même que les philosophes et les mystiques, n'étaient pas préoccupés outre mesure par le genre de méthode rationnelle que la théologie utilisait ; ils la jugeaient en fonction de ses résultats pratiques. Ils l'abritaient et l'encourageaient quand ils en avaient besoin ; ils la contrôlaient étroitement et la réprimaient quand elle semblait susciter des doutes dans l'esprit des croyants, les plonger dans des discussions inutiles et dangereuses ou les détourner de leurs obligations légales.

La philosophie politique manifestait un curieux mélange d'admiration pour l'utilité pratique de la théologie, et de rejet pour ses prétentions théoriques. Pour la philosophie et la logique, toute la théologie révélée est, au mieux, une science dialectique plutôt que démonstrative, car ses principes ne sont pas vérifiables ou évidents en soi pour l'esprit humain non assisté, mais reçus et admis par un groupe particulier sur l'autorité de celui à qui ils furent révélés. Pour le croyant, homme de foi, l'information révélée est plus digne de croyance que les autres types d'information, y compris les principes démontrables ou évidents en soi pour l'esprit de l'homme non assisté. Mais rien n'altère le caractère foncièrement dialectique de ces principes. C'est pourquoi les philosophes appelèrent les théologiens des dialecticiens et leur science une science dialectique. Ils soulignèrent, en outre, le but pratique de la théologie et de ses arguments en faveur des croyances et du mode de vie d'une communauté religieuse particulière et contre tous ceux qui s'y opposent.

La théologie justifiait ses objectifs théoriques par l'incapacité de l'esprit humain non assisté à démontrer l'existence des choses qui sont hors de sa portée. La démonstration devait donc reposer sur la révélation divine, c'est-à-dire sur des connaissances fournies par la loi divine. Cet argument fut constamment développé parmi les théologiens, et il fut à la base de la théologie ash'arite[4] et de la distinction entre choses « surnaturelles » et choses « naturelles » chez al-Ghazâlî et Thomas d'Aquin. Néanmoins, la difficulté vient du fait qu'il n'existe ni preuve scripturaire ni tradition ancestrale appuyant cette conception de la théologie ; et les lettrés ne convenaient pas que ce moyen de concevoir la théologie fût exigé par la loi divine. Il en résulta que cette vision de la théologie et de la nature de ses principes ne réussit pas à parvenir au statut d'une *interprétation* fondée et contraignante de la loi divine. Le pouvoir de procéder à pareille interprétation revenait à la jurisprudence. C'est pourquoi un musulman qui voulait démontrer le caractère contraignant d'une position théologique devait recourir à l'opinion légale des juristes sur la question ; ou bien, si le philosophe était lui-même un juriste accrédité, comme Averroès, il devait examiner la loi divine et déterminer lui-même le statut légal des opinions théologiques ainsi que de ses propres démarches.

Par ailleurs, la plupart des théologiens mu'tazilites supposaient que tout était accessible à l'esprit de l'homme non assisté, à la condition que celui-ci disposât de temps et s'appliquât à la connaissance. Ils soutenaient que la prophétie et la révélation étaient nécessaires parce que les hommes ont besoin d'être instruits sur ce qui est nécessaire à leur bien-être en ce monde et dans l'au-delà. Certains hommes auraient pu l'être, s'il leur avait été accordé suffisamment de temps, de puissance intellectuelle et d'application ; mais au moment où la révélation descendit, il existait une disparité entre ce que les hommes savaient et ce qu'ils avaient besoin de savoir. Ce que les hommes savent à un moment donné dépend de nombreux hasards ; et, de toute façon, tous les hommes ne peuvent connaître ce qu'il est nécessaire de bien savoir pour agir en conséquence. La révélation est un acte de la grâce divine qui élimine tous les aléas plutôt qu'une transmission d'informations sur les choses dont la nature propre est telle que l'esprit de l'homme non assisté, du fait de sa nature, ne peut y avoir accès.

La question est donc de vérifier si c'est cette interprétation du savoir fournie par la loi divine qui est correcte ou bien la position théologique précédente. La loi divine tend à conforter cette interprétation ; sinon elle pousse l'individu à suspendre son jugement et à affirmer que la loi divine recommande la connaissance de toutes choses sans préciser leur nature ni la méthode qui permet de les connaître. Chaque musulman doit donc, dans la mesure du possible, connaître la nature des choses en recourant à la meilleure méthode disponible, c'est-à-dire en utilisant la démonstration et en acquérant autant que possible la science. Si quelque aspect théorique de la loi divine nécessite une interprétation, cette tâche incombera au philosophe plutôt qu'au théologien. La position de la philosophie au sein de la communauté musulmane peut donc se formuler comme suit : la loi divine expose les principes qui régissent les croyances et les actions de la communauté musulmane ; la définition légale de ce que la communauté doit croire et faire relève de ceux qui sont le mieux équipés pour opérer des inférences légales, les juristes ; par ailleurs, l'interprétation des aspects théoriques de la loi divine doit être confiée aux membres de la communauté qui sont, de leur côté, le mieux préparés pour accomplir cette fonction, les philosophes.

Ayant privé la théologie de sa prétention à être le meilleur moyen de connaître les objets théoriques, la philosophie reste néanmoins tout à fait consciente de la fonction pratique de la théologie, qui donne à presque toute la théologie un caractère éminemment politique. Discipline pratique, la philosophie politique vise les fins pratiques, la préservation du bien réalisé par la communauté et son amélioration ou sa transformation afin de parvenir à un meilleur bien. En tant que discipline indépendante, la théologie politique ne pouvait assurer cette fonction de façon adéquate. Pour préserver, améliorer et réformer ce qui est bien dans une communauté, sont nécessaires les conseils de quelqu'un qui sait ou a fait sienne la tâche de connaître la plus haute perfection possible pour l'homme et la société, et qui a également développé la capacité de trouver ce qui est préférable pour une communauté particulière à un moment donné. C'est pourquoi la philosophie politique insiste sur la nécessité pour le philosophe de s'entraîner à réaliser ces deux fonctions ou bien d'associer le savoir théorique et les vertus pratiques. Grâce à cette combinaison, le philosophe sera capable d'assurer à sa communauté la nécessaire fonction du théologien politique : l'aider à préserver le bien existant et la diriger vers le bien auquel elle devrait aspirer en recourant à sa connaissance et en s'armant de prudence. Aussi la philosophie politique islamique considère-t-elle la théologie politique comme une fonction accessoire de la philosophie politique ; tant que les philosophes s'adressent à leurs concitoyens dans le but de les instruire sur la chose politique, sur ce qu'ils veulent les pousser à croire ou faire, ils parlent et écrivent invariablement en tant que théologiens politiques, c'est-à-dire défendent certaines croyances et actions et en critiquent d'autres. Leurs écrits qui ont survécu jusqu'à nous ne sont pas purement théoriques ou scientifiques, mais pratiques ou politiques ; ils impliquent l'appréhension théorique ou scientifique de problèmes provenant de la prise en compte des conditions et du caractère de la communauté à laquelle ils s'adressent.

*Chapitre 3*

# La fondation de la philosophie islamique

La tradition principale de la philosophie islamique telle que nous la connaissons aujourd'hui a été fondée par Alfarabi. Le respect dont il a été entouré par ses successeurs n'était pas toujours accompagné d'une claire appréhension de son rôle de fondateur ni d'une évaluation exhaustive de son apport philosophique. De grands philosophes, tels Avicenne, Averroès et Mollâ Sadrâ, appelaient avec insistance à mieux connaître l'importance de cet apport. Mais ils ne nous sont pas toujours d'un grand secours pour saisir ses préoccupations majeures ou la voie qu'il a tracée. Philosophes eux-mêmes, ils avaient leurs préoccupations et leurs démarches. Il nous faut donc examiner ses propres écrits, pour évaluer correctement sa relation à ses prédécesseurs musulmans et gréco-romains et la façon dont il a construit la tradition majeure de la philosophie islamique. Cependant, dans la mesure où la redécouverte et l'étude des écrits d'Alfarabi se poursuivent actuellement, on ne peut prétendre fournir ici plus que des notations préliminaires.

## ALFARABI, AL-KINDÎ ET AL-RÂZÎ

D'ordinaire, les historiens de la philosophie islamique abordent Alfarabi en commençant par la question des traductions des textes philosophiques. Ils énumèrent les ouvrages traduits du grec et du syriaque, ou des deux à la fois, décrivent les techniques de traduction et résument ou paraphrasent des textes importants, tels que *La Théologie d'Aristote* et l'ouvrage pseudépigraphique *Liber de Causis.* Ce dont ils s'abstiennent généralement, c'est de s'interroger sur ce que les philosophes musulmans ont fait de cette littérature traduite. Un livre comme *La Théologie d'Aristote* a été utilisé, notamment, par Alfarabi, Sohrawardî et Mollâ Sadrâ. L'ont-ils simplement absorbé ou bien ont-ils tenté de l'étudier, de le comprendre, de le modifier, de le compléter et de l'utiliser de diverses manières ? Plus généralement, l'histoire du néoplatonisme en islam est-elle un épisode négligeable de l'histoire des idées qui ne ferait, pour ainsi dire, que se couler dans le lit de rivière creusé par l'islam ? Pourtant, chez plusieurs philosophes musulmans, c'est l'histoire d'une utilisation consciente et différenciée. Et ce fut Alfarabi qui leur indiqua comment et dans quels buts ils pouvaient utiliser la littérature néoplatonicienne.

Les historiens de la philosophie islamique se penchent ensuite sur les débuts de la théologie islamique, le *kalâm.* Pour autant que la philosophie est concernée, la contribution majeure de la théologie islamique fut de lui préparer le terrain, d'affiner la pensée et l'attitude de la communauté musulmane et de l'instruire à l'usage de la raison jusqu'à ce que la philosophie réussît à prendre racine et croître. En un sens, ce schéma revient simplement à la chose suivante. Quand on observe les débuts de toute communauté religieuse, on s'aperçoit qu'elle est entièrement immergée dans la révélation et le message divin. Elle ne se trouve pas dans une situation propice à la réflexion sereine ou à la déduction des implications de la révélation. Il faut du temps pour passer à l'étape suivante ; et c'est là que la théologie s'octroie une place importante. Elle entérine le message, la loi divine ou la révélation, et se distancie peu à peu de cette source originelle. L'histoire de la théologie islamique est d'ailleurs très instructive à cet égard. Elle élabore les nombreux problèmes que pose la révélation. Elle tente d'harmoniser les déclarations en apparence contradictoires et de rendre explicite ce que cèle la révélation. Les mu'tazilites, par exemple, parvinrent à la conclusion que la condition de la vraie foi est que l'individu connaisse par lui-même, avec l'aide de sa propre raison et indépendamment de la foi, ce qui suit : l'existence de Dieu, son essence et ses attributs ; la possibilité de la prophétie et de la révélation ; ce qui est correct et ce qui est faux dans les actions des hommes ; la structure du monde physique et son rapport avec son Créateur. Selon les mu'tazilites, tout cela doit être connu d'un homme à l'aide de sa propre raison avant même qu'il se prétende un vrai croyant ; autrement, sa foi serait basée sur l'autorité et l'imitation des autres, et elle ne serait pas une vraie croyance. Compte tenu du point de départ — la révélation miraculeuse et le pouvoir qu'exercent ses impératifs sur les hommes —, il est compréhensible qu'une communauté ait besoin d'un ou deux siècles pour parvenir à ces conclusions. En suivant ce chemin, la théologie islamique préparait la voie à la philosophie islamique, même si telle n'était pas son intention. En retour, les philosophes musulmans devaient, dès le début, accorder une attention particulière à la théologie. Celle-ci était la discipline religieuse la plus proche de la leur, et ils trouvèrent avantage à réfléchir sur ses problèmes, ses méthodes et ses conclusions.

Les historiens se penchent enfin sur les deux penseurs qui semblent représenter les débuts de la philosophie islamique et qui méritent, par conséquent, d'être tenus pour les prédécesseurs d'Alfarabi : al-Kindî et al-Râzî. Dans le cas d'al-Kindî, il n'existe aucune preuve, tout au moins dans ses livres qui ont survécu, qu'il fût un théologien ou un mu'tazilite, même s'il vécut à un moment où les mu'tazilites de Bagdad jouaient un rôle officiel important et que lui-même entretenait des relations avec la cour califale qui encourageait le mouvement théologique et allait même jusqu'à le parrainer. Par ailleurs, son intérêt pour ce qui peut être considéré comme la question centrale des mu'tazilites — la question théologique de la connaissance à la fois humaine et divine — semble avoir emprunté une forme quelque peu différente de la leur. Il semble soutenir que tout le savoir est en principe accessible à l'homme en tant qu'homme, même s'il existe une autre voie pour accéder à ce savoir, celle de la révélation divine. Cette dernière est bien plus courte que la longue et difficile voie que l'homme doit suivre pour acquérir ce savoir par ses propres efforts. L'on pourrait en conclure que cela paraît conforme à la position théologique des mu'tazilites. Cependant, une analyse plus serrée des écrits d'al-Kindî montre aisément que l'esprit, l'intention et le contenu de sa pensée diffèrent entièrement de ceux des mu'tazilites. La différence la plus importante est la reconnaissance qu'accorde al-Kindî à ce qu'il nomme la contribution à la vérité des Anciens qu'il tient pour ses prédécesseurs, et l'ouverture et la gratitude qu'il manifeste pour cette contribution. C'est la première fois qu'un penseur musulman exprime clairement son intérêt pour ce que les philosophes, comme Platon et Aristote, ou les sabéens, ont pensé et apporté à la connaissance. Ce qui ne veut pas dire qu'il accepte l'intégralité de ces traditions. Comme il le dit dans un passage fameux, il est de son devoir de comprendre, d'assimiler, de compléter et de modifier ce qui a été transmis par ces traditions, dans son propre langage, ses coutumes, et ainsi de suite. De plus, sa pensée diffère de celle des théologiens dans la mesure où il s'intéresse et se voue aux sciences qu'il appelle « dures » et aux sciences qui requièrent une compétence particulière et un entraînement pratique. Pour autant que nous sachions, aucun des théologiens de la phase initiale n'était entièrement ou partiellement compétent dans des disciplines telles que les mathématiques, l'astronomie, la physique ou la musique. Ce qui paraît typique de la tradition philosophique, c'est que, dès le début, elle considéra la philosophie ou la sagesse comme une discipline qui ne se réduisait pas à d'interminables controverses où n'importe qui serait accueilli pour élucubrer grâce à la « raison juste ». La philosophie consiste en un nombre de sciences relativement indépendantes, conçues de façon détaillée, sur la base de principes argumentés, soumis à la critique et commentés par une lignée d'auteurs classiques dont les travaux sont livrés à une étude détaillée et précise ; elle se préoccupe de la relation entre ces sciences et du problème de l'organisation de la connaissance. Chez al-Kindî, déjà, l'atmosphère et la généalogie littéraire sont tout à fait différentes de tout ce que nous connaissons des théologiens de cette période, pour qui la philosophie est une collection de doctrines en grande partie anonymes. Ces théologiens déclaraient par exemple : nous ne croyons pas en telle chose à laquelle adhèrent la totalité des philosophes. Al-Kindî procède autrement. De plus, dans la mesure où il pose sans doute la question du parallélisme entre la connaissance humaine et divine et tient la connaissance divine pour un moyen plus direct de connaissance de toutes choses, il lègue aux philosophes postérieurs un certain nombre de questions qui perdurent dans la philosophie islamique : 1) la création du monde : ce qu'elle signifie, en quoi elle diffère de l'émanation d'une part, et de la causalité naturelle (soit les quatre causes d'Aristote) d'autre part ; 2) l'immortalité des âmes individuelles : ce qu'elle signifie et comment elle peut être démontrée ; 3) la connaissance divine des particuliers : si elle a un lien avec l'astrologie, comment elle a lieu, si c'est à travers les astres ou directement. Il est à noter d'ailleurs que les astres se mettent à occuper une place considérable quand on passe de la théologie à la philosophie. Les théologiens n'étaient pas particulièrement intéressés par les astres ou les corps célestes. Quant aux philosophes, qu'ils aient été ou non motivés par quelque rite astrologique païen, par la recherche des principes du monde physique ou par l'attribution des âmes et de l'intellect aux astres, la nature des corps célestes devient chez eux une question importante, voire centrale.

Quand on examine la pensée d'al-Râzî, on s'aperçoit que, pour lui, des questions telles que la création du monde ou l'immortalité de l'âme ne sont d'aucune façon la préoccupation exclusive des théologiens ou des soi-disant philosophes religieux. Pour un penseur qui ne croyait probablement pas à la révélation et dont on a dit qu'il tenait la prophétie pour une mystification, al-Râzî reste pourtant soucieux de défendre à sa manière la création du monde et l'immortalité des âmes individuelles. En général, la plupart des questions soulevées par al-Kindî — questions qui semblent d'une importance spéciale pour le philosophe musulman ou pour le soi-disant philosophe religieux — étaient en réalité posées puis traitées de façon similaire aussi bien par les philosophes païens des temps préislamiques que par les philosophes non religieux de l'islam. Qu'un philosophe prenne position pour ou contre ce qui est communément admis comme la vision classique biblique ou coranique de la création, par exemple, ne semble pas intimement lié au fait qu'il croie ou non dans la révélation [1]. Mais, à la différence d'al-Kindî, al-Râzî adopta une position quelque peu originale à l'égard de la tradition philosophique et scientifique. Comme lui, il s'intéressait à la pensée et aux écrits des grands auteurs anciens. Mais il considérait sa relation aux penseurs antérieurs comme une continuité et un progrès, sans accorder à l'un d'entre eux — que ce soit Aristote, Platon ou Galien — le statut d'auteur qui aurait trouvé LA vérité, de sorte que la philosophie ou la science ne consisterait plus qu'à commenter indéfiniment cet auteur, à le comprendre, l'expliquer et en défendre les idées. (Cette sorte de dogmatisme n'existe d'ailleurs presque jamais dans la philosophie islamique. La seule exception pourrait être Averroès. Pourtant, même dans son cas, je doute fort que ce qui est généralement affirmé de sa relation avec Aristote soit fondé sur une étude minutieuse de ses œuvres.) Ainsi al-Râzî soutenait-il contre Aristote un nombre important de doctrines (relatives au temps, à l'espace, etc.). Ses critiques du philosophe grec furent ignorées dans un premier temps, mais émergèrent de nouveau au sein d'un courant non aristotélicien ou anti-aristotélicien de la philosophie islamique. Finalement, al-Râzî adopta une conception plutôt stricte et apparemment scandaleuse du difficile problème du rapport de la révélation divine, de la loi divine et de la communauté religieuse à la science et à la philosophie. Il semble avoir radicalisé la doctrine théologique selon laquelle *tout* le savoir est en principe accessible à l'homme en tant qu'homme. On lui attribue l'idée que la raison humaine est le seul moyen de connaissance du monde physique et du bien et du mal, et que toute autre source de la connaissance est simplement prétention et supercherie.

Il convient cependant de rappeler que nous ne possédons qu'une petite partie des œuvres de ces deux philosophes et que nous sommes contraints de reconstruire leur pensée à partir de fragments. Bien entendu, il n'est pas certain que leurs ouvrages aient été aussi complets et détaillés que leurs titres le suggèrent au lecteur d'aujourd'hui qui songe au contenu de livres philosophiques postérieurs portant des titres similaires ; quelques ouvrages ayant survécu semblent avoir été des épîtres hâtivement écrites. Toujours est-il que nous ne pouvons certifier le contenu d'un livre qui ne nous est pas parvenu. Alfarabi est le premier penseur musulman qui nous a légué un nombre consistant d'ouvrages philosophiques complets. Certes, il n'en subsiste que la moitié, mais c'est bien plus que les ouvrages d'al-Kindî et d'al-Râzî qui ont survécu, en particulier les écrits qui portent sur la politique et la logique.

De même qu'il n'est pas possible d'expliquer la pensée d'al-Kindî et d'al-Râzî comme un prolongement de la théologie islamique ou du courant mu'tazilite, on ne peut ramener la pensée d'Alfarabi à un simple développement de leur pensée. Alfarabi écrivit un opuscule réfutant la métaphysique d'al-Râzî, qui ne nous est pas parvenu. Mais, en général, il ignore totalement al-Kindî, et il fut imité en cela par al-Ghazâlî, Avicenne et Averroès et bien d'autres philosophes. Dans un livre sur la musique[2] où al-Kindî est mentionné, Alfarabi l'accuse de traiter de la théorie et de la pratique musicales sans savoir de quoi il parle. En général, les historiens postérieurs de la philosophie islamique ont adopté le point de vue critique d'Alfarabi et d'Avicenne sur al-Kindî et al-Râzî ; et leurs critiques s'inspirent en grande partie des jugements portés par ces philosophes et leurs disciples. Au sujet d'al-Râzî, ces historiens soutiennent qu'il était un naturaliste plutôt qu'un métaphysicien ou un philosophe et, à propos d'al-Kindî, qu'il avait une connaissance incomplète de la logique. Ces critiques, ainsi que d'autres similaires, devinrent partie intégrante de la tradition transmise par les historiens de la philosophie islamique des époques postérieures. Mais la différence ne tient pas seulement au fait qu'Alfarabi ajoute la métaphysique ou la logique au programme de la philosophie, ou qu'il est meilleur connaisseur de la métaphysique et de la logique. L'agencement de sa pensée est plus cohérent, et la qualité de sa connaissance de Platon et d'Aristote se situe à un tout autre niveau. Les trois philosophes disposaient de manière identique du corpus philosophique traduit et ils avaient accès à quelques-unes des sources premières. Alfarabi et al-Râzî étaient contemporains (Alfarabi mourut vingt ans après al-Râzî), par conséquent le premier ne disposait d'aucune avance significative en matière de traductions et d'enquêtes scientifiques par rapport à son aîné. Il convient de chercher ailleurs les raisons de leur différence.

## DE LA NAISSANCE DE LA PHILOSOPHIE D'ALFARABI

Pour comprendre les origines du nouveau courant de la philosophie islamique, il est nécessaire de se pencher sur quelques faits historiques décisifs. Les fragments qui subsistent du livre perdu d'Alfarabi, *De la Naissance de la philosophie*, constituent l'unique source originale permettant de reconstruire cet important épisode de l'histoire de la philosophie, et il n'y a aucune raison sérieuse de mettre en doute ses grandes lignes. Alfarabi y explique qu'il appartient à une école philosophique particulière.

Selon lui, cette école se situe dans le prolongement direct de la tradition d'enseignement philosophique qui existait à Alexandrie aux Ve et VIe siècles de notre ère. Il décrit le déplacement de cette école d'Alexandrie à Antioche, à Harrân, puis, plus à l'est, en Iran, et enfin à Bagdad. Il fournit quelques informations sur les maîtres, les disciples et les livres qui forment cette lignée d'enseignement. L'école s'éteignit à l'exception de deux ou trois disciples qui conservèrent la tradition. Alfarabi donne le nom de son propre maître, Youhanna Ibn Haylân, un clerc chrétien, qui n'est mentionné nulle part ailleurs comme enseignant, lettré ou auteur. Il semble assuré que ni al-Kindî, ni al-Râzî, ni aucun autre philosophe antérieur en Islam n'eut accès à cette tradition d'enseignement ; il faut entendre par là aussi bien l'accès aux hommes que l'accès aux écrits et, à l'inverse, aussi bien l'accès aux écrits que l'accès aux hommes, car il s'agit d'une tradition duelle, à la fois orale et écrite. Une partie importante de cette tradition consistait dans l'étude des *Analytiques postérieures* d'Aristote, l'ouvrage de logique qui traite de la question de la science et de la méthode scientifique. Alfarabi rapporte que l'Eglise avait interdit l'étude de plusieurs ouvrages, celui-ci en particulier, car ils étaient tenus pour dangereux. L'Eglise avait limité l'étude de la logique à quelques parties des *Analytiques antérieures*, notamment la logique formelle, et interdit l'enseignement public des autres parties. Cela signifie sans doute qu'un individu pouvait être autorisé à les étudier en privé, de sorte qu'une tradition de lecture se serait maintenue. Alfarabi affirme ensuite qu'il fut le premier musulman à étudier les *Analytiques postérieures*. Ce qu'Alfarabi veut dire sans doute, c'est qu'il fut le premier à lire ce livre avec un homme qui avait passé des années, peut-être sa vie entière, à l'étudier et à essayer de le comprendre avec un maître, lequel avait à son tour fait de même avec un maître précédent, et ainsi de suite. Il existait donc une connexion avec l'école d'Alexandrie, qui était, à l'évidence, importante. Ce qui semble encore plus important, cependant, c'est de savoir ce qu'Alfarabi recueillit de cette tradition alexandrine et comment à son tour il la comprit et l'interpréta.

La connexion avec l'école d'Alexandrie se manifeste chez Alfarabi et ses collègues, disciples et successeurs, qui appartiennent à cette nouvelle tradition, de plusieurs manières. On peut ainsi la repérer dans la rédaction de ce qui est appelé grands et petits commentaires (nous en possédons deux, écrits par Alfarabi), dans le soin avec lequel les textes d'Aristote sont analysés et interprétés et également dans la continuité de la tradition d'enseignement. Aristote ayant écrit un livre, des penseurs postérieurs avaient exprimé leurs opinions sur le sujet traité, et le tout était passé en revue. Il y avait des divergences d'opinion importantes ; on les expliquait. Des commentateurs anciens sont cités et leurs explications approuvées, critiquées ou développées dans le détail. Le commentaire devient le dépositaire de siècles de réflexions sur les questions soulevées dans les textes d'Aristote. Il accorde une attention particulière non seulement au texte, mais également aux écrits de commentateurs précédents, récemment traduits. Là aussi, accorder de l'attention à d'anciens commentateurs ne signifie pas approuver leurs conceptions ou tenter de les concilier. On peut accepter la vision d'un commentateur, rejeter celle d'un autre, contester celle d'un troisième, montrer que celui-là est superficiel et l'autre profond. Il s'agit d'un champ ouvert au sein duquel le penseur enquête sur toutes les alternatives et examine les possibilités incluses dans la tradition. Finalement, il se forgera sa propre opinion. Tels semblaient, du moins, les traits extérieurs de la tradition d'Alexandrie.

De son côté, al-Kindî est sans doute lié à ce qu'on appelle l'école gréco-romaine d'Athènes en opposition à l'école d'Alexandrie. La grande figure dont le nom est généralement mentionné avec l'Ecole athénienne est Proclus. Lorsqu'on évoque le néoplatonisme, on oublie souvent qu'il s'agit d'une tradition longue, complexe et variée. D'ailleurs, toute la philosophie depuis Platon est d'une certaine manière néoplatonicienne. Mais il existe différents types de néoplatoniciens. Il y a, par exemple, les moyen-platoniciens qui ont accordé une attention particulière aux enseignements politiques de Platon et incorporé une grande partie de la logique et de la métaphysique d'Aristote dans la tradition platonicienne. Puis il y a le néoplatonisme de Plotin, qui s'attaque à longueur de pages aux problèmes posés par les deux grands maîtres, Platon et Aristote. Quand on parle de néoplatonisme, il ne faut donc pas croire qu'il était soit syncrétique, soit radicalement anti-aristotélicien ou anti-platonicien. Enfin, il y a le néoplatonisme des successeurs de Plotin, notamment des chefs des écoles philosophiques d'Athènes et d'Alexandrie. En tant que tels, ils enseignaient d'abord les œuvres de Platon et d'Aristote. Les notes qu'ils rédigeaient ou que leurs étudiants prenaient, leurs enseignements enfin se présentent sous la forme de commentaires longs ou moyens des œuvres de Platon et d'Aristote. La plupart de leurs propres idées, différentes sans doute de celles des deux grands maîtres, sont consignées dans ces commentaires, sous la forme de développements de certaines notions puisées dans les textes platoniciens et aristotéliciens. Cependant, l'école d'Athènes se caractérise, du moins au cours d'une partie de sa longue existence, par les enseignements de Proclus et de ceux qui s'engagèrent résolument dans l'élaboration d'une cosmologie comprenant plusieurs niveaux d'anges et d'esprits, une cosmologie absente de Plotin. Ils s'intéressaient à l'interprétation des oracles et à l'alchimie, qui importaient peu aux autres néoplatoniciens. A l'opposé, l'école d'Alexandrie semble avoir été particulièrement rationnelle et modérée. Elle tenta de relever le défi de son époque, représenté par le christianisme, et réussit à concilier quelques-unes des différences fondamentales entre la philosophie et le christianisme. Quant à l'école d'Athènes, elle semble avoir opté pour une orientation radicale en soutenant le paganisme contre le christianisme ; ses membres rédigèrent des œuvres pseudo-philosophiques et pseudo-scientifiques sur des thèmes tels que la magie et différentes pratiques païennes. Il paraît donc justifié de parler, sans risque d'erreur, d'une différence d'attitude entre les deux écoles sur la manière de traiter de questions telles que le rapport entre la philosophie et la religion, du moins à un moment de l'histoire des deux écoles, quand, par exemple, on compare Athènes et Alexandrie entre le IVe et le VIe siècle de notre ère. Mais la chose ne vaut que de façon globale, car il y a toujours eu des échanges entre les deux écoles. Un jeune élève brillant d'Alexandrie se rendait à Athènes, étudiait avec Proclus et retournait diriger l'école ou héritait de la chaire de philosophie d'Alexandrie, et vice versa : les deux écoles ne représentaient pas deux traditions hermétiques l'une à l'autre.

Les traditions scientifiques et philosophiques d'Alexandrie sont historiquement cruciales pour le développement ultérieur de la philosophie et de la science dans le monde islamique, à Byzance et dans l'Occident latin. Ce sont les penseurs et commentateurs « alexandrins » qui transmirent aux musulmans les livres ainsi que la tradition de lecture de ces livres. Cette transmission prit la forme d'une tradition d'école clairement définie, et non pas d'une vague connexion avec la pensée antérieure, comme c'était le cas aux premiers temps de la théologie islamique. Mais si le chaînon alexandrin qui relie les musulmans à la pensée grecque classique est extrêmement important, il convient de ne pas ignorer que la tradition alexandrine (et athénienne) fut disponible à Byzance et dans l'Occident latin à partir de la renaissance des XIe-XIIe siècles. Pourtant ces trois héritiers de la tradition alexandrine et de la tradition classique grecque, par le biais d'Alexandrie, n'ont ni compris ni développé la philosophie de la même manière. Alfarabi, premier philosophe à déclarer représenter la tradition alexandrine en islam, n'était pas un traducteur ou un historien de la philosophie, ni un transmetteur de la tradition philosophique, mais un philosophe de plein droit ; et si l'on devait en croire des penseurs tels qu'Avicenne, Averroès et Mollâ Sadrâ, il était un philosophe de même rang qu'Aristote lui-même. Il est donc important de saisir comment Alfarabi en personne comprit, interpréta et exposa la tradition de la philosophie à ses lecteurs musulmans.

## PHILOSOPHIE POLITIQUE ET MÉTAPHYSIQUE

La majeure partie des écrits qui subsistent d'Alfarabi peuvent être répartis en deux domaines majeurs : la logique et la politique. Il y a, en outre, les écrits sur la musique, qui sont conséquents et non dépourvus d'intérêt philosophique. La science politique ou la philosophie politique est absente des ouvrages d'al-Kindî et d'al-Râzî, connus de nous. Tous deux traitent d'un sujet appelé éthique, mais non pas de la science politique. En effet, quand al-Kindî mentionne la science politique, il semble se référer à un ouvrage éthique d'Aristote. Il n'existait donc rien dans la première pensée islamique qui préparait à l'émergence de la science politique en tant que discipline philosophique majeure. Curieusement, dans les traditions antérieures d'Alexandrie et d'Athènes, rien ne préparait non plus à l'apparition de la science politique en tant que discipline philosophique majeure ni à l'introduction de Platon comme penseur essentiellement politique. La plupart des premiers néoplatoniciens ont considéré le *Timée* de Platon comme une œuvre mystique et ils n'ont manifesté aucun intérêt pour l'un quelconque des écrits politiques de Platon, ni pour la dimension politique d'ouvrages comme *La République* et *Les Lois*. Ils s'y intéressaient surtout pour les mythes, les doctrines métaphysiques et les soi-disant notions mystiques qu'ils y trouvaient. Or, voilà que, soudainement, Alfarabi nous présente un Platon qui n'est ni mystique ni métaphysicien, mais essentiellement et massivement politique, un Platon dont le *Timée* ne serait plus une œuvre de cosmologie, mais de politique, visant à instruire les citoyens sur les opinions correctes. Puis cette présentation de Platon, énoncée dans un livre intitulé *La Philosophie de Platon*, est suivie d'une autre consacrée à Aristote, dans l'ouvrage intitulé *La Philosophie d'Aristote*, dont la métaphysique semble également absente. Et les deux exposés sont précédés d'une présentation de la philosophie par Alfarabi lui-même, dans un livre intitulé *L'Obtention du bonheur*, dont le thème principal est le dilemme, la tension, voire le conflit entre la connaissance théorique et la réalisation ; non seulement une description de la connaissance pratique ou de la connaissance des choses pratiques telles que la vertu et le bonheur, mais aussi de la manière de réaliser ou d'obtenir la vertu et le bonheur. Connaître est une chose ; réaliser ce qui est connu, c'est-à-dire ce qui est connu comme possible ou réalisable, le provoquer, le faire exister maintenant parmi les hommes, les cités et les nations est une autre chose. Autrement dit, connaître c'est réaliser une chose en un certain sens, c'est-à-dire la réaliser en esprit. Mais la réalisation a encore une autre dimension qui consiste à voir la chose exister dans d'autres personnes, et dans les cités et les nations. On n'obtient pas cela par la connaissance seule. Comment peut-on, en effet, réaliser des choses qui sont hors de sa propre pensée ? Et quels types de connaissance et d'action supplémentaires sont exigés pour ce faire ? « *Pensez-vous*, demande Alfarabi à ses lecteurs, *que ces sciences théoriques ont également fourni un exposé des moyens par lesquels ces quatre* [vertus] *peuvent être réalisées ou non maintenant dans des cités et des nations ?* » Comment faites-vous pour que les choses que vous connaissez existent dans les cités et les nations ? Pouvez-vous faire en sorte que les choses que vous connaissez existent hors de l'esprit, exactement telles qu'elles sont connues, ou bien doivent-elles être modifiées sous certaines conditions ? Quelles sont les conditions qui rendent cette réalisation possible ? Ainsi la connaissance théorique et la connaissance en général deviennent-elles brusquement un prolégomène de l'action, de l'éthique et de la politique. Dans le livre intitulé *L'Enumération des sciences*, on retrouve le même schéma. On passe du langage à la logique, aux mathématiques, à la physique et à la métaphysique ; puis on rencontre une rupture au sein de la métaphysique. La métaphysique ne couronne pas seulement les sciences, elle est aussi une préface à la science politique, et la science politique étudie tout ce qui est nécessaire à la réalisation, la préservation et la réforme. C'est en ce sens que la science politique inclut la jurisprudence et la théologie et traite de questions telles que la prophétie, la loi divine et la révélation, car celles-ci sont perçues en termes de réalisation plutôt que comme de simples matières théoriques.

Il faut convenir que nous sommes ici en présence d'un point de vue entièrement nouveau et radical sur la métaphysique d'une part, et sur la révélation, la loi divine et la prophétie d'autre part. Alfarabi semble presser son lecteur de faire de la question de la réalisation la question centrale de la philosophie et poser et tenter de résoudre les questions : « Qu'est-ce que la philosophie ? », « Pourquoi la philosophie ? », dans la perspective de la réalisation plutôt que de la simple connaissance, quoique cette dernière ne soit jamais vraiment absente. De nos jours, la question se traduit de façon simple, et peut-être simpliste, par le rapport entre ce qui est révélé et ce qui est connu par la raison. Alfarabi, de même, est intéressé par ce rapport. Mais la question telle qu'il la pose n'est pas aussi simple ; il nous presse de comprendre également le contexte au sein duquel nous devons examiner cette relation. Car si la prophétie, la révélation et la loi divine forment réellement le lien primordial entre la connaissance et la réalisation, il est nécessaire de les appréhender, non pas simplement comme un autre moyen d'atteindre le même type de connaissance ou un type supérieur à celui atteint par la raison (tel que l'entendait al-Râzî), mais comme un genre spécial de connaissance qui inclut déjà les conditions nécessaires à la réalisation, c'est-à-dire à faire exister ce qui est connu parmi les hommes, les cités et les nations. En ce sens, on peut pleinement comprendre le caractère miraculeux de la loi divine, son mode de communication, ses aspects concrets et son lien avec les différents types d'opinions et d'actions. C'est pourquoi on peut dire qu'avec Alfarabi nous sommes pour la première fois en présence d'une approche philosophique adéquate de la loi divine, et sans doute de la question centrale dans la philosophie islamique.

## LA CITÉ, L'ÂME ET LE COSMOS

Il existe plusieurs manières de s'engager dans l'étude de la philosophie politique dans un contexte dominé par une religion révélée. L'une d'entre elles consiste à commencer par une étude approfondie de la science politique, un examen de la condition humaine et une tentative de comprendre et d'expliquer ce qui est nécessaire pour améliorer le sort des êtres humains sur terre et pourquoi cette amélioration devrait prendre telle forme particulière. Une autre démarche serait de partir de la psychologie pour se demander comment il se fait qu'un homme particulier, le prophète, possède des pouvoirs spéciaux qui le rendent capable de recevoir une révélation et de délivrer une loi divine. On peut aussi débuter par la cosmologie et se demander comment l'univers est structuré, depuis le principe supérieur jusqu'à l'homme, et comment cette structure rend possible des phénomènes tels que la prophétie, la révélation et la loi divine. Mais ces trois approches ne sont pas indépendantes l'une de l'autre. La science politique, la psychologie et la cosmologie sont liées d'une certaine manière, et il est donc nécessaire d'étudier à la fois la structure de la cité, celle de l'âme et celle de l'univers, pour examiner les relations qu'elles entretiennent entre elles. On procéderait alors à une étude structurale comparative de la cité d'une part, de l'âme et du cosmos d'autre part, visant à établir si les trois sont identiques, similaires ou comparables au regard de leur structure. Ce type d'approche est à la fois politique, psychologique et cosmologique.

Le fait est que la seule de ces trois structures que nous connaissions bien est celle de la cité, la structure politique. Il n'est pas possible de pénétrer le cœur d'un homme et d'examiner la manière dont l'âme est structurée. On peut l'observer dans l'action humaine, et, comme celle-ci prend place dans la cité, soutenir que la structure de l'âme est projetée dans la structure de la cité qui en fournit une image grossie ; l'on peut donc mieux étudier la structure de l'âme en observant cette image. Quant à la troisième structure, celle de l'univers, sa partie la plus importante n'est pas observable directement ; elle est trop vaste et distante pour être l'objet d'une observation et d'une expérimentation intégrales. Et si nous suivons le conseil d'Aristote pour qui il est préférable de passer du connu à l'inconnu, ou du plus connu au moins connu, il convient de partir de la structure de la cité que nous expérimentons directement et dans laquelle nous vivons, de se reporter à la structure de l'âme, que nous expérimentons directement aussi dans une certaine mesure, et indirectement dans la cité, du fait que nous ne l'observons pas mais l'expérimentons, et de là à la troisième structure, l'univers entier, que nous n'observons ni n'expérimentons dans sa plus grande partie, ou que nous observons et expérimentons de façon limitée. Cette approche risque de ne pas mener très loin, du moins a-t-elle le mérite de s'appuyer sur de solides fondations et de procéder à pas comptés et prudents du connu vers l'inconnu, au lieu de sauter directement dans l'inconnu.

Cependant, la préférence du citoyen ordinaire irait sans doute pour la démarche inverse qui lui ferait connaître d'abord la structure de l'univers, puis celle de l'âme et le sort réservé à celle-ci quand il agit de façon juste et évite les actions injustes, et enfin la raison de faire partie d'une communauté particulière et les conseils sur la manière d'en devenir un membre considéré. C'est là l'approche la plus souhaitable et convaincante du point de vue du citoyen ; et c'est pourquoi les écrits politiques d'Alfarabi empruntent cette voie. Ils commencent par une cosmologie, avec la structure de l'univers, le caractère de chacune de ses principales parties et la manière dont elles fonctionnent ensemble, le tout exposé au lecteur dans le style d'un prédicateur qui dit à son audience : c'est ainsi que ça se passe ! Il présente ensuite la structure de l'âme et du corps humains, leurs parties et leur fonctionnement. Il passe enfin à la présentation de la structure de la cité, de ses parties, de la façon dont elles doivent être organisées, des différentes manières dont cités et nations actuelles sont réellement organisées et de la description des opinions et des actions de chacune de ces cités.

De toujours, les œuvres politiques d'Alfarabi ont dérouté et mystifié les lecteurs, y compris ceux qui, depuis un siècle, se sont attelés à leur redécouverte et leur étude. Personne n'est parvenu à se faire une idée claire de ce qu'elles représentaient. En effet, que penser d'un livre qui commence par la métaphysique et la cosmologie, se poursuit par la psychologie et la physiologie, pour s'achever par la politique ? Au cours des dix derniers siècles, des philosophes et des chercheurs ont examiné des ouvrages, tels *La Cité vertueuse* — dont le titre complet est « Les Principes des opinions des habitants de la Cité vertueuse » — et *Le Régime politique*, et ils se sont demandé quel genre de livres c'était. Leur composition semble unique. Personne n'a écrit avant ou après Alfarabi un livre philosophique organisé de semblable manière. Ce ne sont pas des traités de logique, de physique, de mathématiques, de psychologie, de métaphysique, ou même de politique ; ce ne sont pas des dialogues ; ce ne sont pas à strictement parler des enquêtes philosophiques. Aucun philosophe musulman n'a essayé de l'imiter. Ses successeurs ont sans doute soupçonné que ses écrits ne pouvaient être assimilés à des enquêtes philosophiques ou à l'exposé de doctrines, que leur contenu, par exemple, ne résumait pas la doctrine psychologique ou métaphysique d'Alfarabi. Et parce qu'ils n'ont pas pleinement saisi la nature et le but de ces écrits, les philosophes musulmans s'y réfèrent avec beaucoup de précaution. Aujourd'hui encore, on ne peut extraire l'une quelconque des parties de ces livres pour illustrer les doctrines philosophiques d'Alfarabi sans se sentir tenu d'expliquer au préalable pourquoi ils sont présentés de cette étrange manière. Fort heureusement, Alfarabi lui-même fournit une explication, dans un ouvrage intitulé *Le Livre de la religion*, qui est un exposé programmatique de la façon et de la raison d'écrire de tels livres. Il se peut que la meilleure façon de définir ces ouvrages soit de les qualifier d'« épîtres » adressées aux citoyens éclairés, aux philosophes et aux dirigeants potentiels de la communauté musulmane. Au cours de sa vie longue et pittoresque, Alfarabi avait voyagé dans plusieurs pays étranges et fabuleux dans lesquels ses concitoyens musulmans ne mirent pas les pieds ; il leur ouvrit donc de nombreuses portes qui leur étaient scellées et parvint en maints endroits extraordinaires qui leur étaient inconnus. Ses écrits politiques sont en quelque sorte des épîtres adressés à la famille restée au foyer, comprenant des comptes rendus simples, directs, qui ne mentionnent même pas le long voyage, encore moins ses périls ; des descriptions concises dans la langue de ceux qui ne quittèrent jamais leur terre mais dont les oreilles n'étaient pas bouchées et le sens du merveilleux pas entièrement dissipé. Cependant, pour la pensée musulmane d'aujourd'hui, c'est la question de la réalisation, question centrale dans les préoccupations d'Alfarabi, qui devrait les intéresser en premier.

## LA QUESTION DE LA RÉALISATION

L'intérêt d'Alfarabi pour la réalisation ne concerne pas seulement le salut de la personne, mais également celui de la communauté entière, le salut social et politique. De surcroît, son intérêt ne porte pas sur une seule cité, nation ou communauté, mais sur l'humanité entière et les hommes civilisés de partout. Tels sont les principaux sujets de sa science ou philosophie politique. Le fait même qu'Alfarabi fasse de la philosophie politique, qui traite de la vie publique de l'homme dans les cités, les nations et les communautés religieuses, l'une des préoccupations centrales, et sans doute la préoccupation centrale de sa philosophie, signifie qu'il n'était pas satisfait de l'approche différente qui dominait chez les premiers philosophes musulmans et leurs prédécesseurs néoplatoniciens des époques gréco-romaines : un intérêt pour le salut personnel ou privé opposé au salut public, pour la vertu privée opposée à la vertu publique, et pour l'action publique dans la mesure seulement où elle mène à la vertu et au salut privés.

Le philosophe qui se préoccupe seulement et avant tout de son salut privé est un homme qui délaisse le corps politique et la communauté en général. Il pense la comprendre, mais ne croit pas être capable de l'améliorer et de la réformer. Pourtant la vie publique ne perd pas de son importance simplement parce que le philosophe la néglige ou lui tourne le dos. Elle existe toujours. Elle détermine la vie de tous les individus, y compris leur vie privée et celle du philosophe. De plus, le désir de vivre dans une cité et une communauté vertueuses, décentes, honorables et humaines, et de contribuer à améliorer la qualité de la vie publique n'est pas une perversion ou une exigence contraire à la nature. C'est en réalité la plus naturelle des exigences naturelles. C'est l'expression de la préoccupation de l'homme, de son esprit philanthropique et de son plaisir de vivre dans une communauté juste. Pareil esprit public est souhaité de la part de chaque bon citoyen, de sorte que la question est de savoir si le philosophe doit être plus ou moins fortement orienté vers l'intérêt public que le bon citoyen. Il est sans doute vrai que la principale contribution du philosophe à la qualité de la vie publique prend la forme de l'amélioration de la compréhension par les hommes de la nature et du but de celle-ci. Cela signifie qu'il doit la comprendre d'abord en tant que philosophe, puis communiquer efficacement cette compréhension aux citoyens. C'est précisément le point central de la philosophie politique d'Alfarabi. Le mystère tient au fait que ses successeurs n'ont pas poussé plus avant la brillante ouverture qu'il a effectuée pour eux, et qu'ils ont plutôt ramené de nouveau la philosophie à une préoccupation pour le salut privé et personnel. Les théologiens et les juristes ont continué de se battre sur la question de la direction de la communauté et sur d'autres problèmes relatifs au droit public. Mais la théologie et la jurisprudence, comme il est clairement expliqué par Alfarabi, ne sont pas des substituts à la philosophie politique. Ils manquent d'une vision large, d'un esprit indépendant et de la capacité à affronter et comprendre des situations radicalement nouvelles.

Négliger la philosophie politique est dommageable autant à la qualité de la philosophie qu'à celle de la vie publique. Cela conduit à un horizon étroit pour la communauté, à l'appauvrissement des discussions publiques sur les objectifs et les formes alternatives de la vie publique, à la résignation, à l'absence de discours rationnel sur les questions publiques et, au-delà, à une limitation du choix offert au citoyen, réduit dès lors à un conservatisme hargneux et une foi aveugle dans la tradition d'une part, et à une poursuite destructrice du changement pour le changement d'autre part. La communauté en vient à être dépourvue des éclairages nécessaires sur les différentes formes de gouvernement, la façon dont elles se transforment, et le moyen de les améliorer. C'est le prix que la communauté paie quand la philosophie tourne le dos à la vie publique.

Il y eut toujours des philosophes pour estimer qu'ils pouvaient quérir la sagesse en tant qu'individus sans prendre en compte la qualité de la vie publique ; qu'ils devaient s'occuper exclusivement de leur jardin privé ; que leur tâche de philosophes consistait à sonder les profondeurs de leurs propres âme, imagination et intellect. Ces conceptions sont sans doute nécessaires en certains lieux et à certaines époques. Mais on ne doit pas faire de nécessité vertu. Alfarabi était conscient de la tension majeure entre la poursuite du salut privé et celle du salut public. Mais il est quasi le seul philosophe musulman à avoir choisi d'explorer cette tension ; ce faisant, il a mis en évidence l'esprit philanthropique de la philosophie et la noble dévotion du philosophe au bien-être de la communauté. De cette manière, il rendit un immense service à la communauté musulmane. Malheureusement, d'autres hommes, grands et fameux à leur manière, par ignorance ou désespoir, tournèrent le dos à la vie publique et à leur communauté. Aujourd'hui encore, il existe parmi nous de respectables penseurs qui ne peuvent saisir ce que l'expression « philosophie politique » veut dire et qui ne l'écrivent jamais sans la mettre entre guillemets, comme si elle était dépourvue de sens ou que l'expression représentait une recherche frivole menée par des hommes qui n'ont pas encore découvert la vraie philosophie. Ces penseurs peuvent nous apprendre beaucoup de choses, mais ils ne nous enseigneront jamais comment bien raisonner à propos des questions publiques, ni comment améliorer le sort de nos concitoyens ou établir et préserver un régime politique au sein duquel la philosophie et la science peuvent être poursuivies sans danger pour celui qui recherche la connaissance ni pour les autres membres de la communauté.

DEUXIÈME PARTIE

# LA CITÉ VERTUEUSE

*Chapitre 4*

# Science, philosophie et religion

L'un des traits les plus frappants de la philosophie islamique classique est la prédominance de la philosophie politique et l'incorporation en son sein de la jurisprudence et de la théologie, placées dans une position de subordination à l'égard de la philosophie politique. Au cours des dix siècles qui séparent Cicéron d'Alfarabi, aucun philosophe important n'a étroitement lié la philosophie à la philosophie politique, ni accordé dans ses écrits une position dominante, centrale et décisive à la philosophie politique. Celle-ci n'est sans doute pas totalement absente du platonisme païen et chrétien de l'époque gréco-romaine, mais elle demeure marginale et souterraine, ou encore dominée par la métaphysique, la théologie et la mystique.

On pourrait évoquer les antécédents gréco-romains d'Alfarabi ou l'histoire de la transmission du savoir grec en arabe par le biais du syriaque, l'histoire des débuts de la philosophie islamique, le récit par Alfarabi de sa généalogie philosophique et sa critique de ses prédécesseurs et de ses contemporains. On pourrait également évoquer son influence sur les philosophes musulmans, juifs et chrétiens postérieurs, et notamment le fait que, jusqu'à la récupération de *La Politique* d'Aristote dans la seconde moitié du XIII^e^ siècle, il fut et resta le philosophe politique par excellence. Cependant, pour traiter efficacement toutes ces questions, il convient d'appréhender la philosophie d'Alfarabi dans son ensemble et de saisir la place qu'il assigne à la philosophie politique en particulier. Cela suppose en retour de comprendre ses écrits. C'est donc par là qu'il nous faut commencer.

Parmi les écrits politiques d'Alfarabi, le chapitre 5 de *L'Enumération des sciences*, intitulé « De la science politique, de la science de la jurisprudence et de la science de la théologie » (*De scientia ciuili..., et de scientia iudicanti, et de scientia eloquendi* ou *De scientia ciuli et scientia legis et scientia elocutionis*), est sans doute le texte de science politique le plus ancien et le mieux connu du Moyen Age. Il était disponible aussi bien en arabe qu'en hébreu et en latin ; on le connaissait par des résumés, des paraphrases et des citations dans toutes ces langues. C'était un exposé introductif, et il faisait partie d'un ouvrage destiné au débutant, une contribution à l'éducation générale en quelque sorte. Il vaut la peine de s'appuyer sur lui.

Puisque Alfarabi a écrit quelques autres textes d'introduction de ce type, il est d'un grand intérêt de lire son Introduction à *L'Enumération* où il expose le but poursuivi dans ce livre en particulier. Il s'agit pour lui d'énumérer les sciences « généralement connues » (*machûra*) et de présenter leur contenu, leurs parties et le contenu de chacune (43, 4-6). Le livre se subdivise en cinq chapitres couvrant respectivement : 1) la science du langage ; 2) la science de la logique ; 3) les sciences mathématiques ; 4) la science naturelle et la science divine (la métaphysique) ; 5) la science politique, la science de la jurisprudence et la science de la théologie. Les usages auxquels peut être destiné le livre sont également au nombre de cinq. Premièrement, l'étudiant qui veut apprendre et explorer l'une quelconque de ces sciences saura vers quoi se diriger et où enquêter, ainsi que le bénéfice qu'il pourra tirer de l'apprentissage et de l'enquête dans cette science. Deuxièmement, on peut utiliser le livre pour comparer les sciences au regard de leur excellence, de leur utilité, de leur précision, etc. Troisièmement, il évalue un homme ignorant qui prétend maîtriser une science, en lui demandant d'énumérer ses parties et d'en présenter le contenu. Quatrièmement, on peut l'utiliser pour mettre à l'épreuve quelqu'un qui connaît une science particulière afin de vérifier l'étendue réelle de son savoir. Enfin, le livre peut servir à quelqu'un qui aspire à une éducation rapide et qui voudrait connaître les grandes lignes de chaque science, imiter les hommes de science et sentir qu'il fait partie de leur cénacle. Les cinq usages sont donc destinés à différents types de lecteurs. Les deux premiers correspondent à l'élève qui désire apprendre. Il recourra au livre pour savoir au préalable dans quelle entreprise il s'engage. Mais le livre peut également profiter à l'élève qui veut, non pas seulement « apprendre » une science, mais également « approfondir » cette science, la comparer avec d'autres et apprendre la qualité, l'utilité et la précision relatives de chacune. Cela semble l'usage positif le plus élevé du livre. Pour le véritable étudiant de cette science, ce livre est donc un début et une fin : l'élève commence par lui avant de se mettre à l'étude des sciences particulières, et il y revient après les avoir étudiées afin de savoir dans quoi il doit « enquêter » et pour connaître leur rang respectif et leur excellence. Les deux usages suivants consistent à évaluer à la fois ceux qui prétendent simplement savoir et ceux dont la connaissance est incomplète. Alfarabi ne donne pas de précision sur les qualités de l'homme qui effectuerait l'examen. On comprend cependant qu'il serait lui-même ignorant de ces sciences, tout en aimant évaluer les autres, et qu'il lirait le livre dans ce but. Ce dernier usage est aussi quelque peu problématique. Apprendre les grandes lignes de chaque science et donner l'impression d'être un lettré ne semblent pas des objectifs de valeur. Tout ce que l'on peut dire à ce stade initial, c'est qu'il est difficile de distinguer entre le vrai et le faux élève ou entre le philosophe et le sophiste potentiel.

L'énumération des sciences par Alfarabi n'est ni conventionnelle ni fortuite. Le livre consiste en cinq chapitres et possède cinq usages (43-44). L'attention se porte sur le troisième chapitre central consacré aux sciences mathématiques, dont la division en sept parties est présentée dans l'Introduction (43, 7-9 ; cf. 75, 3). Le chapitre 4 inclut non pas une, mais deux sciences (la science naturelle et la science divine [la métaphysique]). Le chapitre 5 comprend trois sciences (la science politique, la science de la jurisprudence et la science de la théologie), qui sont simplement énumérées, sans mention de ce qu'elles pourraient avoir en commun.

Quant aux divisions et sous-divisions des cinq chapitres du livre, elles sont disposées comme suit : 1) la science du langage se divise en sept parties principales ; la septième, la science des règles qui commandent les poèmes, en trois sous-parties ; 2) la science de la logique en huit parties, dont les trois premières traitent des règles du syllogisme en général et de ses parties, et le reste des cinq modes de raisonnement ; 3) la science des mathématiques est divisée, comme la science du langage, en sept parties « principales », dont la deuxième, la science de la géométrie, est divisée en deux parties, et la cinquième, la science théorique de la musique, en cinq parties « majeures » ; 4) la science naturelle, comme la science de la logique, en huit parties, qui sont des parties « principales », et la science divine en trois ; 5) enfin, la science politique, la science de la jurisprudence et la science de la théologie sont divisées chacune en deux parties. Ainsi, les cinq chapitres couvrent au total huit sciences, divisées en trente-neuf parties, dont vingt-deux « principales ». Trois des trente-neuf parties (les septième, dix-septième et vingtième, toutes trois « principales ») sont divisées en un total de dix parties, dont cinq « majeures ». Au centre des trente-neuf parties — et des quarante-neuf qui représentent les parties et sous-parties — se trouve la science théorique de la musique, cinquième partie du troisième chapitre, qui est aussi le chapitre central ; et de même que le livre entier, elle est divisée en cinq parties principales. Enfin, trois des huit sciences (les sciences naturelle, divine et politique qui possèdent en tout treize parties) sont distinguées des cinq autres (et de leurs vingt-six parties, c'est-à-dire avec leurs sous-divisions, leurs trente-six parties) par leur caractère de « science » autonome plutôt que par leur matière, ce qui fait qu'on ne peut aisément séparer la « science » de son contenu ; on ne peut pas, par exemple, dire « naturel » au lieu de « science naturelle », comme on dit « langage » au lieu de « science du langage ». Sans même évoquer une numérologie compliquée, celle de *L'Enumération des sciences* présente des particularités pour lesquelles il n'existe pas d'explications immédiates. Pourquoi la science mathématique est-elle si centrale ? Pourquoi la science des règles des poèmes, la science de la géométrie et la science théorique de la musique sont-elles mises en valeur par des sous-divisions ? Pourquoi la science divine (la métaphysique) est-elle associée à la science naturelle dans le même chapitre ? Et pourquoi la science politique l'est-elle à la science juridique et à la science théologique ?

Pour comprendre la disposition des sciences selon Alfarabi, on pourrait la comparer à d'autres connues. Il en existe généralement deux. La première est la classification aristotélicienne des sciences philosophiques en sciences théoriques (mathématique, physique et métaphysique) et sciences pratiques (éthique, politique et économie). La deuxième est une classification plus complète de toutes les sciences, à la fois philosophiques et non philosophiques, qui existait dans la communauté musulmane. Le principe de cette dernière classification n'est pas la distinction entre la philosophie ou la science théorique et pratique, mais la distinction entre la philosophie ou la science telle qu'elle est définie par la philosophie, et les autres disciplines qui ne sont ni philosophiques ni scientifiques au sens où elles doivent leurs principes, leurs méthodes et leurs conclusions (et surtout leurs principes et leurs prémisses) à la raison non assistée de l'homme. Selon la manière d'envisager la source des principes ou des prémisses de ces sciences, elles étaient appelées sciences arabe, traditionnelle, légale ou islamique. Elles comprenaient deux branches principales : les sciences de la langue, c'est-à-dire de la langue arabe, qui étaient tenues pour instrumentales ou propédeutiques, et les sciences religieuses, c'est-à-dire les sciences religieuses islamiques, qui incluaient les sciences coraniques et les sciences de la Tradition prophétique (lesquelles sont les sources premières de la doctrine et de la pratique religieuses), ainsi que des sciences ancillaires telles que la jurisprudence et la théologie. Toutes ces sciences étaient par ailleurs considérées comme indigènes, car leur contenu était fourni ou articulé à l'origine par la convention d'une nation particulière ou par la révélation, et elles étaient distinguées des sciences étrangères ou des sciences des Anciens, dont le contenu est fourni ou articulé par la nature ou par la raison humaine. De façon générale, la différence entre les sciences traditionnelles ou religieuses et les sciences rationnelles ou philosophiques s'exprime de la manière suivante : pour s'assurer qu'une expression linguistique ou une croyance religieuse est correcte, l'individu doit retourner à l'usage linguistique ou aux textes révélés, lesquels constituent l'autorité dernière ; tandis que, pour savoir si une règle mathématique ou naturelle est correcte, on doit observer et réfléchir, et c'est cela qui constitue l'autorité dernière.

Comparée à ces deux classifications, celle d'Alfarabi fut jugée par l'historien andalou du XIe siècle, Sa'îd (*Les Classes des Nations*, 53), comme « sans précédent » et obéissant « à une méthode que personne d'autre ne suivit ». Elle ignore le principe sous-jacent à la répartition des sciences philosophiques en pratiques et théoriques, de même que le principe de la classification de toutes les sciences en rationnelles ou philosophiques et traditionnelles ou religieuses. Ses sciences « généralement connues » embrassent plus que les sciences philosophiques. Elles englobent la science du langage, la science de la jurisprudence et la science de la théologie, que personne n'avait classées auparavant dans les sciences philosophiques. Et bien que ces sciences traditionnelles ou religieuses soient intégrées dans les sciences philosophiques, elles ne le sont pas à partir du principe sous-jacent à l'une ou l'autre des classifications généralement connues.

## SCIENCE, ART ET PHILOSOPHIE

A mieux examiner les cinq chapitres dont *L'Enumération des sciences* est composé, il apparaît qu'Alfarabi dévie en maints endroits du programme annoncé dans l'Introduction. De fait, près d'un tiers du livre consiste en digressions sur des sujets étrangers à l'énumération des sciences généralement connues et de leurs parties ou sous-parties ainsi qu'à leur contenu. On en relève sept. (1) La première se trouve au début du chapitre 1 où Alfarabi définit les règles (*qawânîn*) et leur relation aux « arts » (*sanâ'i'*) et à « l'instrument » (*âla*) (45.6-46.8). Les deuxième, troisième et quatrième apparaissent au chapitre 2, dont la disposition est curieuse en ce qu'une petite partie seulement (70, 6-72, 10) énumère les parties de la science de la logique. Le chapitre commence par (2) un long exposé sur l'utilité de la logique, son contenu, et le sens du terme « logique » (54, 16-63, 13). Il se poursuit par (3) une présentation des classes du syllogisme, des arts syllogistiques, des énoncés syllogistiques et des parties majeures et mineures de celui-ci (63, 14-70,5). Après l'énumération des parties de la logique, le chapitre se conclut par (4) une défense de la primauté de la « quatrième partie » sur les sept autres parties de la logique (72, 11-74, 13). Dans l'énumération des huit parties de la logique, il est dit que cette quatrième partie contient « *les règles des matières qui fondent la philosophie et tout ce par quoi ses activités* [celles de la philosophie] *deviennent plus complètes, excellentes et parfaites* » (71, 3-4). (5) La cinquième digression se produit au chapitre 3, après l'énumération de l'arithmétique et de la géométrie ; elle commente les principes et méthodes de ces deux sciences et l'usage exclusif de la synthèse par Euclide dans *Les Eléments* (79, 5-12). (6) La sixième intervient au début du chapitre 4 et consiste en une longue argumentation sur les corps naturels et artificiels (91, 7-95, 11). (7) La dernière se trouve à la fin du chapitre 5 ; elle détaille les moyens utilisés par les théologiens pour défendre leur religion (108, 10-113, 7). On tentera de montrer ici que le but général de ces digressions est de clarifier la relation entre « science », « art » et « philosophie », et de contribuer à la compréhension de leurs rangs respectifs (cf. 44, 2-4 et 113, 8).

Dans l'expression « science du langage », le mot « science » est utilisé initialement dans un sens large : il inclut la capacité de mémoriser et réciter et, en général, tous les pouvoirs qui sont les conditions utiles ou nécessaires à la possession de la connaissance ou à sa perfection, sans constituer par eux-mêmes une connaissance. Puis le mot « science » est limité à la connaissance, en tant qu'elle est différente de ces conditions ancillaires. Par exemple, la « science » des expressions simples (la lexicographie) peut exiger de quelqu'un qu'il mémorise des expressions simples dans une langue particulière mais, prise dans un sens plus restreint, la science du lexicographe est la connaissance du sens ou de la signification de chacune de ces expressions (45, 3-4). De plus, seules deux parties de la science du langage (la science des expressions simples et la science des expressions composées) consistent dans la connaissance des significations des expressions. Les cinq autres parties sont des sciences prises dans un sens encore plus restreint en ce qu'elles traitent des « règles » qui commandent ces expressions. A l'origine et selon les Anciens, une règle signifiait tout instrument ou appareil utilisé pour prémunir celui qui pratique un art contre l'erreur (par exemple, le fil de plomb), pour tout inclure dans son art de façon que rien ne lui échappe (les tables arithmétiques), ou pour offrir une vue d'ensemble de son art (les grandes lignes d'un long ouvrage). Or Alfarabi utilise le terme dans un sens plus général. Pour lui, une règle est « *une affirmation universelle, c'est-à-dire compréhensive* » qui embrasse beaucoup de choses individuelles qui appartiennent à un « art ». C'est seulement quand un certain nombre de ces règles sont formées et liées ensemble dans l'esprit selon un ordre défini qu'un art avec un contenu particulier est constitué ; c'est seulement par ces règles et leur ordre propre qu'un art crée son propre champ et en exclut ce qui appartient aux autres arts, découvre ses propres erreurs et facilite son propre enseignement et sa préservation. Cela est vrai de « *tous les arts, qu'ils soient pratiques ou théoriques* » (45, 15). Revenons aux parties de la science du langage : les deux premières parties (la science des expressions simples et la science des expressions combinées) constituent une connaissance directe de leur contenu qui est formé de plusieurs éléments individuels (mots, discours, poèmes). Cela n'est pas vrai des cinq dernières, soit les sciences des règles des expressions simples (phonétique et morphologie), des expressions combinées (préfixes et suffixes, et syntaxe), de l'écriture correcte, de la lecture correcte et de la poésie (la métrique, la rime, le bon usage). A la différence des deux premières, les cinq dernières ne représentent pas une connaissance directe des expressions individuelles, mais une connaissance des règles générales qui commandent ces expressions, disposées d'une manière ordonnée afin d'embrasser la manière dont des parties, aspects ou groupes d'expression sont énoncés sous certaines conditions, c'est-à-dire quand ils sont parlés, écrits, utilisés dans un poème, etc. Par moments, Alfarabi appelle l'une ou l'autre des cinq dernières parties (par exemple, l'écriture et la grammaire) « art », ainsi lorsqu'il énumère « l'écriture » conjointement à « la médecine, l'agriculture et la menuiserie » (45, 14-15) ou quand, au chapitre 2, il compare « l'art de la logique » avec « l'art de la grammaire ». Dans pareils cas, « art » ne signifie pas nécessairement la même chose que « science », car on peut posséder « *la science des règles de l'écriture correcte* » sans être capable d'écrire correctement, voire de façon élégante ou artistique. Alfarabi soutient que « la science des règles » est utile et même indispensable à la pratique correcte de l'art, mais insuffisante pour y exceller. En tout cas, Alfarabi persiste à appeler chacune des cinq dernières parties de la science du langage « science des règles » de ce qu'elles commandent ; il n'en distingue aucune comme « art » et n'en explique ni l'usage ni le lien avec l'art correspondant. Finalement, et à la différence de la connaissance directe des expressions d'une langue particulière, qui constitue les deux premières parties de la science du langage, les sciences des règles de ces expressions offrent à Alfarabi l'occasion de comparer différentes langues et d'indiquer le contenu commun de plusieurs de ces règles, quand bien même les noms donnés aux phénomènes et aux habitudes linguistiques diffèrent selon les langues. Pourtant, la science du langage traite en toutes ses parties d'une langue particulière, de ses expressions et de ses règles. Même là où elle traite des règles qui sont analogues ou communes à un certain nombre de langues, elle ne s'y intéresse que pour la façon dont elles s'appliquent à une langue particulière. Le traitement de ce qui est commun à toutes les langues de toutes les nations appartient à la logique.

Dans le chapitre « De la science de la logique », Alfarabi passe en revue la « logique », les « règles de la logique », la « science de la logique », la « science des règles de la logique », et « l'art de la logique ». A la différence des sept parties de la science du langage, cependant, aucune des huit parties de la logique n'est appelée « science ». A vrai dire, aucune d'elles n'est appelée « art » non plus. Chacune est composée de « règles » ou d'« énoncés », ce qui implique que la distinction du chapitre 1 entre les deux genres de science n'est plus pertinente ici ; toute la logique est du genre « science des règles » et aucune de ses parties ne traite d'objets individuels. La logique traite des règles des intelligibles. Ces règles, comme les règles de la grammaire et de la prosodie, et les instruments tels que la balance, la règle et le compas, sont destinés à vérifier les intelligibles susceptibles d'induire en erreur, c'est-à-dire ceux qui sont appréhendés par la réflexion, l'inférence et le raisonnement (*qiyâs*). On y soutient que la logique est nécessaire à quiconque ne souhaite pas fonder ses convictions sur la seule opinion, mais sur la connaissance et la perspicacité. Quant à l'argument selon lequel la logique n'est pas nécessaire, ou bien la pratique de la discussion dialectique ou des mathématiques (la géométrie et l'arithmétique) ou une parfaite disposition innée seraient suffisantes pour assurer l'exactitude dans les sciences, il mérite la même réponse que celui qui affirme que la pratique ou une disposition innée parfaite seraient des substituts aux règles de grammaire pour vérifier le langage correct. A la différence de la grammaire qui contrôle la justesse des expressions dans une langue particulière, la logique contrôle la justesse des expressions pour autant qu'elles désignent les intelligibles de toutes les langues ; elle fournit des règles relatives à ces expressions dans la mesure où elles sont communes à toutes les langues. De plus, elle fournit les règles de la justesse des intelligibles, tels qu'ils sont dans l'esprit, en tant que discours interne. En assurant ces deux tâches, la logique vise au développement correct du pouvoir inné qui distingue l'homme en tant qu'homme, afin que ce pouvoir puisse accomplir son activité (la pensée interne et l'expression de la pensée) de la manière la plus juste possible. Ce pouvoir peut être décrit comme la capacité d'émettre un énoncé, discours interne ou expression externe, avec lequel on corrige ou vérifie une expression, et que les Anciens (Aristote) appelaient *qiyâs* : raisonnement ou syllogisme. Quand ils sont bien sélectionnés, combinés et arrangés, les intelligibles et les règles qui les gouvernent forment le contenu de la science et de l'art de la logique.

Au chapitre 1, Alfarabi se référait en passant à la distinction entre les arts pratiques et théoriques. Dans la mesure où ils réalisent quelque chose ou accomplissent une activité, tous les arts sont bien entendu pratiques. Au chapitre 2, parlant du pouvoir inné de la raison ou du discours, Alfarabi écrit : « *C'est le pouvoir par lequel l'homme acquiert les intelligibles, les sciences, et les arts, grâce auxquels la délibération se réalise, et* [l'homme] *distingue les actions nobles des actions basses.* » Ici, les « arts » sont réunis avec les « sciences » et les intelligibles acquis, et séparés des facultés délibératives et morales, c'est-à-dire des deux facultés pratiques. Comme le but de la logique est le développement correct de ce pouvoir inné, de la raison ou du discours, « l'art » de la logique serait l'art suprême, l'art des arts. Cependant, l'examen de chacune des parties de la logique fait apparaître qu'aucune n'est un « art ». Chacune est constituée d'un groupe de règles employées dans ce qu'on appelle « les arts syllogistiques ». A première vue, on aura l'impression que ces arts sont des « arts logiques », et que les trois premières parties de la logique (qui traitent des règles des intelligibles simples, des propositions, des syllogismes communs aux cinq arts syllogistiques) contiennent des règles qui sont employées par les « arts » de la logique, lesquelles sont vraisemblablement les cinq dernières parties de la logique : la démonstration, la dialectique, la sophistique, la rhétorique et la poétique. Cette impression se révèle fausse cependant. Chacune des cinq dernières parties de la logique consiste également en règles, nous dit-on, mais ce sont maintenant des règles qui permettent d'examiner ou de vérifier des genres particuliers d'énoncés, ceux qui appartiennent respectivement aux « arts » de la démonstration, de la dialectique, de la sophistique, de la rhétorique et de la poétique. On doit donc distinguer entre, par exemple, les règles grâce auxquelles on examine les énoncés dialectiques et les énoncés dialectiques proprement dits ou « *les questions qui composent l'art de la dialectique et grâce auxquelles ses activités deviennent plus parfaites, excellentes et efficaces* » (71, 6-8). Alfarabi ne dit pas qu'il existe cinq arts logiques, mais cinq « arts syllogistiques » ; et quand il expose le caractère de chacun de ces arts dans la troisième digression, il ne parle pas des règles (logiques) grâce auxquelles on examine ce qui forme chacun de ces arts syllogistiques, mais des arts syllogistiques eux-mêmes. La distinction entre les arts syllogistiques et non syllogistiques n'est pas basée sur le fait qu'un art use ou non du raisonnement ou du syllogisme, mais sur le caractère de l'activité ultime des arts (l'activité qui en découle après avoir été perfectionnée). Seules la démonstration, la dialectique, la sophistique, la rhétorique et la poétique sont des arts dont l'ultime activité consiste à utiliser le raisonnement ou le syllogisme dans le discours ou l'argument. D'autres arts, par exemple la médecine, utilisent également le raisonnement et le syllogisme, mais ce n'est pas leur activité ultime ; quand l'art de la médecine est perfectionné en vue de réaliser son activité ultime, il guérit le malade. A l'inverse, cela ne signifie pas que les arts dont l'activité ultime consiste à utiliser le raisonnement ou le syllogisme ne peuvent pas déboucher sur des activités pratiques ou s'en abstenir. De fait, ils le font tous. Cependant, en tant qu'arts syllogistiques, ils produisent l'activité pratique par le moyen de types de raisonnement ou de syllogismes qu'ils utilisent plutôt que par un autre procédé. En ce sens, deux de ces arts, la rhétorique et la poétique, sont des arts autant que les métiers (*sinâ'a*, aussi bien que *san'a*), c'est-à-dire les arts de composer différents types de discours et de poèmes (71, 13-12 ; 72, 5-6). Finalement, Alfarabi dit que chacune des huit parties de la logique est développée « dans un livre » et il entreprend d'expliquer ce qui se trouve dans chacun des huit livres (les six livres traditionnels de *L'Organon*, ainsi que *La Rhétorique* et *La Poétique*), dont il expose le contenu. La présentation fait clairement apparaître que chacun de ces huit livres, qui comprend les règles des parties respectives de la logique, peut inclure autre chose ; par exemple, dans le cas de *La Rhétorique* et de *La Poétique*, une présentation des arts de la rhétorique et de la poétique, de l'art de faire des discours rhétoriques et des poèmes, etc. Ainsi, la totalité du contenu de ces huit livres est identifié comme le sujet de « l'art » ou de « la science » de la logique ; de là une ambiguïté qui a dérouté les historiens de la logique. En bref, chacune des huit parties de « la science » ou de « l'art » de la logique contient certaines règles (des énoncés universels) commandant les parties du syllogisme (1-2), ou par lesquelles on vérifie les syllogismes communs aux cinq arts syllogistiques (3), ou seulement un genre particulier de syllogisme utilisé dans l'art de la démonstration (4), la dialectique (5), la sophistique (6), la rhétorique (7) et la poétique (8). A dire vrai, ce sont des instruments des cinq arts du raisonnement. Les historiens de la logique ne devraient donc pas être étonnés de voir Alfarabi inclure les « arts pratiques » de la rhétorique et de la poétique dans *L'Organon*. Les arts de la rhétorique et de la poétique ne sont, pas plus que la sophistique, la dialectique et la démonstration, des arts logiques ou des parties de la logique. Déterminer si ces arts sont « pratiques » ou « théoriques », et jusqu'à quel degré ils le sont, est une question indépendante que l'ordre traditionnel de *L'Organon* (comme on peut le constater à propos des statuts particuliers de la sophistique et de la dialectique) ne résout pas non plus.

Le chapitre 2 culmine dans une digression élogieuse de la quatrième partie de la logique, « *la plus nettement antérieure en dignité et supériorité* » parce qu'elle est « l'intention première » de la logique, tandis que les autres parties (parties 1 à 3) en sont soit des préparations, soit des introductions ou des appoints. Elles sont assimilables à des instruments plus ou moins utiles à la quatrième partie ou dont l'exposé sert à alerter celui qui recherche la « vérité certaine » contre le danger de recourir sans prendre garde à l'une des quatre méthodes (parties 5 à 8). L'exposé de ces dernières (parties 5 à 8), pour elles-mêmes et pour le service qu'elles rendent aux praticiens de chacun de ces arts, n'est qu'une « intention secondaire » de la logique. Au regard de son objectif primordial, la logique considérée dans sa totalité est destinée à fournir « les méthodes certaines » visant à la « science certaine » et à prémunir contre l'utilisation de méthodes qui mènent à la simple opinion ou à une image de la vérité. Or la quatrième partie de la logique correspond au premier art syllogistique, à l'art de la démonstration ou art qui emploie les énoncés démonstratifs qui produisent la « science certaine ». Alfarabi l'expose comme suit : « *Dans la quatrième* [partie de la logique, ou le livre qui la contient] *se trouvent* a) *les règles avec lesquelles on examine les énoncés démonstratifs* (burhâniyya), *et* b) *les règles des questions qui constituent la philosophie et tout ce par quoi ses activités* [celles de la philosophie] *deviennent plus complètes, excellentes et parfaites* » (71, 3-4). La première réaction est d'identifier « les énoncés démonstratifs » ou l'art de la démonstration avec la « philosophie », en raison notamment du fait que, dans au moins deux autres ouvrages de logique, Alfarabi semble utiliser, de façon interchangeable, les expressions « art de la démonstration » et « art de la philosophie » (*L'Epître sur l'Intellect*, 227 ; *Les Expressions*, 107-108), et du fait qu'il « traduit » *Les Analytiques antérieures* et *Les Analytiques postérieures*, respectivement, par « Syllogisme » et « Démonstration » (71, 1-2 ; 71, 5). En outre, dans ces deux derniers ouvrages, il est dit que la « philosophie » ou l'« art de la philosophie » contient des « parties », « arts » ou « sciences » qui sont au nombre de quatre : la science des mathématiques, la science naturelle, la science divine et la science politique ; cette dernière est également nommée « philosophie politique » et « philosophie pratique », ce qui semble expliquer la disposition des chapitres suivants de *L'Enumération des sciences*. L'objectif primordial de la logique est de fournir des règles à l'art de la démonstration ou philosophie, qui consiste en quatre parties, arts ou sciences, lesquelles seront traitées, d'après l'ordre qui vient d'être énuméré, dans les chapitres 3 à 5. Il convient cependant de prendre en compte les difficultés suivantes. Cette conception laisse augurer une science politique « démonstrative » ou pratique. L'exposé de la quatrième partie de la logique par Alfarabi est clair sur le fait qu'elle comporte deux séries de règles ; et les règles grâce auxquelles on examine les énoncés démonstratifs sont clairement séparées des « *règles des sujets qui constituent la philosophie* ». Ces « questions » comprendraient les énoncés démonstratifs, mais il n'y a aucune raison de soutenir qu'elles ne comportent que ceux-ci. Dans tous les cas, *Les Analytiques postérieures* d'Aristote ne confortent pas pareille assertion. Finalement, les deux autres ouvrages dont il a été question ne contiennent pas un exposé des parties de la philosophie, mais une simple référence à celles-ci. Il est donc utile d'examiner si la proposition d'une philosophie entièrement démonstrative est corroborée par ce qu'Alfarabi écrit sur les sciences dans la partie restante de *L'Enumération*.

De même que les sept parties « majeures » de la science du langage, chacune des sept parties « majeures » de la science ou des sciences de la mathématique (cf. 75, 2-3 avec 43, 7) est appelée « science ». Dans le cas de quatre d'entre elles, Alfarabi explique « *ce qui est* [généralement] *entendu par ce mot* », mais le mot se révèle à chaque fois ambigu. Dans le cas de l'arithmétique (1) et de la géométrie (2), le mot « science » englobe lui-même deux « sciences », l'une « pratique », l'autre « théorique ». Seules l'arithmétique théorique et la géométrie théorique, qui enquêtent, absolument ou sans qualification, sur leur sujet respectif comme tel sont à « *inclure parmi les sciences* ». L'arithmétique pratique et la géométrie pratique, bien que nommées d'ordinaire « sciences », ne sont pas en réalité des sciences. Elles enquêtent sur leur sujet en tant qu'il s'applique à des corps « *avec lesquels la multitude traite dans les transactions commerciales et les transactions politiques* » et à des corps qui sont les matériaux des différents artisans, menuisiers, forgerons, maçons et fermiers, soit, dans chaque cas, le matériau d'un « art pratique » spécifique. Dans le cas de la science des astres (4), le mot « science » comprend deux choses qui ne sont pas réparties par Alfarabi en science pratique et science théorique. Ce sont, d'une part, les jugements sur les astres (astrologie) qui correspondent simplement au pouvoir ou à la faculté qui rend l'homme capable de prédire l'avenir, et, d'autre part, l'astronomie mathématique qui est « *celle qu'il faut compter parmi les sciences et qui doit être incluse dans les mathématiques* ». Dans le cas de la science de la musique (5) enfin, le mot « science » recouvre deux sciences, l'une « pratique », l'autre « théorique ». Mais la musique pratique n'est pas appelée art, au contraire de la musique théorique, qui n'est cependant pas « *comprise* [ou comptée] *parmi les sciences* ». La musique théorique comporte les principes et les causes des notes et mélodies, leur composition, leur adaptation aux instruments musicaux, la manière de les produire, etc., jusques et non compris leur production actuelle par des instruments naturels ou artificiels, laquelle constitue le travail du musicien pratique. L'hésitation quant à la place de la musique théorique et pratique parmi les arts et les sciences n'est pas sans rappeler la science politique et l'activité politique. Les noms des trois parties restantes des mathématiques ne semblent pas poser de sérieux problèmes. La science des formes (l'optique [3]) est un domaine spécial de la géométrie (théorique), et elle est appelée « art ». La science des mesures (6) traite des principes de deux sortes d'instruments (les balances et les leviers) ; la science des appareils (mécaniques) (7) traite de l'applicabilité de la connaissance mathématique aux corps naturels, de la production des instruments et, de façon générale, des « principes des arts politiques pratiques ». En bref, il semble exister deux sciences mathématiques purement théoriques : l'arithmétique théorique et la géométrie théorique. L'optique et l'astronomie mathématique sont des sciences ou arts mathématiques plus spécialisés. Et les poids et les appareils mécaniques se contentent d'appliquer quelques-unes des découvertes réalisées dans les autres sciences ou arts mathématiques et de servir les arts politiques pratiques spécialisés. La musique théorique et pratique forme une structure parallèle qui provient de la connaissance théorique, celle des notes et des mélodies comme intelligibles, et aboutit à la production actuelle des mélodies. Le mot « science », tel qu'il est communément admis, recouvre tout, les sciences théoriques qui sont des sciences au sens authentique, les sciences théoriques qui sont aussi des arts — mais non pas des arts pratiques — et les sciences pratiques qui fournissent les principes des arts politiques pratiques particuliers. Il est donc clair maintenant que la science ou les sciences des mathématiques ne peuvent former un art unique et entièrement démonstratif. La démonstration, au sens le plus élevé, qui consiste à révéler les causes et expliquer le pourquoi, est mentionnée seulement deux fois en liaison avec la géométrie et l'optique qui est un domaine spécial de la géométrie (78, 8 ; 80, 11). Quand la « démonstration » est de nouveau évoquée en liaison avec les appareils mécaniques (88, 12-13 ; 89, 3), elle renvoie aux choses dont « l'existence » est démontrée seulement dans les mathématiques. Autrement dit, la plupart du temps les mathématiques « examinent » et « enquêtent », mais elles ne démontrent pas ; ce qui signifie qu'il existe des recherches et des enquêtes qui sont théoriques et mènent à des « sciences certaines », mais qui ne sont pas démonstratives.

Après avoir mentionné l'arithmétique théorique et la géométrie théorique, Alfarabi interrompt son énumération pour rappeler au lecteur que la géométrie consiste en fondements et principes, qui sont limités, et en d'autres choses dérivées de ceux-ci, qui sont illimitées. Il poursuit : « *Il existe deux méthodes d'enquête dans* [la géométrie], *la méthode de l'analyse* (tahlîl) *et la méthode de la synthèse* (tarkîb). *Les Anciens praticiens de cette science avaient l'habitude de combiner dans leurs ouvrages les deux méthodes, à l'exception d'Euclide qui organisa le contenu de son livre,* Les Eléments, *d'après la méthode de la synthèse seulement* » (79, 9-12) [1]. Nous avons donc ici l'une des plus importantes « questions qui constituent la philosophie » : la méthode qui mène à la découverte des principes des sciences théoriques en général, c'est-à-dire non assurées par la démonstration. Dans *L'Enumération des sciences*, Alfarabi se contente de faire allusion à l'importance de cette méthode et à sa conception selon laquelle la science et la philosophie théorique comprennent davantage que des énoncés démonstratifs. En un sens, la vision de la science ou philosophie théorique, qui restreint celle-ci aux énoncés démonstratifs, est aussi une vision généralement connue de la science. Parce que *L'Enumération des sciences* énumère les sciences généralement connues, la structure de chacun de ses chapitres imite celle des *Eléments* d'Euclide, en commençant, pour ainsi dire, par le sommet de l'échelle pour redescendre jusqu'au sol, jusqu'aux principes des arts politiques pratiques employés par la multitude au marché et dans la cité.

## LES SCIENCES NATURELLES, DIVINE ET POLITIQUE

La sixième et la septième digression ouvrent le chapitre 4 et clôturent le chapitre 5 respectivement, en séparant du reste du livre les deux chapitres et les cinq sciences qu'elles comprennent. L'exposé de la science naturelle présente des traits communs avec celui de la science de la logique. Tous deux sont précédés d'une introduction relativement longue, et divisés en huit parties. Aucune de leurs parties n'a de sous-divisions et aucune n'est appelée science ou art. La logique était considérée comme une contrepartie de la grammaire ; la science naturelle est la contrepartie des arts pratiques. La science naturelle a pour sujet les corps naturels, présentés comme des contreparties des corps artificiels produits par l'art et la volonté humaine, auxquels de fréquents renvois sont effectués dans les sciences pratiques des mathématiques, notamment la science des appareils (mécaniques), qui précède immédiatement le chapitre 4. Néanmoins, la digression sur les corps naturels et artificiels, qui est presque aussi longue que l'énumération des parties de la science naturelle et de la science divine prises ensemble, ne présuppose pas les sciences des mathématiques de la manière dont la logique présupposait les sciences du langage. Le lecteur est invité plutôt à tenir les corps artificiels, produits des arts pratiques, pour analogues aux corps naturels. Ainsi, les objets tels que le « corps » (par exemple un vêtement) et les « attributs constitués par le corps » (sa douceur), « l'agent » qui le réalise (le tisserand), le « but » et la « fin » (la chaleur), la « forme » (le tissage de la chaîne et de la trame) et la « matière » (le filé) sont déclarés plus manifestes dans les corps artificiels. La plupart d'entre eux peuvent être observés directement par le sens-perception, et le reste, par exemple le pouvoir enivrant du vin et le pouvoir guérisseur des médicaments, constaté indirectement par l'observation des activités des corps artificiels. Parce que les principes des corps artificiels et de leurs attributs sont mieux connus de la « multitude » (*jumhûr*) que les principes de leurs contreparties naturelles, la multitude donne les noms des principes qu'elle connaît le mieux aux principes naturels et traite les deux séries de principes comme s'ils étaient identiques. Par ailleurs, « *il est courant dans les arts de transférer aux objets qu'ils contiennent les noms que la multitude applique à ce qui ressemble à ces objets* » (95, 6-8). Les principes des corps naturels sont moins apparents que les principes des corps artificiels ; la plupart de leurs formes et matières ne peuvent être observées par le sens-perception, et « *pour nous, leur existence peut être vérifiée uniquement par le raisonnement et les démonstrations certaines* » (94, 1-2). Cependant, Alfarabi n'échafaude aucun raisonnement ou démonstration pour prouver l'existence de l'un quelconque des principes des corps naturels, encore moins de la cause de leur existence. Les huit parties « majeures » de la science naturelle, disposées selon un ordre descendant partant des principes communs à tous les corps naturels pour atteindre les pierres, les plantes et les animaux, « recherchent » et « enquêtent » ; elles « n'expliquent », ne « rendent évident » et ne « démontrent » rien. La science naturelle est une science exclusivement « investigatrice » ; et ses enquêtes semblent confinées aux principes des corps comme tels, plutôt qu'à leurs causes ultimes ou leurs usages pratiques. Rien n'est dit sur Dieu, le moteur immobile, l'intellect ou encore l'âme, bien que l'âme et l'intellect dussent être examinés tout au moins dans les parties qui traitent des plantes (7) et des animaux (8). A la différence des sciences mathématiques, qui possèdent comme contreparties de soi-disant « sciences pratiques » ou arts pratiques, et dont quelques-unes étudient les principes des arts politiques pratiques, il n'existe pas une science « pratique » ou un art qui corresponde à l'une quelconque des parties de la science naturelle, et aucune de ces parties n'a de lien avec un quelconque art politique pratique même pas là où l'on s'attendrait à une relation, comme par exemple entre l'étude des minéraux (6) et l'art de la mine, l'étude des plantes (7) et l'art de l'agriculture, ou l'étude des animaux (8) et l'art de la médecine. Il n'existe pas une science ou un art *naturel* pratique ou appliqué. De fait, Alfarabi va jusqu'à éviter entièrement les termes de « pratique » et « théorique » dans le cas de la science naturelle et de ses parties.

Tout cela est vrai de la science naturelle, mais non pas du chapitre 4 dans son ensemble ; car il reste encore à examiner la science divine et ses trois parties. La science divine, de même que la science politique, la science de la jurisprudence et la science de la théologie, ne dispose pas d'une introduction indiquant que l'énumération a été achevée. Il en résulte que la partie qui traite de cette science, comme celles qui traitent des trois sciences qui composent le chapitre 5, devient purement énumérative, exempte de tout lien qui expliquerait le système ou le principe de l'énumération. C'est d'autant plus étrange que le lien entre la science naturelle et la science divine est une idée courante dans les introductions traditionnelles à la science divine. Son absence serait due à l'une des deux raisons suivantes : ou bien la science divine est une simple continuation de l'enquête naturelle sous un nom différent — mais cela impliquerait que « *les êtres en tant qu'êtres* » sur lesquels la science divine enquête ne sont rien d'autre que les corps naturels et leurs principes ; ou bien il n'existe pas de lien particulier entre les deux sciences, ce que semble indiquer l'exposé d'Alfarabi, et on ne peut alors qu'être encore plus perplexe devant le fait que les deux sciences sont traitées ensemble dans le même chapitre, et sans justification.

La science divine est divisée en trois parties. La première enquête sur les êtres et leurs attributs ; mais Alfarabi n'en dit rien ici. La deuxième enquête sur « *les principes* [ou prémisses] *des* démonstrations *dans les sciences particulières théorétiques* » vérifie et fait connaître leurs substances et attributs spéciaux, et énumère et critique les opinions corrompues tenues sur elles par les « Anciens ». Une science théorétique « particulière » est définie comme une science qui enquête sur un type « spécial » d'être. Le principe de l'indépendance de la science théorétique particulière est donc la « particularisation » des êtres en types ou genres. Trois de ces types de sciences sont énumérés : la science de la logique, la science des mathématiques et la science naturelle. La logique, qui n'a jamais été appelée science théorique au chapitre 2, est maintenant explicitement comptée comme une des trois sciences théoriques particulières ; on suppose que les « intelligibles » dont traite la logique sont un « type d'être » spécial, différent des êtres mathématiques et naturels. Cela signifie qu'à l'exception du chapitre 1 qui a traité de la science du langage, le livre a énuméré seulement les sciences théorétiques : trois sciences théorétiques « particulières » (la logique, les mathématiques et la science naturelle), qui étudient respectivement les intelligibles ou les êtres intelligibles, les êtres mathématiques et les êtres naturels. Il existe enfin une science divine qui n'est pas appelée elle-même science théorétique, quoique sa deuxième partie (ou partie centrale) enquête sur les principes des trois sciences théorétiques particulières. Il semblerait alors qu'ont été mentionnées toutes les sciences théorétiques. De fait, si leur sujet est l'être en tant qu'être, les principes des genres particuliers d'être et les genres particuliers d'être eux-mêmes, on aurait déjà tout pris en compte.

La troisième partie de la science divine enquête sur « *les êtres qui ne sont ni des corps ni dans des corps* ». Cette dernière et onzième partie du chapitre 4 réalise onze opérations disposées de la manière suivante. Dans les cinq premières, elle démontre l'existence de ces êtres qui ne sont ni des corps ni dans des corps (ce qu'on appelle les intelligibles), explique qu'ils sont multiples, démontre que leur nombre est fini, qu'ils forment un ordre hiérarchique et que cet ordre s'achève dans un être qui est simplement parfait, un, premier et antérieur, et explique qu'il confère l'être à chaque autre être et ainsi de suite ; et cela sans le bénéfice de la révélation. Puis, dans le sixième paragraphe ou paragraphe central, la troisième partie de la science divine explique que l'être suprême décrit jusqu'à présent est celui que l'on doit « croire » Dieu — c'est-à-dire probablement le Dieu de la révélation (100, 13-14). Les cinq derniers paragraphes énumèrent, exposent et expliquent les attributs de Dieu, la génération des êtres à travers Dieu ou par Lui, leur ordre, la bonté des activités de Dieu, et réfutent enfin toutes les visions fausses sur les activités de Dieu qui Lui imputent l'imperfection et les êtres créés par Lui : « *Elles sont toutes réfutées par les démonstrations fournies par la science certaine, de sorte qu'il devienne impossible à l'homme d'avoir des craintes ou d'entretenir des doutes à son sujet et impossible pour lui de l'abandonner en aucune façon* » (101, 8-10). A la différence des dix précédentes parties du chapitre 4, dont aucune n'avait rien démontré

(« l'enquête » sur les principes des démonstrations dans la dixième partie [la deuxième partie de la science divine] n'était bien entendu pas démonstrative), la onzième commence et s'achève par des démonstrations : elle est la plus démonstrative de toutes les sciences ; de fait, elle contient plus de démonstrations que toutes les sciences énumérées dans le livre. Il semble que nous avons finalement trouvé une science, ou la partie d'une science, qui, même si elle ne l'est pas entièrement, reste dans une large mesure démonstrative.

Cependant, il est nécessaire de confronter cette présentation de la science divine au contenu des ouvrages plus philosophiques d'Alfarabi[2], où il s'oppose, explicitement ou non, à l'inclusion, dans la métaphysique, de ce qui correspond à cette troisième partie de la science divine, ou à l'idée qu'elle occuperait une place importante ou centrale dans la métaphysique. Comme il soutient également qu'Aristote développe cette même partie de la science divine dans le livre lambda de *La Métaphysique*, il laisse entendre, en effet, que le livre lambda est une œuvre exotérique et ne représente pas la doctrine aristotélicienne de l'être. Le seul moyen d'expliquer cette contradiction est de prendre au sérieux la déclaration d'Alfarabi dans l'Introduction à *L'Enumération des sciences*, où il dit que son but est d'énumérer les sciences « généralement connues » et leurs parties ; en d'autres termes, les sciences généralement connues de la multitude qui comprend les principes des corps naturels en termes de principes des corps artificiels et applique les mêmes noms aux deux. Quoi qu'il en soit, l'énumération par Alfarabi des sciences théoriques (la logique, les mathématiques et la science naturelle) culmine dans une science divine, qui culmine à son tour dans une présentation de l'univers en tant qu'il est ordonné, hiérarchisé et dépourvu de toute injustice, imperfection, conflit, désaccord ou mal quelconque. Cette explication de Dieu et de l'univers vient à constituer une partie de la science divine, placée dans le même chapitre que la science naturelle et suivie immédiatement par la science politique, la jurisprudence et la théologie qui sont placées dans le chapitre suivant. Cet arrangement est tout à fait différent de celui qui ressort des exposés plus étoffés d'Alfarabi sur la science divine et la science politique, dans lesquels ce qui est ici appelé la troisième partie de la science divine est joint à la science politique. *La Cité vertueuse* et *Le Régime politique*, qui sont des ouvrages nettement politiques, commencent de façon abrupte par un exposé sur Dieu et l'univers (d'une façon exactement identique à la troisième partie de la science divine dans ce livre) et passent sans transition à un exposé sur l'homme et sur ce qui est produit par la volonté et l'art humains : des associations humaines, les principes et les formes de la vie politique et les arts politiques particuliers. La fusion entre la science divine et la science politique peut être interprétée de deux manières. Dans les œuvres politiques d'Alfarabi, il s'agit d'une théologie et d'une cosmologie « politiques ». Chez Avicenne en revanche, la politique devient un appendice de la science divine. Dans *L'Enumération des sciences*, la science divine est séparée de la science politique ; pourtant, les deux sciences sont énumérées dans l'ordre de leur apparition dans les œuvres politiques d'Alfarabi. Plus importante encore peut-être est la distinction entre la science divine et ce qu'on appelle la théologie révélée, qui figure dans un chapitre séparé conjointement avec la science politique et la jurisprudence. La science divine est séparée de la théologie par la science politique et la jurisprudence, ce qui veut dire que, pour accéder correctement à ce qu'on appelle la théologie révélée, on doit d'abord passer par la science politique et la jurisprudence.

## LA SCIENCE POLITIQUE 1 ET 2

La science politique d'Alfarabi, qu'il nomme également philosophie politique, est la science politique des Anciens, celle de *La République* de Platon et de *La Politique* d'Aristote. Elle traite de la souveraineté et de la royauté, des cités et des nations, de la science et de la philosophie, mais ne dit mot de la prophétie, des législateurs divins, de la religion ou de la théologie.

Quant à sa jurisprudence et sa théologie, elles sont résolument « modernes ». Les termes employés pour désigner ces deux sciences (*fiqh* et *kalâm*) sont typiquement islamiques. Ce sont des sciences qui suivent les pas de la prophétie, du législateur divin et de la révélation divine. Elles s'intéressent aux opinions et aux actions d'une communauté religieuse. Elles ne comportent aucun renvoi à la philosophie, à la royauté ou à la cité. Deux atmosphères sont donc délibérément opposées : l'ancienne et la moderne, une science politique pré-religieuse ou non religieuse et des sciences religieuses qui présupposent les révélations, les lois divines et l'existence d'un certain nombre de communautés religieuses. Dans la présentation de la science politique, le nom de Dieu est systématiquement évité. A l'inverse, l'exposé de la jurisprudence et de la théologie est saturé d'expressions telles que Dieu, les choses divines, la révélation divine, les intellects divins, les mystères divins et les miracles. A cela existe apparemment une seule exception. Quand elle enquête sur les activités humaines et leurs fins, la science politique « *explique que quelques-unes d'entre elles* [leurs fins] *sont le vrai bonheur, tandis que d'autres sont supposées être le bonheur, alors qu'elles ne le sont pas. Ce qui est le vrai bonheur ne peut pas être de cette vie, mais d'une autre vie après* [ou au-delà de] *celle-ci, laquelle est la vie à venir* [ou l'autre vie] *; tandis que ce qui est supposé être le bonheur consiste en choses telles que la richesse, l'honneur et les plaisirs, quand elles sont posées comme les seules fins de cette vie* » (102, 3-13). Cette présentation rappelle la vision religieuse du bonheur comme bonheur de la vie à venir, du paradis ou de la vision béatifique, qui est considérée comme le vrai bonheur, à l'opposé du bonheur de cette vie, qui est tenu pour un bonheur allégué et non un bonheur authentique. Cependant, elle évoque aussi la vision philosophique selon laquelle l'homme ne devrait pas borner ses buts dans cette vie à des choses telles que la richesse, l'honneur et les plaisirs, mais rechercher une fin plus élevée, telle que la vertu ou la connaissance : il devrait mener une « autre » vie dans « cette » vie. Alfarabi semble utiliser la distinction aristotélicienne et platonicienne entre cette vie et l'autre vie[3].

Le thème central de la science politique est ce qu'Alfarabi appelle « le gouvernement vertueux » ou « le métier royal vertueux », c'est-à-dire l'art du souverain qui fonde, gouverne et préserve la cité ou la nation vertueuse et dont la fin est le vrai bonheur, obtenu par des actes bons, nobles et vertueux. Il diffère des gouvernements ignorants qui créent des cités et des nations ignorantes dont les fins, telles que la richesse et l'honneur, ne sont que présomptions du bonheur. A la question « En quoi consiste le métier royal vertueux ? », Alfarabi fournit deux réponses, qui figurent dans deux présentations légèrement différentes de la science politique.

Dans la première (102, 4 ; 104, 15), la science politique remplit sept fonctions qui correspondent aux thèmes traités par ce qu'Aristote nomme l'éthique et la politique, sans qu'une distinction soit explicitement établie entre les deux. Dans les quatre premières, la science politique enquête sur les actions, les modes de vie et les habitudes morales, sans relation avec la cité ou la nation. Dans la cinquième, elle explique que ceux-ci ne peuvent exister chez l'homme, sauf quand ils sont « *répartis dans les cités et les nations suivant un certain ordre et pratiqués en commun* » (102, 16-103, 1). De la sorte, est introduite la fonction suivante de la science politique, qui consiste à expliquer la nécessité du gouvernement, le fait de devenir un souverain par la vertu d'un métier ou d'une disposition positive, que cela s'appelle « métier royal », « royauté » ou quelque autre dénomination que l'on choisirait (103, 5-6), et les divisions du gouvernement. La septième et dernière fonction est d'expliquer le contenu du « métier royal vertueux ». Celui-ci est composé de deux pouvoirs ou facultés : la faculté pour les règles générales et un type de compétence ou d'expertise (*hunka*) acquis par la longue expérience, l'observation et la pratique dans des situations particulières — pratique de l'action, des hommes et des cités. L'analogie avec l'art de la médecine sert ici d'éclairage : le médecin devient un praticien parfait grâce à la connaissance des règles générales étudiées dans des livres de médecine et grâce à la compétence acquise par l'expérience, l'observation et la pratique prolongées. Ainsi les thèmes respectifs du métier royal vertueux et de la science politique ne sont-ils pas concordants. La science politique fournit deux éléments : d'une part, les règles générales et, d'autre part, les traits généraux de leur détermination ou application dans des cas et des moments particuliers. De même que les livres de médecine ou la science médicale, la science politique procure seulement le premier pouvoir ou faculté requis pour le métier royal vertueux. Elle laisse la détermination ou l'application actuelle à une autre faculté, qui ne peut être acquise par la science. De plus, aux termes de la première présentation, la science politique et le gouvernement politique, y compris le métier royal vertueux, sont autosuffisants, exclusivement préoccupés par les questions pratiques et politiques. Ils ne dépendent nullement des sciences théoriques. L'aire propre au métier royal vertueux est définie par la science politique comme les règles générales de la vie politique comme telle. Il est vrai que le métier royal requiert « *une autre faculté que cette science* » (104, 13), mais c'est une faculté qui peut être acquise par « *une longue pratique des actions politiques* » (104, 1-2), c'est-à-dire par une pratique qui traite des cas particuliers inclus dans les règles générales fournies par la science politique. Considérée sous cet angle, la science politique correspond aux cinq dernières parties de la science de la langue et aux cinq dernières parties de la science de la logique. Elle fournit les règles nécessaires à la pratique correcte de l'art de la politique.

La division de cette science en deux parties (104, 16ff.) fournit le prétexte d'une seconde présentation. Un examen rapide de la manière dont Alfarabi expose les autres sciences dans ce livre suffit à prouver qu'une présentation complète de la science politique n'était pas du tout nécessaire au seul prétexte d'indiquer ses divisions. Il aurait pu aussi bien commencer, comme il le fait fréquemment, par la simple expression : « *Cette science consiste en deux parties.* » Suivant cette seconde présentation de la science politique, ses deux parties remplissent respectivement quatre et quatorze fonctions. Les quatre étapes de la première partie de la science politique correspondent aux quatre premières étapes du premier exposé : elles sont résumées et réorganisées, et le nouvel ordre rappelle en gros *L'Ethique à Nicomaque* d'Aristote, quoique la distinction entre éthique et politique soit absente ici encore. La seconde partie développe de façon conséquente les trois dernières étapes du premier exposé[4]. De nouveaux éléments, typiquement platoniciens, y figurent. Le plus important en est l'explication de ce qui constitue « le métier royal vertueux ». Les deux facultés présentées dans le premier exposé, c'est-à-dire la maîtrise des règles générales, procurée par la science politique, et la compétence acquise par une longue pratique des actions politiques, ne sont plus évoquées. Au lieu de cela, leur nombre exact est laissé ouvert ; seules quelques-unes sont mentionnées ; et il en ressort que d'autres peuvent être rajoutées. « *Elles comprennent les sciences théoriques et pratiques* » (106, 1), dit Alfarabi, auxquelles la faculté acquise par l'expérience doit être jointe. La faculté d'expérience est la même dans les deux présentations. Mais aux règles générales fournies par la seule science politique dans le premier exposé, Alfarabi substitue maintenant « les sciences théoriques et pratiques » (au pluriel) et peut-être aussi autre chose. L'établissement et la préservation de la cité vertueuse deviennent subordonnés à un homme qui possède ce « métier royal vertueux » et à une succession ininterrompue de tels princes ou rois. Cette science politique explique également la sélection et l'éducation correctes des rois futurs, de sorte qu'ils parviennent à acquérir ce type de métier royal et deviennent « pleinement » ou « entièrement » des rois accomplis. A la différence de ces vrais rois, ceux dont le gouvernement est ignorant ne devraient nullement être appelés rois ; ils n'ont pas besoin de « philosophie théorique ou pratique », ils peuvent diriger leurs cités ou nations grâce à la seule faculté d'expérience, à condition qu'ils soient astucieux ou perspicaces et qu'ils parviennent à imiter les rois ignorants précédents.

A la différence du second exposé, le premier était bien plus sobre et pratique. Il présentait une classification des régimes et des gouvernements, confinait la tâche de la science politique à la formulation de règles générales de la vie politique et de traits généraux de leur application, limitait les pouvoirs ou les facultés du métier royal vertueux à la connaissance de ces règles générales et à ce qui peut être appris par expérience, et il ne soulevait même pas la question des métiers royaux non vertueux ou de leur façon d'opérer. Sur la question cruciale du type de connaissance et de compétence que le souverain vertueux doit posséder pour instaurer et gouverner une cité vertueuse, la réponse était claire : l'expérience politique et la science politique suffisent. Bien entendu, l'expérience politique figure aussi dans le second exposé, mais comme la suite normale : elle n'occupe plus une place aussi importante, et elle se trouve discréditée à la fin comme marque des souverains ignorants. Ce traitement est particulièrement révélateur si on le compare à ce qu'Alfarabi écrit dans *Le Livre de la religion* (58, 15-59, 1) sur cette faculté d'expérience qui est une faculté que « les anciens [soit, Aristote] appellent "prudence" ». Quant à la faculté supérieure pour les règles générales, procurée par la science politique, ni cette faculté ni la science politique ne sont plus mentionnées comme telles. Elles sont incluses dans un ensemble plus large qui comprend les sciences théoriques et pratiques ou la philosophie théorique et pratique, en même temps peut-être que d'autres choses non spécifiées ; et la place de la science politique (ou de la faculté pour les règles générales de la vie politique), qui était claire et circonscrite dans le premier exposé, n'est pas spécifiée dans cet ensemble plus vaste. Pour autant, le premier exposé de la science politique ou de la philosophie politique n'est pas critiqué directement. Il est subrepticement remplacé par un exposé de la science politique dont le thème central — ce qui constitue le métier royal vertueux et la sélection et la formation des rois qui seront capables d'établir et de préserver la cité vertueuse — ne peut être fourni par la science politique comme telle. Et parce que, dans ce second exposé, le régime est constitué par l'opération du métier royal vertueux (103, 6), la science politique ne peut, par elle-même ou en coopération avec l'expérience politique, établir ou préserver la cité vertueuse.

Il est temps de se demander pourquoi nulle part dans ce livre la science politique ou la philosophie politique ne sont appelées science pratique ou théorique. Comme Alfarabi connaît cette distinction et en fait usage dans le second exposé à propos du métier royal vertueux, il est légitime de vérifier si sa science politique est une science pratique ou théorique. Jusque-là nous avons rencontré la distinction entre les arts théoriques et pratiques, laquelle n'était pas développée, et entre les sciences pratiques et théoriques, où les théoriques étaient incluses parmi les sciences, tandis que les pratiques étaient exclues des sciences proprement dites et qualifiées d'arts pratiques ou d'étude des principes des arts pratiques politiques. Venaient ensuite ses exposés sur la « science » ou « philosophie » politique, différente des « arts » pratiques ou politiques présentés précédemment. Finalement, il était affirmé que le thème central de celle-ci est une disposition positive ou un métier dont l'activité consiste dans la production et la préservation du régime — le régime politique —, lequel à son tour établit et préserve toutes les actions particulières et les dispositions et arts positifs de la cité. Il s'agirait de la science ou de l'art suprême ou dominant qui inclut et transcende tous les arts et sciences pratiqués dans la cité vertueuse. Par ailleurs, dans le premier exposé de la science politique, où l'art royal se compose de deux éléments, les règles générales de la vie politique fournies par la science politique et l'expérience acquise dans la vie politique elle-même, on trouve une science politique qui ne traite d'aucune des sciences théoriques mentionnées jusqu'ici, et dont aucun thème examiné n'est produit par ces sciences. Nous pouvons donc nommer sans risque cette première science politique une science ou un art pratique, au sens où elle traite exclusivement de choses faites par l'homme, de ses activités et modes de vie dont les principes sont la volonté et le choix humains ; et appeler le métier royal le métier ou l'art pratique suprême, puisqu'il établit et préserve le régime qui rend possible ce que font les citoyens. Ce serait la science, l'art ou la philosophie pratique à l'opposé de la science, de l'art et de la philosophie théoriques (la logique, les mathématiques et la science naturelle). La difficulté rencontrée dans l'exposé sur le vrai bonheur (dont il était dit qu'il est possible dans une « autre » vie, c'est-à-dire une vie située au-delà ou bien supérieure à la vie dédiée à des objets tels que la richesse, l'honneur et les plaisirs, les biens et les fins vulgaires) peut être résolue en identifiant « l'autre » vie avec la vie vertueuse (la vie dédiée à la vertu pour elle-même) et en appelant « l'autre » cité, la cité « vertueuse », son gouvernement, le gouvernement « vertueux » et l'art de l'établir et la préserver le métier royal « vertueux ». En réalité, ce premier exposé de la science politique doit identifier le bon, le noble et les vertus avec les vertus morales qui font partie de la classe d'objets dont le principe est la volonté et le choix humains, et qui sont séparés de la science théorique. Au contraire, la « vertu » ou « l'art » du « métier royal vertueux » du second exposé n'est pas une vertu pratique ou un art pratique exclusif, car elle est constituée, d'une part, par les sciences théoriques et pratiques et d'autre part par l'expérience politique. Nous avons vu que l'expérience politique est la même dans les deux exposés. Quant aux règles générales de la vie politique fournies par la science politique dans le premier exposé, Alfarabi leur substitue, dans le second exposé, les « sciences théoriques et pratiques » ou philosophie théorique et pratique : les sciences théoriques (soit la logique, les mathématiques, la science divine), et les sciences pratiques, peut-être les parties du premier exposé de la science politique et les arts qui lui sont subordonnés. Cette interprétation est confirmée par le passage analogue du *Livre de la religion* (60, 6-7) où la réalisation pleine et complète de ce métier royal vertueux requiert « *la connaissance des règles générales de cet art* [la politique], *qui doit être couplé avec la philosophie théorique, et à laquelle la prudence doit être réunie* » (les sciences théoriques = la philosophie théorique ; les sciences pratiques = les règles générales de cet art [fourni par la science politique] ; la faculté d'expérience = la prudence).

Il est clair qu'une science politique dont le thème central est la cité vertueuse fondée et préservée par ce métier royal et l'éducation des rois qui sont « entièrement » rois n'est pas une science pratique ou une science théorique au sens strict, ce n'est aucun des arts ou sciences théoriques ou pratiques énumérés jusque-là dans ce livre. Cette science politique doit les englober et organiser toutes, non pas de la manière dont elles sont énumérées dans ce livre, mais telles qu'elles doivent exister dans l'âme du roi qui est entièrement roi — c'est-à-dire selon l'ordre hiérarchique correct. C'est donc une science ou une philosophie politique qui inclut, transcende et gouverne toutes « les sciences théoriques et pratiques » ou « philosophie théorique et pratique » (ces expressions figurent dans cet exposé de la science théorique et nulle part ailleurs dans le livre). En ce sens, le mouvement ascendant de la science du langage vers la science de la logique, la science des mathématiques, la science naturelle et la science divine n'a pas encore perdu son élan. Le premier exposé de la science politique comme science purement pratique n'était donc qu'un intermède qui rendait possible un exposé de la science politique bien plus complet et, par conséquent, plus étendu que toutes les sciences théoriques et pratiques énumérées jusqu'ici.

## JURISPRUDENCE ET THÉOLOGIE

La jurisprudence et la théologie sont toutes deux appelées « science » et « art ». Mais le mot « science » figure seulement dans les titres des deux sections et dans la remarque concluant la première section. Le bref exposé des deux disciplines concerne exclusivement « l'art de la jurisprudence » et « l'art de la théologie ». A la différence de toutes les sciences ou arts théoriques et de beaucoup de sciences ou arts pratiques mentionnés jusque-là, les arts de la jurisprudence et de la théologie dont parle ici Alfarabi existent et sont pratiqués seulement dans quelques nations et à une étape donnée de leur développement. Il est nécessaire qu'un législateur ait établi une loi divine (*charî'a*) ou une religion (*milla*) pour une nation particulière (il n'est plus fait mention de la cité au singulier ; cf. 107, 13). La religion consiste en deux grandes classes de choses qui sont définies et déterminées par le législateur : les opinions et les actions. Sont donc édictées les opinions sur Dieu, ses attributs, l'univers, etc., ainsi que les actions telles que les prières et les transactions civiles. Aussi longtemps que le législateur est présent, c'est lui qui définit et détermine ce qui doit être cru ou fait, et qui soutient et protège ces croyances et actions en persuadant à la fois ses disciples et d'autres hommes de les accepter. Après la disparition du législateur ou du fondateur de la religion, il restera des opinions et des actions qu'il n'aura pas eu le temps d'élaborer lui-même ou n'aura pas cru suffisamment importantes pour le faire ; de plus, de nouvelles questions seront soulevées, qui exigeront de nouvelles déterminations relatives à ce que l'individu doit croire ou faire. Les opinions et actions que le législateur a définies auront également besoin d'être soutenues et défendues contre les nouveaux opposants et les nouvelles critiques. C'est ici que commence l'exposé d'Alfarabi.

L'art de la jurisprudence est la « disposition positive » (*malaka*) qui rend l'homme capable d'établir les nouvelles déterminations, et l'art de la théologie est la « disposition positive » qui rend l'homme capable de défendre la religion. Etant donné que ce sont soit les opinions, soit les actions qui ont besoin d'être définies ou défendues au sein de la religion, la jurisprudence et la théologie ont chacune deux parties traitant respectivement des opinions et des actions. La jurisprudence enseigne le « but » que le législateur poursuit en instituant une religion pour telle nation particulière, ainsi que ce qu'il a déjà déterminé au sein de sa religion. Sur la base de ces deux données, elle découvre ou infère les déterminations relatives à ce dont le législateur n'a pas parlé explicitement ou à ce qui n'existait pas de son temps. Quant à la théologie, elle ne procure pas de nouvelles déterminations. Elle se saisit de ce que le législateur a déterminé, le définit et réfute ce qui ne concorde pas avec lui. L'exposé de la théologie par Alfarabi est suivi d'une longue présentation des positions des différentes écoles de théologie, examinées à la lumière des méthodes et des opinions que doit utiliser une école pour soutenir sa propre religion, et qui appartiennent toutes aux règles des arts syllogistiques énumérées dans la science de la logique. Il n'explique pas les méthodes employées dans l'art de la jurisprudence, mais quelques indications laissent entendre que la jurisprudence applique quelques-unes des règles de la logique. C'est là la dernière des sept digressions que j'ai mentionnées ; c'est aussi une partie quelque peu théâtrale d'un livre qui l'est en réalité bien peu, une partie où l'on parle de l'attrait des défenseurs de religions pour les armures luisantes et les armes aiguisées. Le principal effet en est de dévier l'attention de la question de la relation entre la jurisprudence et la théologie d'une part, et la science politique d'autre part.

On remarquera tout d'abord que, de même que la science du langage, et à la différence des sciences de la logique, des mathématiques, de la science naturelle, de la science divine et de la science politique, la jurisprudence et la théologie ne sont pas des sciences universelles uniques. Il existe autant d'arts de la jurisprudence et de la théologie que de religions et de lois divines. (Les termes « nation » et « nations » dont l'usage fréquent est la marque du chapitre 1 sur la science du langage sont remplacés ici par « religion » et « religions ».) Alfarabi énonce ce que font tous ces arts, leur fin et les méthodes qu'ils emploient pour réaliser leur fin. C'est seulement dans ce sens formel qu'il parle de la science ou de l'art de la jurisprudence ou de la théologie. Pour savoir ce que chacun étudie en particulier, il est nécessaire d'apprendre les opinions et actions particulières instaurées par un législateur particulier, ainsi que le but de sa religion, et d'observer ensuite la manière dont les juristes de cette religion emploient les méthodes décrites par Alfarabi pour produire de nouvelles déterminations, et la manière dont les théologiens de cette religion emploient les méthodes qu'il décrit pour défendre les opinions et actions particulières de la religion. Alfarabi semble résigné, du moins en apparence, devant la multiplicité des législateurs, des religions, des disciplines juridiques et des théologies. De plus, il s'abstient d'en louer ou condamner l'un quelconque à l'aune de la distinction entre le bon et le mauvais, le vertueux et le vicieux. La religion est définie d'une façon entièrement neutre, de même les sciences religieuses. Deuxièmement, la jurisprudence et la théologie ne sont pas des substituts de la science politique ou une alternative à l'étude de la vie politique. Ce ne sont pas des sciences politiques religieuses ou sacrées, opposées à une science politique « séculière ». Elles ne mènent aucune des enquêtes conduites par la science politique, ne fournissent aucune de ses explications et n'établissent aucune de ses distinctions. Troisièmement, ce ne sont pas des parties de la science politique. Les deux parties de la science politique avaient été auparavant posées et expliquées. Ni la jurisprudence ni la théologie ne correspondent, entièrement ou partiellement, à l'une quelconque de ces parties. Quatrièmement, et de façon plus générale, la jurisprudence et la théologie n'enquêtent pas sur la vérité ou la fausseté des opinions sur Dieu, ses attributs et l'univers, proposées par l'une des religions. Cette tâche appartient aux sciences théoriques énumérées auparavant, notamment à la troisième partie de la science divine. Elles n'enquêtent pas non plus sur la noblesse ou la bassesse des actions exigées par l'une quelconque des religions, ne distinguent pas le genre de bonheur réalisé par ces actions, ne jugent pas le but ou la fin que le législateur avait à l'esprit en établissant la religion. Tout cela est la fonction de la science politique, qui a été déjà achevée.

Les juristes et les théologiens effectuent certaines tâches pratiques définies au sein d'une communauté religieuse constituée. Leur succès ou leur échec ne dépend pas de leur capacité à mener une enquête indépendante ou à obtenir une connaissance directe, soit théorique soit pratique, des choses. Leur connaissance particulière est dérivée. Ils apprennent les intentions et les déclarations de leur législateur, telles que les témoignages écrits ou oraux les ont transmises. Quant au reste, c'est-à-dire le pouvoir ou la faculté dont ils usent dans leur travail de juristes ou de théologiens, il est lié à des cas particuliers. Telle opinion doit-elle être acceptée, ou telle action réalisée ? Ou bien, comment puis-je mieux soutenir cette opinion ou défendre cette action, convaincre cet homme ou ce groupe d'hommes, ou répondre à cette objection et rejeter telle critique ? Au mieux, le juriste fait usage d'une faculté d'expérience, ou de prudence, dans les limites fixées par le législateur, et le théologien de quelques arguments dialectiques et rhétoriques.

## LE LÉGISLATEUR, LA RELIGION ET LA SCIENCE POLITIQUE

La juxtaposition de la science politique avec la jurisprudence et la théologie, sans transition explicite de l'une aux autres, ni énonciation claire de leur relation, de leur hiérarchie ou de la manière dont elles forment un seul ensemble, reflète la situation initiale de celui qui étudie ces sciences et qui est membre d'une communauté religieuse. D'une part, il se trouve devant une science rationnelle, philosophique, qui prétend constituer *la* science de la vie pratique, embrasser la totalité des fins humaines d'ici-bas et de l'au-delà et expliquer ce que l'homme doit faire pour parvenir à ces fins. D'autre part, il est confronté avec la jurisprudence et la théologie, qui se veulent des sciences qui déterminent ce qu'il doit croire et faire afin de réaliser ce qui semble les mêmes fins. Pour comprendre ce qui autorise

Alfarabi à présenter ces deux prétentions côte à côte, sans expliciter leur lien, il faut admettre que la situation décrite n'est ni universelle ni nécessaire. Elle ne représente pas la condition de l'homme en tant qu'homme. La philosophie et la science politique peuvent exister et ont existé de fait dans des nations qui ne possédaient pas une religion révélée, une jurisprudence ou une théologie. De leur côté, les religions révélées ont existé et peuvent continuer d'exister sans se doter d'une philosophie ou d'une science politiques. La coexistence de ces revendications peut donc être considérée comme un accident de l'histoire. Pourtant, une fois apparues au sein d'une même communauté, leur relation suscite un problème. Toutefois, il ne s'agit pas d'un problème théorique essentiel pour la science politique, au sens où celle-ci, en tant que telle, devrait s'interroger sur la religion révélée, la jurisprudence et la théologie. Bien entendu, ce n'est pas non plus un problème susceptible d'être examiné par la jurisprudence ou la théologie. Mais quoique historiquement et théoriquement accidentelle, la relation entre la science politique et les sciences religieuses doit et peut être analysée et clarifiée.

Puisque le dessein de la jurisprudence et de la théologie est plus immédiat au plan pratique, commençons par là. Ce dessein n'est pas basé précisément sur les méthodes utilisées par ces disciplines, mais sur leur prétention à emprunter la voie d'un législateur divin, à comprendre son but et à compléter ses actions. De l'aveu général, ce sont des arts subordonnés à l'art originel, plus élevé et complet du législateur divin. Il faut donc remonter au législateur divin que les juristes et les théologiens suivent, et comprendre son art. Pour ce faire, il est nécessaire de marcher dans les pas des juristes et des théologiens et d'étudier tout ce que le législateur divin a déclaré ou déterminé par ses discours et ses actes. C'est cela qui constitue la loi divine ou la religion instaurée par lui. Et c'est dans ce contexte que les sciences religieuses nécessaires à une meilleure compréhension des sources principales ou des racines de la loi divine, qu'elle soit écrite ou orale, trouvent leur place. Il faut donc saisir le but ou l'intention qu'avait le législateur divin en instaurant sa religion dans la nation pour laquelle il la destinait. A examiner ces trois éléments (la loi divine, le but du législateur et la nation destinataire de la loi divine), il est possible d'entrevoir un lien avec quelques-uns des enseignements de la science politique. Le législateur divin est un genre de dirigeant ou de roi, du moins remplit-il quelques-unes de leurs fonctions. Par exemple, il définit et détermine des actions spécifiques qu'il demande à une nation particulière de réaliser en commun en vue de parvenir à certaine fin. Il n'est pas forcément un homme théorique ou un savant politique, mais bien plutôt un dirigeant d'hommes. Il décide ce que ce groupe particulier d'hommes doit faire ou croire, ici et maintenant, de manière à réaliser une fin déterminée dans la vie d'ici-bas ou dans l'au-delà. Ainsi est-il, au minimum, un souverain qui possède ce qu'Alfarabi nomme la faculté d'expérience ou prudence. Mais le fait même qu'il possède cette faculté ne prouve pas en soi que son but soit de guider les hommes vers le bonheur authentique plutôt que vers quelque type fallacieux de bonheur, ou qu'il possède ou non ce qu'Alfarabi nomme le métier royal vertueux. En soi, l'instauration par les législateurs divins d'une religion n'est pas la preuve que leur religion est bonne ou mauvaise, vraie ou fausse. La multiplicité des religions qui prétendent à une origine divine, leurs prétentions contradictoires et les controverses théologiques religieuses renforcent cette idée.

La question est de savoir si l'on doit se contenter de saisir le but du législateur divin et de ses déterminations particulières, ce que font les juristes et les théologiens, ou si l'on peut aller plus loin et juger du caractère de ce but. La jurisprudence et la théologie sont, par constitution, incapables de poser cette question ou d'y répondre. D'autre part, si, dans ce même chapitre, la science politique ne prétend pas non plus poser cette question en liaison avec les lois divines et les communautés basées sur celles-ci, elle aspire en réalité à fournir un exposé de tous les genres de fins, d'actions, de régimes, de gouvernements et de buts, et d'en distinguer le vrai du faux, le vertueux du non vertueux ; c'est-à-dire à fournir une règle pour permettre de mesurer à son aune *tous* les régimes passés, présents et futurs et évaluer leurs fondateurs. Il n'est donc pas nécessaire de rappeler ce dessein pour chaque régime politique particulier.

La seule difficulté réside dans le fait que la science politique telle qu'elle est exposée dans ce livre ne dit rien des législateurs et des lois, dont les législateurs divins et les lois divines ne forment qu'un type particulier ; ou de la relation entre l'art ou le métier du législateur et l'art ou le métier des souverains qui ne sont pas législateurs ; ou encore de la relation entre les régimes basés sur les lois et les régimes qui ne le sont pas. Il est possible de montrer que cette grave omission est intentionnelle et délibérée. La conséquence pratique en est que le livre évite d'énumérer certains problèmes délicats et controversés, ce qui n'est peut-être pas incompatible avec son caractère propédeutique ou son intention d'énumérer seulement les sciences généralement connues (43, 4). A la différence de la science politique, de la jurisprudence et de la théologie, la science ou la division de la science qui est omise ici, et que nous pouvons appeler la science philosophique et politique des lois divines et des religions révélées, n'était certainement pas largement connue des lecteurs d'Alfarabi. Il s'agissait à bien des égards d'une science inventée ou établie par Alfarabi lui-même.

## LA SCIENCE PHILOSOPHIQUE DE LA RELIGION

Les origines ou les germes de la nouvelle science sont pourtant contenus dans « l'ancienne » science de la politique, notamment dans le second exposé de la science politique fourni par Alfarabi dans ce livre. Ce qui distingue les lois divines est le fait qu'elles comprennent des opinions sur Dieu, ses attributs, et l'univers, aussi bien que des actions. Ce qu'Alfarabi nomme, dans le premier exposé, le métier royal vertueux inclut seulement, en plus de la faculté d'expérience, la faculté pour les règles générales, fournie par une science politique qui n'avait rien à voir avec les sciences théoriques. Cela signifie que ce métier de souverain peut établir et préserver un régime qui contient seulement des actions, et non pas des opinions. Ce genre limité de science politique ne sera pas, à l'évidence, capable d'examiner les lois divines. Dans le second exposé, pourtant, ce même métier royal vertueux était constitué, en plus de la faculté d'expérience, des « sciences théoriques et pratiques ». A la différence du premier, ce métier de souverain est donc apte à instaurer et préserver des régimes qui contiennent des actions aussi bien que des opinions contenues dans les lois divines. En d'autres termes, ce souverain possède le métier qui inclut à la fois les sciences théoriques (y compris la troisième partie de la science divine qui traite de Dieu et de ses attributs) et les sciences pratiques, et il détient la faculté d'expérience grâce à laquelle il peut découvrir ou définir et déterminer la forme spécifique dans laquelle tout à la fois la connaissance et l'action peuvent être présentées à un groupe particulier d'hommes dans des conditions déterminées. Il est vrai qu'Alfarabi n'est pas aussi explicite. Mais son silence (106, 1-4) est encore plus parlant. Il affirme que la faculté d'expérience doit être réunie à la fois aux sciences théoriques et aux sciences pratiques, et il ajoute qu'elle détermine les « actions, modes de vie et dispositions positives » particulières. Or, une « disposition positive » peut, bien entendu, inclure la connaissance et les opinions. En réalité, elle y est tenue, sinon il serait difficile de comprendre pourquoi la faculté d'expérience doit être réunie, non seulement aux sciences pratiques, mais également aux sciences théoriques.

Pourtant là surgit une difficulté. Car Alfarabi dit aussi que le régime fondé par un tel souverain ne peut être préservé à moins d'une lignée ininterrompue de souverains qui possèdent exactement les mêmes qualifications que celles du fondateur ; c'est pourquoi la question de l'éducation des futurs dirigeants qui sont des rois « complets » devient un thème important dans la mesure où un régime dégénère inévitablement en l'absence d'un pareil souverain. Toutefois, l'une des raisons principales de l'établissement des lois est qu'elles soient suivies après la mort du législateur, quand la communauté n'est plus dirigée par un homme qui possède ses qualifications. Et nous savons maintenant que la principale raison de l'existence de la jurisprudence et de la théologie est de préserver le régime du législateur divin après sa mort, quand la communauté religieuse n'a plus de législateur divin comme chef. En réalité, il n'existait pas, de son vivant, de loi au sens où l'entendent et la pratiquent les juristes et les théologiens. Ce que le législateur divin disait ou faisait était la loi vivante, et il avait latitude de la changer ou l'abroger pour faire face aux nouvelles situations à mesure de leur apparition. Aucun disciple d'une loi divine ou d'une religion révélée ne contredirait la proposition selon laquelle la meilleure époque est celle où le législateur divin vivait encore, ou que la meilleure situation réside dans l'existence d'une lignée ininterrompue de législateurs divins. Il n'existe donc aucun désaccord sur les avantages d'un état des choses où les hommes ne suivraient pas la loi, y compris la loi divine, d'un législateur décédé, mais seraient gouvernés en permanence par des rois-philosophes ou par des législateurs divins vivants. Il n'existe pas de désaccord, non plus, me semble-t-il, sur le fait que ce cas de figure est improbable parce que de tels hommes sont extrêmement rares ; ou que, en leur absence, la meilleure alternative serait de se conformer à leur intention telle qu'elle est appréhendée à travers leurs discours et leurs actes. Ainsi, la question des lois ou du régime gouverné par des lois demeure un thème important de la science politique. Dans *L'Enumération des sciences*, Alfarabi y mène son lecteur sans l'examiner explicitement.

En revanche, l'ouvrage pose le problème et exprime une intention. La science politique coexiste maintenant avec la jurisprudence et la théologie : c'est là un fait historique incontournable. Le premier exposé de la science politique, qui est strictement pratique, ne peut coexister avec la jurisprudence et la théologie sans leur être subordonné ou être absorbé par elles. Leur sujet est plus vaste. Il comprend des opinions sur les choses théoriques et sur les actions pratiques (par exemple les prières) qui sont liées aux choses théoriques. Par ailleurs, cette science politique pratique traite d'un type spécial d'actions. Le seul moyen qui permette à cette science politique pratique de préserver son indépendance et d'imposer à ses disciples son dessein supérieur est de montrer que toutes les opinions soi-disant théoriques et toutes les actions liées aux soi-disant opinions théoriques sont en fait pratiques. Cette science politique pratique aura donc à réaliser deux objectifs. Premièrement, elle devra prouver ce dessein ; ce qu'elle ne peut faire si elle reste une science purement pratique. Elle doit donc élargir ses préoccupations et englober en quelque sorte toutes les sciences théoriques car elle aura besoin d'une dimension théorique. Deuxièmement, elle devra développer une branche ou une partie nouvelle de la science politique qui traitera de ces opinions théoriques et des actions orientées par la théorie. Ce sera une science ou une théologie divine pratique ou politique qui gardera un œil sur les sciences théoriques et un autre sur les fins et les actions humaines. De cette façon, elle élargira son champ et traitera aussi bien des opinions que des actions. C'est ce qu'imposent aujourd'hui les réalités de la vie politique. Ce programme sera mis en œuvre par Alfarabi dans son *Livre de la religion*, contrepoint au chapitre 5 de *L'Enumération des sciences*. Ainsi *L'Enumération des sciences* aura-t-elle montré que la division stricte des sciences en pratiques et théoriques n'est plus tenable dans la pratique. Dans le second exposé de la science politique, il existe deux genres de souverains : ceux qui possèdent « les sciences théoriques et pratiques » (106, 1) et ceux qui « n'ont pas besoin... de philosophie théorique ou pratique » (106, 15-16).

## *Chapitre 5*

# Philosophie politique et religion

La philosophie politique médiévale est dans une très large mesure une philosophie de la religion, de même que la philosophie politique classique est surtout une philosophie de la cité et la philosophie politique moderne une philosophie de l'Etat. Dans le chapitre 5 de *L'Enumération des sciences*, Alfarabi juxtapose la philosophie politique des Anciens, celle de Platon en particulier, à la jurisprudence et à la théologie, et désigne de cette manière la tâche inachevée de la philosophie politique : développer une philosophie de la religion. *Le Livre de la religion* a pour objet la relation entre religion et philosophie en général et la philosophie politique en particulier ; il est la contrepartie du chapitre 5 de *L'Enumération des sciences* et comble le fossé laissé par cet ouvrage. Il fait de la religion le thème central d'une nouvelle science ou philosophie politique, un thème qui impose à celle-ci de réviser ses relations avec la philosophie théorique et d'élargir son horizon afin d'inclure les opinions sur les choses théoriques, en plus des opinions sur les choses et les actions pratiques. Ainsi le caractère platonicien du livre s'impose-t-il d'emblée. Et le lecteur ne manquera pas de relever l'endroit où le mot « philosophie » est introduit dans *Le Livre de la religion* (46, 22) et où la précédente distinction entre les choses théoriques et pratiques (sections 2-3 [44, 14-46, 10]) est assimilée à la distinction entre philosophie théorique et pratique. Ainsi la distinction apparaît-elle d'abord dans la description de la religion bien qu'elle soit présentée maintenant (section 5 [46, 22-47, 17]) comme similaire à une distinction en philosophie. Son origine semble religieuse ou politique plutôt que philosophique. *L'Enumération des sciences* (105, 15-106, 2) inclut les sciences théoriques parmi les éléments constitutifs du métier royal excellent, mais le livre n'examine pas la promulgation légale par le souverain suprême d'opinions relatives aux choses théoriques. Il renvoie pourtant aux opinions théoriques dans la présentation de la jurisprudence et de la théologie (107, 10-11 ; 107, 16-108, 2).

Dans ce but, *Le Livre de la religion* (52, 10ff.) reproduit la présentation de la science politique telle qu'elle figure dans *L'Enumération des sciences* (102, 4ff.), mais avec quelques omissions et additions. La plus significative de ces dernières est un aperçu traitant de la totalité des êtres, présenté dans le deuxième exposé de la science politique (49, 3ff.) comme une partie de celle-ci. Ce qui est le plus proche de cette cosmologie ou théologie politique dans *L'Enumération des sciences*, c'est la troisième division de la science divine (99, 14ff.) qui n'était pas tenue alors pour une partie de la science politique, mais pour la dernière partie de la métaphysique et la partie finale des sciences théoriques. La nouvelle version de la science politique est présentée dans *Le Livre de la religion*, non au début mais après un exposé préalable, d'une part, sur la religion et ses relations avec la philosophie, théorique aussi bien que pratique ou politique, et, d'autre part, sur la jurisprudence. La théologie en tant que science religieuse, dont une présentation conséquente était fournie dans *L'Enumération des sciences*, est, ici, discrètement écartée. On peut donc soutenir que *Le Livre de la religion* substitue une théologie politique dérivée de la philosophie théorique et pratique à la théologie comme science religieuse.

## QU'EST-CE QUE LA RELIGION ?

A la différence de *L'Enumération des sciences*, *Le Livre de la religion* se concentre d'emblée sur la religion. Il débute par la définition suivante : « *La religion est* [constituée] *des opinions et des actions, déterminées et limitées par des conditions, prescrites à une communauté par son souverain suprême qui cherche par leur utilisation à réaliser en eux et par eux un but défini* » (43, 3-4). Cette définition générale et neutre ne présuppose aucune opinion particulière sur Dieu, les anges, la prophétie et la révélation, les rétributions et les châtiments de l'au-delà, ou la morale. Elle consiste en quatre éléments qui répondent à quatre questions : 1) Qu'est-ce que la religion ? Un ensemble d'opinions et d'actions déterminées et délimitées par certaines conditions. Pour reprendre l'analogie médicale, la religion n'est pas comparable à la science médicale mais aux ordres du docteur : faites ceci et ne faites pas cela ; quand vous ressentez une douleur en tel endroit, prenez deux pilules vertes. 2) Quel agent la réalise ? Le souverain premier ou suprême qui en est le fondateur, l'être humain, ou un être quelconque, qui prescrit ces opinions et actions. 3) Pour qui ces opinions et actions sont-elles prescrites, ou quel est le matériau sur lequel le législateur imprime ces opinions et actions ? Une communauté, une multitude d'êtres humains. Le fondateur ne prescrit pas la religion pour lui-même ou seulement pour quelques disciples, mais pour une communauté d'une certaine dimension. 4) Quel en est le but, ou pourquoi le fondateur veut-il que la communauté accepte les opinions et réalise les actions ? Il pense à un objectif défini : il veut soit qu'ils réalisent, soit que lui-même réalise quelque chose en pratiquant ce qu'il leur prescrit. Alfarabi aborde ces quatre éléments dans l'ordre suivant : la communauté (3) ; le fondateur (2), examiné sous l'angle de son objectif (4) et son art ; et finalement le contenu de la religion (1), c'est-à-dire les opinions et actions elles-mêmes[1].

## LA TAILLE DU GROUPE

Dès lors que la religion est envisagée comme l'équivalent médiéval de la cité antique et de l'Etat moderne, se pose la question de la taille de la communauté qui constitue une religion. Existe-t-il une quelconque limite ? Ou bien la religion, à la différence de la cité ou de l'Etat, s'étend-elle à partir d'une toute petite communauté, ou même d'une personne privée, d'une religion familiale ou privée, jusqu'à la communauté d'êtres humains la plus large que l'on puisse concevoir, au point de devenir une religion universelle ou mondiale ? Selon Alfarabi, il existe des limites, mais elles se situent au-delà de la cité, dans les deux directions. Quatre communautés possibles sont mentionnées (43, 4-6) : 1) la tribu ; 2) la cité ou la région, c'est-à-dire la cité et sa région, ou peut-être un ensemble de cités indépendantes dans une région ; 3) la « grande » nation comprenant un grand nombre de cités ou régions ; 4) plusieurs nations. Une tribu peut avoir sa propre religion. Mais une tribu n'est pas une communauté politique complète ou parfaite. Il lui manque certains éléments — sans doute une implantation permanente, un minimum de diversité ou la majorité des arts — indispensables à une communauté humaine complète. Avec la cité, la communauté religieuse devient, tout au moins eu égard à la taille, identique à la communauté politique. Sa limite extrême est un nombre de nations, mais non pas *toutes* les nations de la totalité du monde habité. La limitation de son étendue paraît quelque peu étrange, car l'idée d'une religion universelle ou mondiale, très vivace à l'époque, est soit ignorée, soit rejetée. Alfarabi exprime non pas ce que les adeptes d'une religion particulière pensent devoir être la taille de la communauté religieuse, mais ce qu'est l'extension de fait d'une communauté religieuse. L'omission de la religion universelle ou mondiale est due au fait soit qu'il ne pensait pas qu'une religion mondiale au sens strict fût possible ou réalisable, soit qu'il estimait une communauté politique, quelle qu'elle fût, incapable de réduire, surmonter ou maîtriser les différences entre les êtres humains ; et la religion, du fait qu'elle naît avec la communauté civique, est un genre de communauté politique.

Pour nous, modernes, il peut paraître étrange d'assimiler la religion à une communauté politique. Bien que nous soyons prêts à admettre qu'il y eut des époques et des lieux où la communauté politique ne prit pas la forme de l'Etat moderne souverain, nous avons encore tendance à identifier la totalité de la communauté politique avec l'Etat. Nous parlons de cité-*Etat* et d'*Etat* religieux, comme si nous ne pouvions appréhender et exprimer l'idée de communauté politique entière qu'à travers l'Etat. Pour nous, la cité et la religion ont perdu la connotation politique qu'elles avaient chez les Anciens et les médiévaux. Eux-mêmes auraient plutôt parlé d'Etat-*cité* et de *religion* étatique pour rendre compte de notre conception de la vie politique.

Il existe des différences spécifiques entre la cité, la religion et l'Etat comme formes de la communauté politique. Mais elles ont en commun de représenter, chacune à sa manière, le tout ou l'élément constitutif — la composition — de la vie politique. La taille de la communauté politique est déterminante pour l'appréhension du caractère de chacune de ses entités. Il est certain que la cité n'est pas définie par ses murailles, mais par sa Constitution ou son régime ; et l'Etat non par ses frontières, mais par la forme de son gouvernement.

Cependant, il ne peut exister une cité ou un Etat sans murailles ni frontières. Mais que sont les murailles ou les frontières d'une communauté religieuse ? Puisque la religion *peut* s'étendre au-delà de la cité et de l'Etat — ou bien, comme le dit Alfarabi, puisque la communauté religieuse peut être une cité, une grande nation ou plusieurs nations —, la religion doit inclure une variété de tailles possibles, et on doit tenter de comprendre ce qu'il advient de la qualité de la vie politique ou religieuse à mesure que la communauté s'accroît. Cette question n'est pas examinée dans *Le Livre de la religion*, mais elle est évoquée à maintes reprises dans les autres écrits politiques d'Alfarabi et dans les écrits de ses successeurs, parmi les philosophes musulmans. Ici, Alfarabi examine l'extension de la communauté au-delà de la cité, jusqu'à atteindre, au moins, plusieurs nations[2].

## LE BUT DU FONDATEUR

Si nous passons de la communauté au fondateur et à son but, l'élargissement de la classification antique des souverains et du gouvernement s'impose également. La classification adoptée par Alfarabi dans ses exposés de la science politique dans *L'Enumération des sciences* (103,7-17) aussi bien que dans *Le Livre de la religion* (54,17-55,16) est basée sur *La République* de Platon. Il divise le gouvernement en deux grandes classes : 1) un gouvernement vertueux ou parfait dont l'objectif est que le souverain et les sujets parviennent tous au bonheur ; 2) un gouvernement ignorant dont le but est que le souverain seul, les sujets seuls, ou à la fois le souverain et les sujets, réalisent un bien inférieur. Plus loin, cette dernière classe est subdivisée, suivant la nature du bien poursuivi, en régimes : a) indispensable (les nécessités de la vie) ; b) vil (la richesse) ; c) bas (les plaisirs) ; d) timocratique (les honneurs) ; e) despotique (la victoire) ; f) démocratique (la liberté et l'égalité).

Dans *Le Livre de la religion* (43, 6-44, 6), la classification des fondateurs de religion et de leur religion comprend la classification susmentionnée des régimes, hormis une importante omission, celle du régime démocratique. De la sorte, ne figurent ni la liberté ni l'égalité parmi les objectifs recherchés par les fondateurs des cités ignorantes (43, 9-15). Ensuite, deux nouvelles classes sont rajoutées à la classification qu'Alfarabi attribue aux Anciens. Ce sont celles de 3) la religion basée sur l'erreur, et de 4) la religion basée sur la falsification ou le mensonge. Dans la première, le fondateur se croit excellent et sage, et ses adeptes le croient tel, alors qu'il ne l'est pas en réalité. Le but commun du fondateur et de ses adeptes est d'atteindre ce qu'ils tiennent, à tort, pour le bonheur ultime. Tous sont des croyants sincères qui ne cherchent à duper ni eux-mêmes ni quiconque, mais qui se trouvent être dans l'erreur. Dans la deuxième classe au contraire, le fondateur n'est ni excellent ni sage, et il le sait parfaitement. Cependant, il induit délibérément ses adeptes à croire qu'il l'est et il parvient à les abuser. A la différence du fondateur qui est dans l'erreur, ce dernier n'erre pas dans les ténèbres. Il sait exactement ce qu'il veut : l'un des biens inférieurs des souverains ignorants, tels que la richesse, le plaisir ou l'honneur. La tromperie dans laquelle il induit ses adeptes, en leur faisant croire qu'eux-mêmes et lui atteindraient le bonheur, a pour objectif de les abuser afin qu'il obtienne pour lui seul ce bien inférieur.

Le rajout de ces deux derniers types de religion — qu'Alfarabi mentionne ailleurs, en particulier dans *La Cité vertueuse* (71,1ff.) et dans *Le Régime politique* (104,3ff.), dans la liste des régimes politiques pour indiquer que, dans sa nouvelle science politique, les régimes politiques et religieux sont plus ou moins coextensifs — n'est pas aisé à expliquer. De toujours, on considérait l'erreur et la tromperie délibérée comme des éléments importants de la vie politique. Ont-elles acquis une dimension nouvelle maintenant que la religion domine la vie politique ? Et, de ce fait, caractérisent-elles entièrement deux nouveaux types de régimes ?

En réalité, au regard de leurs objectifs, les deux nouveaux types de religion ne sont que des variantes de la religion ignorante. Quelle que soit l'idée que le fondateur et ses adeptes se font de la vertu et de la sagesse du fondateur, il manque à ce dernier la vertu et la sagesse ; son objectif est l'un des objectifs les plus bas des régimes ignorants. Il existe pourtant une différence. Le fondateur d'un régime ignorant et ses adeptes croient que la richesse et l'honneur sont les buts les plus élevés de la vie, soit qu'ils n'ont même pas entendu parler de vertu et de sagesse, soit qu'ils en ont entendu parler, mais ont refusé d'y souscrire ; ou encore qu'ils en ont entendu parler, mais ont pensé que ce sont de nouvelles astuces destinées à gagner plus d'argent ou à se procurer du plaisir. Bienheureux dans leur ignorance, ils proclament ouvertement et fièrement que le bonheur est la fin particulière inférieure qu'ils visent.

Avec l'avènement de la religion révélée, l'état d'ignorance heureuse, où vertu et sagesse sont négligées ou ouvertement rejetées, est devenu difficile à maintenir. Dans un monde où tant de nouveaux fondateurs prétendent, avec leurs adeptes, posséder la vertu et la sagesse, connaître la vérité sur tous les êtres, réaliser toutes les actions justes et, par la force de ces opinions et actions, s'acheminer tout droit vers le bonheur ultime de l'au-delà, dans pareil monde, il est très difficile de rester immunisé contre les attraits de la vertu et de la sagesse, en particulier depuis que leur possession équivaut, chez la plupart des êtres humains, à l'aspiration supérieure au droit de gouverner. Dans ces conditions, un souverain potentiel peut difficilement s'attacher des adeptes en fixant comme fin ultime de son régime uniquement l'honneur et la richesse. Au contraire, il doit s'atteler au convoi des religions supérieures et, en s'estimant ou se proclamant lui-même excellent et sage, convaincre ses adeptes de croire qu'il l'est. En ce sens, la situation politique a radicalement changé par rapport au temps du paganisme. L'ignorance franche et de bon aloi n'est plus respectable. L'usage généralisé de la tromperie de soi et de la falsification délibérée révèle qu'il est devenu essentiel d'être excellent et sage et de posséder les compétences du fondateur de la religion vertueuse et excellente.

## L'ART DU FONDATEUR

Afin d'intégrer ce nouveau type de souverain et fondateur, Alfarabi définit de nouveau ses compétences individuelles (44, 6-13). Celles de l'excellent souverain fondateur consistent dans l'association du métier royal avec une révélation que Dieu lui fait. Cette position semble parfaitement orthodoxe. De plus, Alfarabi ne dit mot des compétences des souverains et fondateurs de religions ignorantes, trompeuses et fausses, donnant ainsi l'impression que leur métier est uniquement royal et qu'ils ne sont en réalité que de simples rois terrestres, alors que l'excellent souverain fondateur est à la fois roi et prophète : il possède le métier royal que d'autres possèdent et il reçoit, de surcroît, la révélation. Mais ce n'est là qu'une première impression. Alfarabi envisage en réalité un métier royal bien plus élevé. Il expliquera qu'en dépit de l'utilisation du qualificatif « royal » pour toutes sortes de métiers de gouvernement, seul le métier qui comprend la philosophie pratique et théorique est véritablement royal (54, 13-14, 55, 10-11, 58, 7ff., 60, 5ff.). En effet, le métier royal du fondateur de la religion excellente n'est pas une variété ordinaire, possédée par tout roi terrestre, mais le métier réellement royal : il combine la philosophie pratique et théorique avec la révélation. Or cette position reste quelque peu orthodoxe, car elle implique que le fondateur de la religion excellente possède à la fois les compétences supérieures du roi terrestre, un roi qui n'est pas simplement roi, mais roi-philosophe, et une révélation de Dieu.

Il est donc crucial de comprendre la fonction spécifique assignée à la révélation dans le fonctionnement de ce métier de fondateur-souverain. Avec la révélation, dit Alfarabi, l'excellent souverain fondateur détermine les actions et les opinions dans la religion excellente. A l'évidence, il s'agit d'une équation cruciale : la révélation équivaut à la détermination. Il n'est pas dit que les actions et les opinions en tant qu'universaux et règles générales ont un quelconque lien avec la révélation ; elles demeurent le domaine réservé de la philosophie pratique et théorique. Plus encore, la détermination est réalisée par la faculté d'expérience qui est identifiée ici à la prudence ou au jugement pratique (59, 1)[3]. La détermination est réalisée par la révélation de l'une des trois manières suivantes (43, 7-12). Toutes les opinions et actions sont révélées dans des formes déterminées, et le fondateur se contente de les transmettre en tant que révélées. Ou bien le fondateur acquiert, par la révélation, un pouvoir ou une faculté qui lui permet de déterminer lui-même les opinions et les actions ; dans ce cas, la révélation consiste dans l'acquisition par le fondateur de cette faculté et il procède alors lui-même à cette détermination. Ou bien encore, troisièmement, quelques opinions et actions sont déterminées selon la première manière et d'autres selon la seconde manière.

Les deux premiers sens de la révélation semblent correspondre à une révélation directe et indirecte, par exemple, le Coran et les Traditions de Mahomet, ou bien à la révélation et à l'inspiration divine ou à l'intuition. Pris isolément, ils correspondent à la vision commune de la prophétie et de la fondation des religions divines. Cependant, Alfarabi les associe au métier royal. Mais si le métier royal signifie simplement la capacité de gouverner, la combinaison proposée correspondrait à la vision commune d'un prophète qui serait également roi. La difficulté surgit quand Alfarabi écrit qu'il entend par métier royal la philosophie théorique et pratique et que la révélation est en réalité un substitut, non pas de la philosophie théorique et pratique, ce qui est la conception commune de la révélation, mais du jugement pratique ou de la faculté d'expérience ordinairement acquise par une longue pratique de la vie politique. Dans le premier sens mentionné ci-dessus, tout est déterminé par la révélation et l'on peut se passer du jugement pratique. Dans le second sens, le jugement pratique est acquis à travers la révélation plutôt que par une longue expérience de la vie politique.

Reportons-nous à l'analogie de la médecine mentionnée au

chapitre 5 de *L'Enumération des sciences* (104.3-8). Dans le second cas, le médecin aura besoin d'une connaissance de la science médicale et sera doté, par la révélation plutôt que par une longue expérience, de l'aptitude à déterminer les remèdes correspondant aux cas particuliers. Dans le premier cas, cependant, la révélation lui indique directement quel remède particulier prescrire aux cas particuliers. Dès lors, pourquoi le médecin devrait-il posséder la science médicale ? De la même manière, pourquoi un prophète a-t-il besoin de la philosophie théorique et pratique ? Cette question ne peut être résolue sans s'enquérir de la conception d'Alfarabi sur la manière dont la révélation intervient et dont un pouvoir ou une faculté sont acquis par la révélation.

Ces thèmes ne sont pas évoqués ici, et Alfarabi se contente d'affirmer qu'ils « *ont été expliqués dans la science théorique* » (44, 12). Ils ne sont pas traités non plus dans le chapitre 5 de *L'Enumération des sciences*, où il est dit que la science de la révélation — de même que la science de la religion dont elle est la contrepartie théorique — n'est pas une science généralement connue. Il apparaît que, par science théorique, Alfarabi signifie la science de l'âme, ou psychologie, et de ses facultés ou pouvoirs, c'est-à-dire le domaine de l'enquête aristotélicienne où la question de la révélation est normalement discutée. Dans *Le Livre de la religion*, Alfarabi présuppose seulement l'explication théorique ou philosophique de la révélation, plus précisément le fait que la révélation « passe » à travers des facultés théoriques et pratiques aux facultés imaginatives et motrices, qui doivent être contrôlées par le jugement pratique. L'agent de la révélation par excellence est l'esprit divin appelé intellect actif, généralement conçu comme entrant en contact avec l'intellect humain théorique.

Ce qui est en jeu ici aussi, c'est l'autonomie du jugement pratique et de la science pratique d'Aristote. Le jugement pratique a été subordonné et associé aux facultés théoriques et pratiques. Grâce à la révélation, un individu peut s'en passer ou l'acquérir sans effort ; ce qui est une autre façon de dire que le jugement pratique ne peut être la faculté suprême qui appréhende les principes de la science pratique ou politique. Par ailleurs, la science politique platonicienne, qui discrédite le jugement pratique et insiste sur la nécessité d'une philosophie théorique et pratique qui informe la pratique, est soutenue par l'idée de la révélation dans laquelle la source ultime de la vie politique — des opinions et actions dans la cité — n'est pas l'être humain qui sait véritablement, le philosophe-prophète, mais celui qui donne la révélation.

Cependant, nous ne devons pas sous-estimer la liaison étroite entre révélation et jugement pratique. Tous deux impliquent l'idée d'une appréhension immédiate de ce qui devrait être dit ou fait dans des conditions particulières, de ce qui atteint quasi miraculeusement le but face à d'innombrables alternatives, quelque chose qu'aucune science théorique ou pratique ne peut accomplir. En attirant l'attention sur les cas supplémentaires où révélation et jugement pratique sont liés, Alfarabi élargit le champ d'activité du jugement pratique. Il lui reste maintenant à définir à la fois les opinions et les actions.

## LES OPINIONS

Bien que les opinions exposées par la religion excellente concernent en partie les mêmes objets que ceux des sciences théoriques, elles doivent en être distinguées au plan de la connaissance et de la certitude. Ces opinions théoriques qui ne sont pas le résultat de la spéculation ou de la *theoria* sont des descriptions fixées et délimitées d'objets théoriques présentés à la communauté par le fondateur dans un but déterminé. De plus, dans la religion, les opinions ne sont pas restreintes aux affaires théoriques ; elles couvrent également les affaires pratiques. La théorie et la pratique s'entremêlent si imperceptiblement l'une dans l'autre qu'une distinction précise entre la connaissance théorique et la connaissance pratique basée sur la distinction entre ce que l'individu peut connaître mais non pas faire et ce que l'individu peut à la fois connaître et faire ne peut être toujours appliquée à ces opinions.

Alfarabi partage les opinions religieuses en deux groupes, l'un comprenant les descriptions des objets théoriques et l'autre les objets pratiques, volontaires (44, 14-5, 24). Le premier groupe décrit : les attributs de Dieu ; les êtres spirituels, c'est-à-dire les intellects des corps célestes et l'esprit divin appelé intellect actif, leur rang, leur relation à Dieu et l'activité de chacun ; la génération de l'univers et de toutes ses parties, le rang de chacune d'elles, les liens qu'elles entretiennent entre elles, ainsi qu'avec Dieu et les êtres spirituels ; la génération des êtres humains, de l'âme et de l'intellect, ainsi que la place de l'intellect dans l'univers et son rapport à Dieu et aux êtres spirituels ; ce qu'est la prophétie et la manière dont la révélation a lieu ; la mort et la vie future aussi bien que le bonheur du vertueux et la misère de l'immoral dans l'au-delà[4]. Le second groupe d'opinions, lié aux choses volontaires et pratiques, consiste exclusivement en descriptions des prophètes, des rois et des souverains excellents et inférieurs (ignorants, trompeurs) du passé et du présent, de leurs actes bons et mauvais, du sort de leurs âmes et de celui des âmes de leurs adeptes.

Il est évident que ces deux groupes d'opinions religieuses correspondent aux matières explorées dans la science théorique et dans la science politique, comme le confirmerait un survol rapide des chapitres 4 et 5 de *L'Enumération des sciences*. Ensemble, ils constituent une description complète, détaillée et précise de l'univers et de la vie politique. La différence manifeste entre les opinions théoriques et les enquêtes correspondantes de la science théorique tient au fait que celle-ci est analytique et qu'elle cherche à appréhender les relations entre les parties de l'univers, y compris les êtres humains, l'âme et l'intellect, en tant que phénomènes simultanés, tandis que les opinions consistent en des descriptions qui mettent l'accent sur la filiation génétique progressive, quasi temporelle, dans l'univers, à partir de Dieu jusqu'aux êtres humains. La structure cosmique exposée dans la philosophie théorique est présentée maintenant comme une cosmogonie ou une histoire cosmique. La différence est encore plus frappante entre la manière dont la science politique enquête sur les types de souverains et de régimes et les descriptions du second groupe des opinions religieuses : ces descriptions sont présentées comme une histoire politique des prophètes et des rois, des souverains et des communautés bons et mauvais, passés et présents, ainsi que des récompenses et des châtiments qu'ils reçoivent dans ce monde et dans l'au-delà.

Il apparaît clairement que les opinions religieuses ne sont pas des opinions scientifiques, bien qu'elles concernent les choses sur lesquelles enquête la science théorique et politique. Ce sont des descriptions que la communauté reçoit du prophète, qui les obtient à son tour par l'action du métier royal. Elles présupposent la science théorique et pratique — comprise dans le métier royal — mais elles en sont une version religieuse, transformée par le métier royal en vue d'une fin pratique. Cette transformation est décrite par Alfarabi à la fin de son exposé sur les opinions religieuses (45, 20-24). Le contenu des opinions religieuses, dit-il, doit être « *décrit de telle manière qu'il permet aux citoyens d'imaginer tout ce qui se trouve dans la cité — les rois, les souverains et les serviteurs ; leurs rangs, les relations qu'ils entretiennent entre eux, et leur subordination les uns aux autres ; ainsi que toutes choses qui leur sont prescrites —, de sorte que ces descriptions deviennent des similitudes ou des exemples à suivre selon leurs rangs et activités respectifs* ». L'univers et les choses théoriques en général, de même que les choses politiques, sont transformés par le métier royal en descriptions qui présentent des images de la cité, et de ses parties et de la relation qui existe entre celles-ci, de telle manière que les citoyens aperçoivent dans l'univers et l'histoire politique quelque chose qui ressemble à leur cité, des modèles qu'ils peuvent imiter dans la vie quotidienne. La science théorique est conçue comme une science qui mène des enquêtes visant à connaître l'univers et les êtres humains ; elle ne s'intéresse pas à la cité et à la vie pratique des citoyens, ou à la question de savoir si l'univers est une image de la cité en général, encore moins d'une quelconque cité particulière. De son côté, le métier royal s'attache à déterminer les opinions des citoyens d'un régime particulier ; et ces opinions doivent être telles qu'elles leur présentent des images de leur cité et leur fournissent des exemples à imiter dans leurs activités ; autrement dit, le fondateur doit déterminer ces exemples de telle manière qu'en les imitant les citoyens réalisent certaines activités plutôt que d'autres. Evidemment, le processus entier de transformation qui aboutit à des opinions religieuses est guidé par l'objectif pratique du fondateur, par ce qu'il voudrait que les citoyens de sa cité pensent et fassent en tant que citoyens.

L'on pourrait imaginer une croix au sommet de laquelle se trouverait le théorique, le pratique occupant sa base sur la ligne verticale, tandis que l'activité et l'opinion se trouveraient respectivement à gauche et à droite de la ligne horizontale. Les quatre parties ainsi produites seraient des activités théoriques dans la partie supérieure gauche, et des opinions théoriques dans la partie supérieure droite, tandis que les activités pratiques se situeraient dans la partie inférieure gauche, et les opinions pratiques dans la partie inférieure droite.

## LES ACTIONS

L'autre partie de la religion consiste en actions. La description par Alfarabi des actions religieuses (46, 1-9) n'est pas aussi élaborée que celle des opinions religieuses. Les actions religieuses semblent découler des opinions religieuses. Leur fonction consiste surtout à ancrer fermement ces opinions dans l'âme par le moyen des actions et des discours rituels qui expriment la louange ou le blâme — la glorification et la louange de Dieu, des êtres spirituels, des anges, des prophètes, des rois et des souverains excellents ; le blâme et la condamnation des rois et souverains immoraux, trompeurs et ignobles du passé et du présent. Ce sont les actions religieuses du premier groupe et elles représentent un supplément pratique ou une application des opinions religieuses aux choses théoriques et pratiques. En répétant pareilles actions en paroles et en actes, les citoyens expriment leur attachement aux opinions religieuses. De même que les opinions religieuses elles-mêmes devaient avoir un usage pratique politique, ce groupe d'actions religieuses doit être déterminé dans le but de présenter des images de la cité et de fournir aux citoyens des exemples à suivre selon leurs fonctions et rangs respectifs.

Le second groupe d'actions, auquel Alfarabi n'accorde qu'une attention limitée, comporte les actions par lesquelles les citoyens traitent les uns avec les autres, ce que l'individu doit faire par lui-même et ce qu'il doit faire quand il traite avec les autres. Alfarabi ne décrit pas ces actions, mais affirme seulement qu'elles doivent être déterminées et que la justice, qui est une vertu pratique, doit être définie au regard de chacune d'elles. Le peu d'attention accordé à ces activités pratiques est quelque peu curieux, compte tenu surtout de l'orientation pratique de l'exposé que fait Alfarabi de la religion comme un tout. On peut en inférer que ces activités pratiques ne constituent pas des traits marquants de la religion, laquelle est caractérisée par les opinions et le premier groupe d'activités, éléments de base qui lient la communauté religieuse ensemble et rendent quasi inutile d'accorder une attention excessive à des questions purement pratiques. La croyance en Dieu et aux anges, de même qu'aux rétributions et aux châtiments dans l'au-delà, et la vision juste des communautés et souverains bons et mauvais, passés et présents, confirmée par la pratique répétée des rituels en paroles et en actes, permettent aux êtres humains de faire plus facilement ce qui est juste.

## LES DÉFINITIONS

Jusqu'ici Alfarabi a présenté sa propre conception de la religion. Il passe ensuite à la vision ordinaire de la religion, ou plutôt à ce que signifient généralement les mots utilisés pour désigner la religion. Il y a d'un côté *milla* et *dîn*, et de l'autre *charî'a* et *sunna* (46, 11-14). *Milla* et *dîn*, dit-il, sont quasi synonymes. Il semblerait que, dans l'usage commun, *dîn* désigne LA religion pour un musulman, tandis que *milla* signifie la religion en général. Les livres consacrés par les musulmans aux doctrines de toutes les religions ou de la plupart d'entre elles ne sont pas des ouvrages sur les *adyân* (pluriel de *dîn*), mais sur les *milal* (pluriel de *milla*). Alfarabi intitule d'ailleurs son écrit *Le Livre de la Milla, Le Livre de la religion* ; et il se sert du mot *milla* plutôt que *dîn*. Il ajoute que *charî'a* et *sunna* sont aussi quasi synonymes ; et ici encore, il semble que *charî'a* indique plus précisément la loi divine, tandis que *sunna* est un terme plus générique désignant toute loi ou tradition.

Se pose ensuite la question de la relation entre les deux paires d'expressions, ou encore entre la religion et la loi. La seconde paire, dit-il, s'applique surtout à des actions déterminées, c'est-à-dire à la seconde partie constituante de la religion, aux activités rituelles, aux discours et aux transactions. Pourtant, l'un des termes qui forment la seconde paire, la *charî'a*, peut désigner des opinions déterminées ou la première partie de la religion. Ainsi *charî'a*, *milla* et *dîn* sont-ils réellement synonymes ; ou, sinon, à peine différents. La *sunna* est laissée de côté, sans doute parce qu'elle ne désigne pas des opinions.

L'usage commun reflète la vision courante de la religion et semble présupposer la distinction entre opinions et activités religieuses aussi bien qu'entre religions orientées vers l'opinion et religions orientées vers l'action. Mais, pas plus que les opinions seules, les actions seules ne suffisent à constituer une religion. De façon générale, l'exposé d'Alfarabi et la vision commune de la religion concordent. Cependant, cette dernière tend à considérer la religion plutôt comme une loi (*charî'a*), soit des actions déterminées et des opinions définies destinées à être acceptées et suivies. Bien entendu, la vision courante n'ignore pas le législateur, la communauté et l'objectif du législateur ; toutefois, elle les prend en compte dans le cadre des opinions reçues par le législateur. Cela est également vrai de la manière dont les adeptes d'une religion particulière considèrent d'autres religions, antérieures ou contemporaines. Toutes ces considérations sont incluses par Alfarabi parmi les opinions déterminées de la religion. Ce que les adeptes d'une religion particulière croient excellent ou sage en général — leurs conceptions de l'excellence et de la sagesse des autres religions et législateurs aussi bien que de l'excellence et de la sagesse de leurs propres religion et législateur — trouve son origine chez leur propre législateur. Dans la mesure où ce sont des croyants sincères qui acceptent simplement ce qu'il dit, ils ne sont pas en position de juger s'il est réellement excellent ou sage. Il s'agit, à l'évidence, d'un cercle vicieux : l'engagement, la foi et l'obéissance inconditionnels sont essentiels pour le fonctionnement d'une religion ; l'indifférence, un esprit de rébellion et un libre questionnement sont essentiels pour appréhender la religion et évaluer son excellence véritable.

Pour distinguer une religion parfaite d'une religion trompeuse, Alfarabi propose une procédure (46, 14-21). On doit d'abord examiner dans la religion le premier type d'opinions qui portent sur les choses théoriques. Ces opinions sont exprimées de l'une des deux manières suivantes : soit à travers un nom qui se rapporte à quelque chose de particulier et signifie habituellement la chose elle-même, soit à travers le nom d'une similitude qui l'imite ou lui ressemble. Chaque opinion dans une religion excellente est soit la vérité soit une similitude du vrai. Autrement, la religion serait une religion de l'erreur.

Jusque-là, Alfarabi n'a rien dit de répréhensible pour les adeptes d'une religion quelconque. L'opinion sur l'unicité de

Dieu peut être exprimée par le mot « un », qui signifie habituellement l'idée de l'unité elle-même, et non pas une quelconque idée similaire, mais non identique, à l'unicité. Par ailleurs, l'opinion sur la puissance de Dieu peut être exprimée par le mot « main », et l'opinion sur son savoir par les mots « voyant » ou « entendant », similitudes qui ne sont pas identiques à la puissance et à la connaissance, mais qui en sont des imitations. A la question de savoir comment, dans chaque cas, l'opinion a été exprimée de l'une des deux manières, la réponse est qu'il est impossible d'en décider à moins de connaître la vérité. En effet, comment savoir que Dieu ne possède pas de main sans connaître la vérité sur la corporéité ou l'incorporéité de Dieu ? Et « *la vérité en général* », dit Alfarabi, « *est ce qu'un être humain vérifie de lui-même par la science première ou par le moyen d'une démonstration* » (46, 18-19). Il n'en résulte pas que l'appréhension de la vérité précède toujours le jugement sur les opinions religieuses, ni que la vérité entière doive être connue au départ ; mais que la religion comporte des opinions dont la vérité peut être vérifiée — c'est-à-dire potentiellement ou théoriquement vérifiable — par un être humain soit par la science première, soit par une démonstration, ou bien des opinions dont la similitude ou la ressemblance avec la vérité peut être confirmée. Une religion qui contient des opinions dont la vérité est *impossible* à vérifier, pour un être humain, de l'une de ces deux manières en toutes circonstances est, selon Alfarabi, une religion de l'erreur (46, 19-21). Au regard de ces opinions théoriques, l'ignorance et les régimes basés sur l'ignorance ne sont pas en cause ici. Il s'agit dans ces cas d'une affirmation qui porte sur un être ou sur la nature du bonheur ultime, et ce ne peut être que la vérité, une similitude du vrai ou une erreur. L'ignorance signifie que l'on ne sait ni ne dit rien sur pareils sujets ; et les régimes ignorants sont des régimes qui affirment que le but de l'être humain consiste par exemple à obtenir le plaisir. C'est là une affirmation pratique et non théorique, bien qu'elle présuppose une vision erronée d'une question théorique, par exemple, l'inexistence de Dieu.

La difficulté réside en ceci : si la religion est envisagée avec une ouverture d'esprit et sous un angle comparatiste, il apparaît que différents types de religion existent. Le contenu de certaines religions supérieures, évoluées ou anciennes, fait apparaître un nombre impressionnant d'opinions ou de conceptions portant sur le monde comme totalité. Elles comportent en outre des assertions faites par les croyants ou les défenseurs de ces conceptions, selon lesquelles elles seraient vraies ou seraient *les* vraies conceptions du monde. En même temps, nous sommes confrontés à la science ou philosophie, une discipline qui déploie un effort systématique visant à comprendre la nature du monde et sa structure. Cette discipline recherche également des visions vraies, notamment *la* vraie vision du monde. La philosophie et la religion ne peuvent être directement opposées au risque d'entraîner un conflit et un malentendu.

Le philosophe doit tenter d'abord de comprendre ce qu'est la religion, et il ne peut y parvenir en s'engageant dans des controverses théologiques ou en attaquant ou défendant telle ou telle religion à partir des conceptions de sa propre religion. Quel que soit son mérite, cette approche ne serait pas scientifique. Afin de comprendre la religion, le philosophe doit d'abord comprendre que la religion n'est ni une science ni une philosophie, et il ne doit pas s'attendre à ce que la religion soit ce qu'elle n'est pas ou fasse ce qu'elle ne peut faire. La religion, telle qu'Alfarabi la définit, consiste en quatre éléments constitutifs : les opinions théoriques, les activités théoriques, les opinions pratiques et les activités pratiques. L'un des points de convergence entre la philosophie et la religion semble concerner les opinions sur les objets théoriques : toutes deux se préoccupent du monde comme totalité et particulièrement des choses supérieures. Cependant, il existe une différence fondamentale entre elles. La religion exprime la vérité en termes non pas scientifiques, mais ordinaires et habituels. Bien entendu, elle ne se limite pas à ceux-ci et utilise — et doit utiliser — des expressions qui signifient de surcroît les similitudes des choses. Il s'agit là d'une différence fondamentale que le philosophe doit comprendre et accepter. L'espoir de créer une religion philosophique ou scientifique provient d'une méconnaissance du caractère fondamental de la religion.

Le problème majeur est la possibilité de mettre ou non en rapport les expressions utilisées dans la religion, qui désignent soit les choses elles-mêmes, soit leurs images, avec ce que la philosophie ou la science estime être la vérité ; ou, en d'autres termes, la possibilité d'une voie menant des conceptions religieuses à la vérité philosophique ou scientifique. Alfarabi parle de la vérité en termes généraux : d'ordinaire, elle est ce qu'un être humain peut affirmer comme évident soit par la connaissance primaire, soit par la démonstration. Il ne soutient pas que la science ou la philosophie possède déjà pareille vérité. La religion, elle, le prétend. Dès lors, Alfarabi semble poser la question de savoir si le but d'un être humain consiste à parvenir, de lui-même et sans l'aide de la révélation, à assurer que quelque chose est vrai, soit par évidence soit par démonstration — ou bien une image de la vérité. A cette question, Alfarabi ne fournit pas de réponse positive. Mais elle serait, en théorie, positive si la religion était vertueuse ou parfaite. Une réponse négative induirait que, dans le cas où il serait *impossible* de vérifier la vérité des visions théoriques d'une religion, celle-ci serait trompeuse.

Quelque prudente que soit cette vision de la religion, elle reflète une position fondamentale sur la relation entre la science ou la philosophie et la religion. Elle implique, premièrement, que les deux sont liées, ou qu'il est légitime de s'interroger sur la vérité des conceptions théoriques dans une religion ; et, deuxièmement, que ces dernières ne contiennent rien d'intrinsèquement surnaturel ou supra-rationnel au sens strict. D'autres réponses sont possibles, que les théologiens de différentes obédiences ont fournies. Ils peuvent soutenir que les deux ne sont pas liées, mais qu'elles se rapportent à des mondes différents ; ou bien que les deux sont liées, mais que la religion communique des vérités intrinsèquement et éternellement cachées et inaccessibles aux êtres humains : ce sont des mystères qu'un être humain peut seulement accepter et tenter peut-être de comprendre, sans jamais espérer les connaître.

La vision d'Alfarabi lui impose d'explorer plus avant la relation mystérieuse entre la religion et la science ou la philosophie. Il est certain que l'absence de lien entre la science ou la philosophie et la religion peut signifier que les vérités de la religion sont inaccessibles à l'intellect humain, mais également que le monde de la religion peut être appréhendé par un être humain et que la vérité des opinions religieuses — les opinions renvoyant directement aux objets ainsi que les opinions qui en présentent des images — peut être découverte, non par la raison, la science ou la philosophie, mais uniquement par l'exercice, l'activité, le cœur ou le goût. Il s'agit là d'une vision mystique où l'*ergon* plutôt que le *logos* serait la voie accédant à l'Un mystérieux, à l'au-delà de l'Etre et au non-Etre, une vision défendue par des penseurs païens tels que Plotin et des penseurs musulmans tels que al-Ghazâlî. Nous ne prenons pas ici en compte la vision ultérieure selon laquelle toutes les religions sont ignorantes, fausses, ou viles, c'est-à-dire faites de mensonges destinés à abuser la multitude ignorante, à la diviser en sectes opposées et à l'exploiter, une vision attribuée au grand médecin al-Râzî et défendue dans les Temps modernes par Marx. Mais c'est une vision qu'il est utile de rappeler si nous tenons à appréhender correctement la position d'Alfarabi. Sa recherche de la religion vertueuse ou excellente montre qu'Alfarabi non seulement n'adhérait pas à une conception pareille, mais qu'il avait au contraire la plus grande considération pour une religion compatible avec la pratique de la science ou de la philosophie. Il tenait la religion pour l'alternative de la science ou de la philosophie, une alternative dont l'aspiration à représenter la vraie voie méritait considération.

## RELIGION ET PHILOSOPHIE

Après avoir conclu à la similarité entre la religion excellente et la philosophie[5], Alfarabi divise chacune d'elles en parties théoriques et pratiques, en se fondant en partie sur l'analogie entre la philosophie et la religion. Il en résulte la substitution des expressions « opinions » et « actions » par celles de « choses théoriques » et de « choses pratiques », avec des conséquences importantes. Les deux paires d'expressions semblent correspondre lorsqu'elles sont appliquées à la religion. Alfarabi dit ainsi que, dans la religion, les choses théoriques sont ce que l'être humain peut connaître mais non pas accomplir. Néanmoins, les choses sont plus compliquées, en raison de l'apparente assimilation de la faculté théorique avec la faculté « calculatrice ou délibérative théorique[6] ». Les choses pratiques, également, ne sont pas de simples activités, mais des choses qu'un homme peut pratiquer une fois qu'il les connaît. Ainsi les choses pratiques impliquent-elles la connaissance, et les choses théoriques le calcul ou la délibération. La première impression qui se dégage est que la ressemblance entre la philosophie et la religion s'applique respectivement à chacune des deux parties de la religion et de la philosophie, mais une attention plus approfondie révèle que ce qui est essentiellement pratique — la religion — ressemble à ce qui est essentiellement théorique — la philosophie — au sens où ce qui est essentiellement particulier ressemble ou illustre ce qui est essentiellement universel, ou bien où ce qui est essentiellement déterminé et limité ressemble ou illustre ce qui n'est pas déterminé ou limité.

De plus, la ressemblance rappelle l'image. Pourtant, au lieu de développer l'idée que la religion excellente ressemble à la philosophie comme à son image, qu'elle prend la philosophie pour exemple et modèle en prescrivant des opinions et des activités, ou qu'elle en est l'incarnation pratique, déterminée et limitée, Alfarabi abandonne la question de la ressemblance et de l'image pour se livrer à un examen compliqué de la relation entre la partie et le tout, le prépondérant et le subordonné. Cet examen semble avoir pour but non pas d'expliquer la manière dont la religion excellente ressemble à la philosophie, mais d'introduire l'affirmation d'une subordination de l'art royal à la philosophie.

Ainsi les choses pratiques de la religion ont-elles leurs universaux dans la philosophie pratique. De tels universaux sont limités ou qualifiés avec des délimitations dans la religion. La similarité entre la partie pratique de la religion et la partie pratique de la philosophie est atténuée par la subordination de la religion à la partie pratique de la philosophie. Dans le cas de la partie théorique, la distinction ne porte pas sur ce qui est qualifié et ce qui ne l'est pas, mais sur ce qui est démontré et ce qui est admis sans démonstration. De la sorte, la situation paraît ici inversée : c'est dans la philosophie que les choses théoriques sont démontrées, tandis que, dans la religion, elles sont admises sans démonstration. La partie pratique de la religion est subordonnée à la philosophie pratique et elle en constitue un segment. La partie théorique de la religion est subordonnée à la philosophie théorique mais elle n'en constitue pas un segment. La philosophie, indépendamment de ses parties, fournit la démonstration de ce qui se trouve dans la religion, également envisagée indépendamment de ses parties. Finalement, l'art royal qui donne naissance à la religion, dans ses deux parties, est subordonné à la philosophie ; mais il n'est pas précisé s'il en est une partie ni s'il a besoin de la philosophie théorique et pratique.

L'une des parties de la religion, la pratique, est à la fois un segment et une partie subordonnée ; une autre partie de la religion, la théorique, est seulement subordonnée. Par conséquent, toutes deux sont conjointement subordonnées à la philosophie prise comme un tout. L'art royal, qui suscite les deux parties de la religion, est subordonné de façon similaire à la philosophie. Cela ne contredit pas l'affirmation selon laquelle l'une des parties de la religion et l'une des parties de l'art royal, soit dans les deux cas la partie pratique, sont également parties de la philosophie pratique. Etant un art pratique, l'art royal aurait dû être considéré à la fois partie de la philosophie pratique et subordonné à elle, et non pas totalement subordonné à la philosophie. Ici encore, le problème de la relation entre le calcul ou la délibération et les deux parties de la philosophie est laissé dans l'ombre[7]. L'affirmation soulève également la question des difficultés impliquées par la distinction entre la partie théorique et la partie pratique à la fois dans la philosophie et la religion, laquelle pose en retour la question de la justification finale de la similarité entre la philosophie et la religion et de la subordination de l'une à l'autre ; ce qui met en cause l'évocation précédente (44, 6) de l'art royal et de son rapport à la révélation.

En effet, l'art du souverain suprême et excellent était qualifié auparavant de royal et associé à une révélation plutôt qu'à la philosophie, comme dans *L'Obtention du bonheur*, *Le Régime politique*, ou *La Cité vertueuse*[8]. La révélation y effectuait deux opérations : soit révéler toutes les opinions et actions en tant que déterminées ou qualifiées (voir *La Cité vertueuse* sur la révélation), soit assurer au souverain le pouvoir ou la faculté d'effectuer lui-même les déterminations, ou encore d'en réaliser une partie selon la première manière et l'autre selon la deuxième. A la différence de *La Cité vertueuse*, *Le Livre de la religion* ne mentionne pas la révélation d'opinions et d'activités non qualifiées, ou d'universaux. Cependant, l'art royal est maintenant mentionné seul, sans révélation ; la philosophie prend la place de la révélation et l'art royal lui est subordonné, plutôt qu'à la révélation. La division en pratique et théorique renvoie surtout à la religion. Quand Alfarabi mentionne pour la première fois l'expression « philosophe pratique », c'est pour relever que « *toutes les lois* (charî'a[9]) *excellentes sont subordonnées aux universaux dans la philosophie* pratique » (47, 5-6). C'est ce qu'il tente de montrer dans la suite du *Livre de la religion*.

## DIALECTIQUE ET RHÉTORIQUE

La promulgation ou l'institution de la religion par le souverain suprême grâce à son art royal semble maintenant achevée. La dialectique et la rhétorique semblent accomplir des fonctions subordonnées qui consistent à corriger et défendre des opinions et à les affermir. La dialectique dispose d'un domaine plus étendu que celui de la démonstration. Elle fournit une « opinion solide » sur les choses sur lesquelles la démonstration apporte la certitude en totalité ou en partie. La rhétorique possède un champ encore plus vaste : elle persuade au sujet de choses qui ne sont pas susceptibles d'être démontrées ou examinées par la dialectique.

La religion excellente n'est pas destinée aux philosophes ou à ceux dont le niveau est tel que l'on s'entretient avec eux seulement au moyen de la philosophie. La plupart de ceux qui apprennent les opinions de la religion sont d'un rang inférieur, soit par nature, soit parce que leurs occupations leur interdisent d'atteindre un rang plus élevé. Cependant, ils ne sont pas tous inférieurs au point de ne pas comprendre le généralement connu (*mashhûrât*) et les objets de la persuasion (*muqni'ât*) (48, 1-3). De là l'usage fréquent de la dialectique et de la rhétorique. Evidemment, il s'agit ici de l'importance post-législative de la dialectique et de la rhétorique. Quant à la poétique, son utilisation semble plus pertinente dans le moment législatif, encore qu'elle ne se rapporte qu'aux opinions elles-mêmes, et non à la façon de les communiquer. Ces dernières sont dites persuasives dans *L'Obtention du bonheur*.

## JURISPRUDENCE, RELIGION ET PHILOSOPHIE

Le vrai successeur du fondateur de la religion, capable de changer la loi, n'est pas évoqué dans le chapitre 5 de *L'Enumération des sciences*, tout au moins en liaison avec la jurisprudence. Par conséquent, ce texte ne désigne pas l'alternative à la jurisprudence et ne précise pas que la jurisprudence serait la seconde meilleure alternative, après le véritable successeur[10]. L'art de la jurisprudence est un art qui devient nécessaire en raison de l'absence d'un vrai *imâm* et roi. La présentation de cet art dans *Le Livre de la religion* ressemble à celle du chapitre 5 de *L'Enumération des sciences*, de même que sa division en deux parties ; mais l'exposé de ses principes est bien plus élaboré dans le premier et il comprend des détails absents du chapitre 5 ; cette élaboration concerne précisément la méthode de la jurisprudence et ce que le juriste doit connaître : les lois, le langage (la rhétorique), ce qui est généralement connu (*mashhûr*), les mœurs, les traditions — qui sont connues soit généralement (*mashhûr*), soit par persuasion (*muqni'a*) — et ainsi de suite.

La jurisprudence s'intéresse soit aux particuliers pratiques dont les universaux sont inclus dans la science politique, soit aux matières scientifiques. Au regard des premiers, elle constitue une partie de la science politique et elle est subordonnée à la philosophe pratique (48, 14ff. ; 47, 2-6). Quant aux matières scientifiques, elles sont soit des particuliers dont les universaux sont compris dans la philosophie théorique, soit des images d'objets subordonnés à la philosophie théorique (cf. 46, 22, « calculatrice délibérative théorique »). Par conséquent, la jurisprudence est une *partie* de la philosophie théorique et elle lui est *subordonnée*. C'est donc là le lien entre la jurisprudence et la science politique qui manquait au chapitre 5 de *L'Enumération des sciences*[11].

Au regard de la partie pratique de la jurisprudence, il est maintenant affirmé que ses universaux sont contenus dans la science politique et non pas dans la philosophie pratique. Et la partie pratique de la jurisprudence est tenue pour une partie de la science politique, et non de la philosophie pratique. Elle est pourtant présentée comme subordonnée à celle-ci. Il existe apparemment une distinction entre la science politique et la philosophie pratique, qui va de pair avec la subordination possible de la science politique dans toutes ses parties à la philosophie pratique à laquelle fait allusion Alfarabi[12].

De surcroît, dans la jurisprudence, les choses théoriques sont divisées maintenant en deux parties. La première comprend les particuliers dont les universaux sont contenus dans la philosophie théorique, ce qui signifie le dieu de la philosophie théorique comparé au dieu de telle ou telle religion. Bien entendu, ce ne sont pas les particuliers d'un universel au sens strict, de la même manière que « l'être humain écrivant » n'était pas non plus le particulier de « l'être humain » universel (ce devrait être cet être humain-ci ou cet être humain-là plutôt que « l'être humain »). Par « particuliers », Alfarabi signifiait « déterminés » ou « qualifiés » au sens de son exemple, auquel cas il désignait Dieu et ses attributs tels qu'ils lui sont assignés dans différentes religions, opposé à Dieu sans attributs. De la même manière, le cosmos, les anges, etc., seraient des « universaux » en tant que « démontrés », alors que, sans démonstration et avec des qualifications, ce seraient des particuliers. La deuxième partie comprend les images des objets subordonnés à la philosophie théorique. « Subordonnés » ou « parties » a été défini (47, 8ff.) au sens d'accepter sans démonstration ce qui est démontré dans la science supérieure, ou bien d'inclure une détermination (des particuliers) dont les « causes » sont fournies par la science supérieure. Par conséquent, la phrase signifie ici « *des images des particuliers* [des déterminations] *dont les causes ou les démonstrations de leurs universaux sont fournies par la philosophie théorique* ». La question revient à savoir si l'on peut parler de particuliers et de déterminations des choses théoriques et continuer de les appeler choses théoriques plutôt qu'opinions. Il est posé que les choses théoriques dans la religion équivalent aux opinions. Alfarabi cherche-t-il tout simplement à surévaluer ces opinions en les appelant « théoriques » dans le but de mettre en avant une similarité et une relation[13] ? La distinction entre la première et la seconde réside dans le fait que la première pose les particuliers contre les universaux, tandis que la seconde pose les images contre les particuliers et contre les universaux. « Inclus » signifie la même chose que « subordonné » car c'est dans la philosophie théorique que les universaux, et seuls les universaux, sont soit connus par la science première soit démontrés.

Cette division contredit implicitement le sens apparent de la section 4 du *Livre de la religion*, où Alfarabi semble dire que des opinions théoriques telles que déterminées dans les religions excellentes sont soit vraies soit l'image de ce qui est vrai, « vrai » étant défini comme ce qu'un être humain peut vérifier par la science première ou par la démonstration. Cette distinction est répétée maintenant, mais nous sommes assez avancés pour savoir que les opinions théoriques dans la religion et la jurisprudence ne peuvent être vraies en ce sens, car seuls les universaux des choses théoriques — non pas les opinions qui ont à voir avec les particuliers, par exemple Dieu, comme objet de foi dans telle ou telle religion — peuvent l'être en ce sens. Nous savons aussi que les images ne sont pas des images directes de ce qui est vrai, mais des particuliers de ce qui est vrai (cf. *La Cité vertueuse*, sur l'imagination). Tous deux, images et particuliers, doivent être subordonnés à la philosophie théorique au sens où ce qui est particulier et déterminé est subordonné à ce qui est universel et non qualifié, et non pas au sens où la science supérieure fournit les démonstrations de tel ou tel dieu particulier. Si une démonstration était nécessaire, elle serait fournie par la science politique.

De retour à la première partie, ou partie pratique, il est possible de dire qu'elle est une partie de la science politique et qu'elle est subordonnée à la philosophie politique seulement si l'on entend que la science politique comprend les universaux *et* fournit les causes des particuliers [14]. Ainsi la science politique devient-elle le lien entre la religion et la philosophie. Puisque la science politique est à la fois partie de la philosophie et subordonnée à celle-ci, la religion peut être considérée de la même manière, car elle est une partie de la science politique. En faisant de la science politique un pivot de la partie pratique de la religion et de la jurisprudence, leur relation s'éclaircit. La thèse sera complète quand la science politique sera amenée à intervenir dans la partie théorique avec la présentation de ses fonctions. Il faut donc imaginer trois cercles — ceux de la philosophie, de la science politique et de la religion —, chacun étant inclus dans l'autre.

## LA SCIENCE POLITIQUE : LA CITÉ, L'UNIVERS ET LES ÊTRES HUMAINS

*Le Livre de la religion* répond aux questions soulevées au chapitre 5 de *L'Enumération des sciences* sur la relation entre la jurisprudence, la religion ou la loi divine, et la science politique. Dans *Le Livre de la religion*, la distinction entre les choses théoriques et pratiques apparaît d'abord dans la manière dont les opinions religieuses sont distinguées des actions au regard de la jurisprudence. La philosophie est également divisée en parties théorique et pratique. La partie pratique, ou relative à l'action, de la religion et de la jurisprudence est considérée comme une partie de la philosophie pratique et comme subordonnée à celle-ci ; et la partie théorique ou d'opinion de la religion et de la jurisprudence est dite partie de la philosophie théorique et subordonnée à celle-ci. Cependant, cette réponse explicite est trop générale. Elle brouille la relation entre la jurisprudence, la religion et la science politique ou la philosophie politique en tant que distinctes de la philosophie en général ou de la philosophie théorique *et* pratique. A en voir les produits — la religion et la jurisprudence —, il apparaît que les opinions et les actions qu'elles contiennent ou dont elles s'occupent ressemblent respectivement à la philosophie théorique et pratique, en sont des parties ou y sont subordonnées. La jurisprudence est clairement subordonnée à l'action d'édicter des lois ou à la fondation de la religion, et la fondation de la religion est décrite comme le produit de l'activité ou de l'opération du métier royal, qui est dit subordonné à la philosophie (47, 16-17). Mais à quelle philosophie ? De plus, est-elle subordonnée aux deux parties de la philosophie ou à la philosophie politique en particulier ?

Comme *L'Enumération des sciences* (102, 3ff. ; 104, 10ff.), *Le Livre de la religion* (52.10ff. ; 59, 3ff.) comporte deux exposés de la science politique. Dans le premier, le métier royal englobe les « règles générales » et le pouvoir de détermination actuelle, lequel est identifié avec ce que les Anciens nommaient prudence ou jugement pratique. Les règles générales sont fournies par la science politique, qui est une *partie* de la philosophie et qui s'occupe exclusivement des activités et des matières volontaires (58, 7ff.) — c'est-à-dire qu'elle correspond à la science politique telle qu'elle est traitée par *L'Ethique à Nicomaque* et *La Politique* d'Aristote. Dans le second énoncé, *L'Enumération des sciences* affirmait que le métier royal excellent est composé de nombreux éléments, y compris les sciences théoriques et pratiques, en plus de la faculté expérientielle. *Le Livre de la religion* (56, 7-19) distingue entre le « premier » métier royal excellent, celui qui instaure la communauté, et un métier royal qui est subordonné au premier et qui applique la loi du fondateur. Ce dernier, dit Alfarabi plus loin, « *n'a pas besoin de philosophie par nature* » (60, 14). Par conséquent, le meilleur arrangement consiste en une succession de souverains qui possèdent le métier royal du premier souverain ou du souverain fondateur qui a besoin de la philosophie par nature.

Dans le second exposé de la science politique, *Le Livre de la religion* dit qu' « *elle* [la science politique, partie de la philosophic] *explique que le premier métier royal excellent ne peut fonctionner d'une manière complète ou parfaite sauf à connaître les universaux de cet art* [soit l'art politique] *de* [telle manière] *que la philosophie théorique y* [aux universaux de cet art politique] *soit réunie et la prudence ou le jugement pratique leur soit ajouté* » (60, 5-7). Ici, le premier métier royal excellent est donc essentiellement un art politique. Il doit connaître, premièrement et avant toute autre chose, les universaux de l'art politique. La philosophie théorique n'est pas l'un des deux éléments constitutifs de ce métier royal ; elle doit être ajoutée ou rattachée aux universaux de l'art politique, car le métier royal doit avoir accès à la philosophie théorique dans le but de parfaire ses opérations, de la même manière que la prudence ou le jugement pratique ne sont pas une partie du métier royal mais doivent être rajoutés au métier royal afin qu'il puisse réaliser les déterminations particulières.

*Le Livre de la religion* ne se préoccupe pas d'expliquer ou d'énumérer les sciences, mais de traiter de la religion. Après avoir examiné ce qu'est la religion, il passe à l'exposé de la science politique dans le but d'expliquer comment des régimes sont créés ou fondés. Il est maintenant parvenu à la description du fonctionnement parfait du métier royal qui produit les opinions et les actions qui constituent la religion excellente. Alfarabi a déjà dit que la révélation — ce que les Anciens appelaient prudence ou jugement pratique — n'est pas suffisante ; le fondateur a besoin de posséder d'abord et surtout le métier royal. Afin de fonctionner parfaitement, le métier royal exige aussi bien la connaissance de cette science politique qui fait partie de la philosophie que la connaissance de la philosophie théorique qui constitue le reste de la philosophie, aux dires de *L'Enumération des sciences* ; il nécessite la connaissance de toute la philosophie. Cependant, Alfarabi dit aussi qu'il est subordonné à la philosophie (47, 16-17) ; ce qui renvoie au métier royal dans son activité ou fonctionnement, qui produit la religion. Mais le fonctionnement du métier royal est celui de la prudence ou du jugement pratique, c'est-à-dire la détermination actuelle des opinions et des actions. Dans ce qu'Alfarabi appelle « *cet art* [politique] » (60, 6), on peut distinguer, mais non pas séparer, la philosophie théorique et la science politique, ou les deux ensemble de la prudence ou du jugement pratique[15].

La question finale est de savoir si la prudence ou le jugement pratique sont liés directement à la philosophie théorique ou directement à la science politique et seulement indirectement à la philosophie théorique grâce à la médiation de la science politique ; et comment il lui faut la philosophie théorique ou la science politique. *L'Enumération des sciences* et *Le Livre de la religion*, jusqu'au passage où est exposée la science politique (en 52, 10ff.), donnent l'impression que la prudence, ou jugement pratique, qui détermine les opinions et activités dans la religion, possède un accès direct ou est lié à la fois à la science théorique et à la science pratique ou politique. *Le Livre de la religion* laisse entrevoir un autre schéma. Le texte reprend les deux exposés de la science politique présentés dans *L'Enumération des sciences*, à quelques différences majeures près. Il omet l'examen de la jurisprudence et de la théologie et s'engage dans la description d'une fonction tout à fait *nouvelle* de la science politique, absente de *L'Enumération des sciences*. Ici, c'est la science politique elle-même, et non la physique, la métaphysique ou toute autre science théorique, qui se met à décrire : 1) la structure de l'univers, ses parties, dont les relations gouvernant-gouvernés entre ses parties, en remontant jusqu'au souverain suprême ; 2) elle redescend afin de montrer comment toutes les autres choses sont organisées sous sa gouvernance, puis appréhende les choses et les structures correspondantes dans (3) l'âme humaine, 4) le corps humain, (5) la cité excellente, de manière à placer le roi au sein de la cité excellente dans une position identique à celle occupée par Dieu dans l'univers. Puis 6) elle organise les parties de la cité en aval jusqu'à ceux qui sont simplement serviles et 7) décrit la structure de la cité en revenant au rang occupé par le roi. Après cela, 8) elle remonte du roi à l'esprit fiable (nom donné à l'ange Gabriel) qui est l'agent de la révélation, l'être à travers lequel Dieu révèle les choses au fondateur de la cité. Finalement 9) elle monte de l'agent de la révélation jusqu'à Dieu, explique comment la révélation descend par étapes, à travers la médiation des êtres spirituels, jusqu'au fondateur de la cité, et montre que Dieu gouverne la cité aussi bien que l'univers, mais de façons différentes qui comportent néanmoins l'une et l'autre une partie commune ; et elle explique la correspondance entre l'univers et la cité et la manière dont le roi doit suivre les pas de Dieu en fondant et préservant la cité. Par conséquent, le fondateur de la cité parfaite doit avoir une connaissance complète de la philosophie théorique afin d'appréhender la manière dont Dieu gouverne l'univers et d'être à même de l'imiter.

La description de l'univers, de l'âme, du corps et de la cité — cette cosmologie, psychologie, physiologie et cette présentation structurelle de ce que nous appelons le système politique — est partie intégrante d'une science politique pratique, et non pas d'une physique ou d'une métaphysique théoriques. Elle est basée sur l'affirmation d'une certaine correspondance ou similarité entre la structure de l'univers comme tout et l'âme humaine, le corps humain et la cité, entre ce qui est par nature seulement et ce qui est par nature et volonté à la fois. La première impression qui se dégage est que la cité doit être organisée sur un mode analogue à l'univers. Mais l'univers auquel la cité doit correspondre est lui-même connu et décrit par la science politique, par la science de la cité, et semble entièrement politique ou politisé : les parties de l'univers gouvernent ou sont gouvernées, le supérieur gouverne l'inférieur et l'inférieur dessert le supérieur.

Cette extension explicite du domaine de la science politique au-delà de l'éthique et de la politique aristotéliciennes de façon à englober une cosmologie et une théologie politiques, une psychologie et une physiologie politiques, était inconnue avant Alfarabi. Dorénavant, nous sommes amenés à distinguer entre une métaphysique ou une théologie théorique et politique, entre une psychologie théorique et politique, et entre une physiologie théorique et politique.

Il en résulte que ce qu'Alfarabi nomme les universaux ou les règles générales de sa nouvelle science politique incluent tout autant des actions que des opinions : la science politique elle-même comprend les règles destinées aux choses théoriques et pratiques que le métier royal doit connaître afin de fonder la cité parfaite. L'une des différences entre les composantes pratiques et théoriques de cette nouvelle science politique consiste en ceci : si les principes des règles pratiques qui commandent l'organisation de la cité et les activités pratiques du citoyen sont à rechercher dans la science politique elle-même, plus précisément dans ce qu'Alfarabi appelle « la première partie » de la science politique, les principes des choses théoriques relatives à l'univers auxquelles le citoyen doit croire sont à rechercher dans la physique et la métaphysique : ce sont des images politico-religieuses ou des similitudes d'objets connus correctement seulement par la physique et la métaphysique. Afin de fonctionner parfaitement, le métier royal doit connaître à la fois les principes et les règles générales basées sur ceux-ci ou les opinions générales qui les reflètent ; car le métier royal est constamment appelé à ajuster ces règles et opinions aux situations particulières et, à moins d'en connaître les principes, il ne peut savoir si tel ajustement particulier est bon ou mauvais.

Néanmoins, pour différentes raisons pratiques, la science politique fournit un cadre général au sein duquel le jugement pratique fonctionne et détermine des actions et des opinions particulières pour une cité particulière. Le jugement pratique comme tel n'a pas accès aux principes, qu'ils soient pratiques ou politiques, mais seulement aux règles pratiques générales et aux images théoriques générales ou aux arguments fournis par la science politique. Nous sommes en présence de trois cercles concentriques, qui englobent respectivement les domaines de la science théorique, de la science politique et du jugement pratique.

## LE CORPUS POLITIQUE D'ALFARABI

*L'Enumération des sciences* s'achève par une présentation de la religion post-prophétique et des sciences religieuses, soit de la jurisprudence et de la théologie telles qu'elles existaient au temps d'Alfarabi. Il indique quel genre de science politique « ancienne » peut en théorie s'occuper de la religion. *Le Livre de la religion* commence par un exposé exhaustif de la religion, analyse ses éléments et retrace ses fondations et son développement jusqu'à la religion post-prophétique, la jurisprudence et la théologie. Il passe ensuite à la présentation du programme détaillé d'une nouvelle science politique susceptible de traiter de la religion et de contribuer à l'amélioration des communautés religieuses. L'aspect le plus frappant de cette nouvelle science politique est qu'elle s'intéresse aux opinions, aux idées que les êtres humains se font de la structure de l'univers, de l'âme et du corps humains, ainsi que de la cité. Cet aspect constitue une nouveauté. Platon et Aristote avaient procuré deux exposés de la science politique qu'Alfarabi qualifie dans *L'Enumération des sciences* de généralement connus. Ces énoncés de l'éthique et de la politique, tels qu'ils sont développés par Alfarabi dans *L'Obtention du bonheur*, par exemple, continuent d'être valables ; encore qu'il y apporte des additions conséquentes. Quant aux opinions, Platon en a donné des explications variées dans *Les Lois* et le *Timée*. C'étaient manifestement des images ou des similitudes de la vérité, des modèles destinés à guider les futurs législateurs dans l'établissement de nouvelles cités. Des modèles de ce genre sont des intermédiaires entre la vérité et ce que les êtres humains peuvent imaginer ou croire. Ce sont des productions astucieuses créées par le maître des législateurs, resté attentif aux habitudes, aux caractères, aux opinions et aux conditions généraux, et le législateur s'ajustera à ceux-ci plus encore en fonction d'une cité particulière et de ses conditions singulières.

Mais les temps ont changé. Les opinions sur l'univers ont évolué de manière fondamentale à cause de la diffusion des religions révélées d'une part, et des sciences philosophiques d'autre part. Ces deux traditions forment maintenant l'éducation générale des hommes raisonnables du temps d'Alfarabi. Aucune personne sensée ne peut soutenir désormais que les nouvelles sociétés retourneraient aux cosmologies et cosmogonies païennes, y compris sous la forme la plus raffinée de l'aristotélisme ou du platonisme. Il est besoin de nouveaux modèles qui prennent en compte l'esprit du moment et ce que les gens croient à cette époque. Ces modèles doivent être foncièrement nouveaux et différents des modèles platoniciens.

Alfarabi crée deux de ces modèles dans deux de ses œuvres politiques connues : *Traité des opinions des habitants de la Cité vertueuse* et *Le Régime politique*. Toutes deux sont confinées dans un aspect particulier de sa nouvelle science politique : celui des opinions ou des règles générales des opinions de la cité, domaine qu'il a rajouté dans *Le Livre de la religion* à la science politique « ancienne » présentée dans le chapitre 5 de *L'Enumération des sciences*. Dans chacun de ces deux ouvrages politiques, il présente une cosmologie et une cosmogonie politiques, ainsi que la description correspondante des parties de l'âme et du corps humains et des parties de la cité. Ce sujet a été développé à souhait, de sorte qu'il n'est plus possible de confondre ces modèles avec ce qui est appelé à tort la cosmologie d'Alfarabi ; par quoi on signifie d'ordinaire la physique et la métaphysique théoriques ou scientifiques d'Alfarabi. Ce sont des parties de la science politique. Elles sont destinées à servir les futurs législateurs et souverains possédant le métier royal qui devrait englober les sciences théoriques et pratiques et le jugement pratique. Les modèles sont des programmes partiels à utiliser dans l'éducation des futurs princes.

# *Chapitre 6*

# La cité vertueuse

Alfarabi fut le premier philosophe à tenter de confronter, relier et, dans la mesure du possible, harmoniser la philosophie politique classique avec l'islam, une religion révélée sous la forme d'une loi divine par le biais d'un prophète-législateur, Muhammad, qui organisa ses adeptes en une communauté politique et les dota de croyances tout autant que de principes et de règles de conduite. A l'inverse d'un Cicéron, il avait à affronter et résoudre le problème de l'introduction de la philosophie politique classique dans une atmosphère culturelle radicalement différente ; et à la différence d'un Augustin, il ne jouissait pas d'une sphère relativement libre de la vie mondaine dans l'organisation de laquelle la philosophie politique classique pouvait s'appliquer sans défi ; il avait à affronter et résoudre le problème des prétentions contradictoires de la philosophie politique et de la religion à organiser la totalité de la vie humaine.

L'importance d'Alfarabi dans l'histoire de la philosophie politique tient à sa redécouverte de la tradition classique et au fait qu'il la rendit intelligible dans le nouveau contexte créé par les religions révélées. Ses écrits les plus connus sont des œuvres politiques portant sur les régimes politiques et l'obtention du bonheur par le moyen de la vie politique. Ils posent le problème de l'harmonie entre la philosophie et l'islam dans une perspective nouvelle, celle de la relation entre le meilleur régime, tel que Platon l'entendait notamment, et la loi divine de l'islam. Sa position dans la philosophie islamique correspond à celle de Socrate ou de Platon dans la philosophie grecque, pour autant que leur préoccupation majeure était la relation entre la philosophie et la cité. Il fut le fondateur d'une tradition qui trouva chez lui et, à travers lui, chez Platon et Aristote, une approche philosophique de l'étude des phénomènes politiques et religieux. Ses œuvres inspirèrent des hommes comme Avicenne, Averroès et Maïmonide qui l'élevèrent au rang de « Second Maître » après Aristote ; et il fut le seul penseur postclassique dont l'autorité leur commandait autant de respect que celui dû aux Anciens.

## LA SCIENCE DIVINE ET POLITIQUE

Il existe un certain nombre de ressemblances frappantes entre bien des traits fondamentaux de l'islam et ceux du bon régime tel qu'il est conçu par la philosophie politique classique en général et par *Les Lois* de Platon en particulier. Tous deux partent d'un dieu qui est la cause ultime de la législation et tiennent les croyances justes sur les êtres divins et le monde de la nature pour essentielles à la constitution d'un bon régime politique. Leurs croyances doivent refléter une image adéquate du cosmos, rendre largement accessible aux citoyens, dans une forme qu'ils peuvent appréhender, la vérité sur les choses divines et les principes supérieurs du monde, inciter aux actions vertueuses et constituer une partie de ce qui est nécessaire à l'obtention de l'ultime félicité. Tous deux considèrent la fonction de dirigeant de la communauté assurée par le fondateur et législateur et, à sa suite, par ses successeurs, comme absolument capitale pour son organisation et sa préservation. Tous deux sont soucieux de la promulgation et de la préservation des lois divines. Ils sont tout autant opposés à l'idée d'un esprit ou d'une âme dérivés du corps ou corporels en soi, et à la piété timorée qui condamne les humains au désespoir de ne jamais comprendre le sens rationnel des croyances ou des activités qu'ils sont appelés respectivement à accepter et effectuer. Tous deux orientent l'attention des citoyens vers un bonheur situé au-delà de leurs préoccupations mondaines. Finalement, tous deux relèguent l'art du juriste et celui du théologien apologète dans une position annexe qui consiste à préserver l'intention du fondateur et de sa loi, et à ériger une barrière contre les attaques de toutes sortes (*L'Enumération des sciences*, chap. 5 ; *Le Livre de la religion*, 49-52).

Les principaux ouvrages politiques d'Alfarabi (*La Cité vertueuse*, *Le Livre de la religion* et *Le Régime politique*) constituent un champ de convergence entre l'islam et la philosophie classique, où les affinités, plutôt que les différences ou conflits éventuels, occupent le premier plan. En insistant sur les affinités et en encourageant ou forçant même à la fois l'islam et la philosophie à faire chacun un pas dans la direction de l'autre, Alfarabi met au jour les éléments communs aux deux et encourage et guide son lecteur musulman vers l'appréhension des traits caractéristiques de la philosophie politique classique. Cela se manifeste d'emblée dans le style et la composition de ses ouvrages. Au plan du style, ils ressemblent tout autant à des codes légaux qu'à des traités philosophiques. Ils consistent principalement en énoncés positifs sur les attributs de Dieu, l'ordre du monde, la place de l'homme en ce monde, et la manière dont une société bonne doit être organisée et gouvernée. Suivant un schéma commun aux *Lois* de Platon et au Coran, beaucoup de ces énoncés sont précédés de préludes qui préparent la voie à la promulgation de lois sensées destinées à régler la conduite des dirigeants et à prescrire les croyances et les actions des citoyens. Bien qu'ils ne soient pas des traités philosophiques ou politiques, ou des prescriptions légales spécifiques au sens strict, ces ouvrages comportent les résultats d'enquêtes philosophiques et politiques présentées sous une forme utile et pratique comme la base sur laquelle on peut établir le plan d'un bon régime politique. Ce sont des œuvres dont la forme et l'intention étaient susceptibles d'être immédiatement comprises par un lecteur musulman convié à accepter une vraie vision du monde en général et à obéir aux lois qui incitent à la vertu et conduisent au bonheur ultime. Mais elles sont également conformes à l'intention de la philosophie politique classique, du fait qu'elles visent à fournir une description rationnelle et convaincante du monde, exprimée dans une forme accessible aux citoyens. Elles réalisent une tâche pratique importante en indiquant, par leur apparition, qu'il est possible de parvenir à une compréhension rationnelle qui préserve et explique, plutôt qu'elle ne sape les croyances et actions prescrites par la loi révélée ; et elles assurent une tâche préparatoire en désignant la direction dans laquelle pareille compréhension rationnelle doit être engagée.

Les ouvrages politiques d'Alfarabi forment un nouveau genre dans la littérature politique islamique. Avec sa prudence coutumière, l'auteur s'abstient de citer, de développer ou même de renvoyer au Coran, à Muhammad ou à des questions religieuses spécifiquement musulmanes. Pourtant les premières impressions que laissent les œuvres d'Alfarabi à leurs lecteurs sont sans équivoque : l'auteur veut amener ses coreligionnaires, et de fait tous les adeptes des religions révélées, à percevoir le large champ d'harmonie qui existe entre la loi divine et l'intention pratique de la philosophie politique classique. Ces lecteurs étaient incités ainsi à découvrir dans leur loi divine la réalisation pratique des doctrines des plus éminents sages de l'Antiquité. Dès lors, ils pouvaient s'atteler à l'étude de ces philosophes, non pas simplement dans le but limité de défendre leurs propres croyances et pratiques, ou celui, négatif, de conforter l'idée que la compréhension rationnelle n'a aucun pouvoir devant l'autorité supérieure de la révélation et de la loi divine, mais en vue de s'élever au-dessus de l'état d'esclavage de croyants aveugles et de pénétrer les intentions secrètes de la révélation et de la loi divine — pour s'éclairer, grâce à la compréhension de la plus respectable tradition de sagesse humaine, sur la sagesse de leur propre religion. Alfarabi leur assure dans ses livres les moyens d'adopter une nouvelle attitude à l'égard des œuvres de Platon et d'Aristote. Il les encourage à cesser de tenir ces philosophes pour les fondateurs d'une tradition étrangère susceptible de saper leurs croyances et leurs vertus sociales, une tradition qu'ils n'étudieraient que pour la réfuter et la combattre. Il leur indique que cette tradition leur appartient autant qu'aux Grecs, et qu'ils doivent la faire leur car elle traite de sujets plus proches de leur esprit et de leur cœur. Il leur fait espérer une compréhension plus complète de leur préoccupation politique et religieuse suprême : tout ce qui constitue l'essence de leur religion et de leur mode de vie, qui les distingue de leurs ancêtres païens et leur procure leur singulière prétention à la supériorité sur les autres communautés.

## LE RÉGIME VERTUEUX

Le thème central des écrits politiques d'Alfarabi est le régime vertueux, l'ordre politique dont le principe directeur est la réalisation de l'excellence ou de la vertu humaine. Alfarabi conçoit la science humaine ou politique comme une enquête sur l'homme en tant qu'il se distingue des autres êtres naturels ainsi que des êtres divins, une enquête visant à comprendre sa nature spécifique, ce qui constitue sa perfection et la voie qu'il doit emprunter pour l'atteindre. A la différence des autres animaux, l'homme ne devient pas parfait grâce aux seuls principes naturels présents en lui ; et à la différence des êtres divins, l'homme n'est pas éternellement parfait, mais il doit réaliser sa perfection au moyen de l'activité rationnelle qui découle de la compréhension, de la délibération et d'un choix, effectué parmi des alternatives proposées par la raison. La présence initiale du pouvoir de connaissance rationnelle et du choix qui lui est lié est la perfection première ou naturelle de l'homme, perfection dont il est doté à la naissance et qu'il n'a pas choisie. Au-delà, la raison et le choix existent chez l'être humain pour qu'il réalise, grâce à eux, son but ou l'ultime perfection possible de sa nature. « *Le bonheur est le bien désiré pour lui-même, il n'est jamais désiré afin de réaliser autre chose, et au-delà il n'existe rien de plus grand qu'un être humain puisse réaliser* » (*La Cité vertueuse*, 46 ; cf. *Le Régime politique*, 72-75, 78).

Cependant, le bonheur ne peut être obtenu sans être d'abord connu et sans que soient accomplies certaines activités, corporelles et intellectuelles, utiles ou menant à la réalisation de la perfection. Celles-ci sont des activités nobles. La distinction entre des activités nobles et viles est donc déterminée par la distinction entre ce qui est utile à la perfection et au bonheur et ce qui les entrave. Pour bien réaliser une activité, de façon aisée et ordonnée, il est nécessaire de former le caractère et de développer des habitudes qui rendent de telles activités possibles. « *Les formes et états de caractère dont émanent ces activités* [nobles] *sont les vertus ; ce ne sont pas des biens en eux-mêmes, mais seulement pour le bonheur* » (*La Cité vertueuse*, 46 ; cf. *Le Régime politique*, 43-44). La distinction entre la vertu et le vice présuppose la connaissance de la nature de la perfection ou du bonheur humain aussi bien que la distinction entre les activités nobles et viles.

Le régime vertueux peut être défini comme le régime au sein duquel les êtres humains se rassemblent et coopèrent dans le but de devenir vertueux, de réaliser des activités nobles et d'obtenir le bonheur. Il se distingue par la présence en son sein de la connaissance de la perfection ultime de l'homme, de la distinction entre le noble et le vil, et entre les vertus et les vices, et de l'effort concerté des souverains et des citoyens pour les enseigner et apprendre, et pour développer les formes ou états de caractère vertueux d'où émergent des activités nobles utiles à la réalisation du bonheur.

L'obtention du bonheur signifie la perfection de ce pouvoir de l'âme humaine qui est spécifique à l'homme, à sa raison. Cette dernière exige à son tour de contenir les désirs inférieurs en vue d'aider la raison à accomplir son activité propre et à acquérir aussi les sciences et les arts supérieurs. Pareils apprentissage et discipline ne peuvent être réalisés que par quelques rares individus qui possèdent les meilleures dispositions naturelles et qui, de surcroît, ont aussi la chance de vivre dans des conditions où les vertus requises peuvent être développées et les activités nobles accomplies. Les autres hommes ne sont capables d'atteindre qu'un niveau limité de cette perfection ; et chacun selon sa capacité ne réalise ce niveau qu'en fonction du genre de régime politique dans lequel il vit et de l'éducation qu'il reçoit. Néanmoins, tous les citoyens du régime vertueux doivent détenir des notions communes sur le monde, l'homme et la vie politique. Mais ils diffèrent quant au caractère de cette connaissance et, par suite, à la part de perfection et de bonheur qui leur revient. Ils peuvent être partagés en trois classes : 1) les sages ou les philosophes qui connaissent la nature des choses par le moyen des preuves démonstratives et de leur propre éclairage ; 2) leurs disciples qui connaissent la nature des choses par le moyen des démonstrations livrées par les philosophes, et qui se fient à leur éclairage et adoptent le jugement des philosophes ; 3) le reste des citoyens, la multitude, qui connaît les choses par le moyen de similitudes plus ou moins adéquates, suivant le rang qu'ils occupent en tant que citoyens. Ces classes ou rangs doivent être ordonnés par le souverain qui a la charge d'organiser l'éducation des citoyens, leur assigner des tâches spécifiques, leur donner des lois et les commander dans la guerre. Il doit chercher, par la persuasion et la contrainte, à développer chez chacun les vertus dont il est capable et à ranger les citoyens hiérarchiquement de manière à ce que chaque classe puisse à la fois atteindre la perfection dont elle est capable et servir la classe qui lui est supérieure. De la sorte, la cité devient un tout similaire au cosmos, et ses membres parviennent à coopérer pour obtenir le bonheur.

Le régime vertueux est un régime monarchique ou aristocratique non héréditaire, dans lequel le ou les meilleurs gouvernent et le reste des citoyens se trouvent partagés en groupes qui sont gouvernés et gouvernent à leur tour, selon leurs rangs, et ainsi de suite jusqu'au dernier groupe inférieur qui se contente d'être gouverné. Le seul critère qui détermine le rang du citoyen est le type de vertu dont il est capable et qu'il peut parvenir à développer en participant au régime et en obéissant à ses lois. Comme le régime lui-même, les citoyens sont vertueux : premièrement, parce qu'ils possèdent ou suivent ceux qui possèdent les similitudes correctes de la connaissance des êtres divins et naturels, de la perfection ou du bonheur humain, et des principes du régime conçu pour aider les êtres humains à atteindre ce bonheur ; deuxièmement, parce qu'ils agissent en accord avec cette connaissance du fait que leur caractère est formé en vue d'accomplir des activités menant au bonheur.

Une fois clarifiés les principaux traits du régime vertueux, la compréhension de ceux de tous les autres régimes et leur classification deviennent relativement simples. Alfarabi les répartit donc en trois grands types : 1) Les régimes dont les citoyens n'ont pas eu l'occasion d'acquérir une connaissance quelconque des êtres divins et naturels ou de la perfection et du bonheur. Ce sont les régimes *ignorants.* Leurs citoyens recherchent des fins inférieures, bonnes ou mauvaises, en ignorant totalement le vrai bonheur. 2) Les régimes dont les citoyens possèdent la connaissance de ces choses, sans pour autant agir en conséquence. Ce sont les régimes *mauvais* ou *immoraux.* Leurs citoyens possèdent les mêmes conceptions que ceux du régime vertueux ; pourtant leurs désirs ne desservent pas la part rationnelle de leur être, mais les en éloignent au profit des fins inférieures poursuivies dans les régimes ignorants. 3) Les régimes dont les citoyens ont acquis sur ces choses des opinions déterminées, néanmoins fausses ou corrompues, c'est-à-dire qui prétendent, à tort, appréhender les choses divines et naturelles et le vrai bonheur. Par conséquent, les similitudes présentées à de tels citoyens sont fausses et corrompues, de même que les activités qui leur sont prescrites. Ce sont les régimes dévoyés ou trompeurs, dont les citoyens, privés de la vraie connaissance ou des similitudes correctes, recherchent eux aussi les fins inférieures des régimes ignorants. Les régimes qui sont dans l'erreur peuvent avoir été fondés comme tels. C'est le cas des régimes « *dont le souverain suprême était quelqu'un qui a eu l'illusion d'avoir reçu la révélation sans l'avoir eue en réalité, et qui a, par conséquent, utilisé de fausses représentations, de tromperies et de fantasmes* » (*La Cité vertueuse*, 63 ; cf. *Le Régime politique*, 103-4). Mais il se peut aussi que ces régimes aient été à l'origine des régimes vertueux avant d'être transformés par l'introduction de visions et de pratiques fausses ou corrompues.

Tous ces types de régimes sont opposés au régime vertueux, car il leur manque son principe directeur qui est la connaissance vraie et la vertu, ou formation du caractère, induisant des activités qui conduisent au vrai bonheur. Au lieu de quoi, le caractère des citoyens est formé en vue d'une ou plusieurs fins inférieures. Ces fins sont au nombre de six, et chacun des types principaux de régime peut être subdivisé selon la fin qui le domine : 1) le régime de la *nécessité* (ou régime *indispensable*) dans lequel l'objectif des citoyens est confiné aux nécessités premières de la vie ; 2) le régime *vil* (l'oligarchie) dans lequel l'objectif ultime des citoyens est la richesse et la prospérité pour elles-mêmes ; 3) le régime *bas* dont les citoyens ont pour objectif de jouir des plaisirs sensoriels ou imaginaires ; 4) le régime de *l'honneur* (la timocratie) dont les citoyens aspirent à être honorés, loués et glorifiés par autrui ; 5) le régime de *domination* (la tyrannie) dont les citoyens cherchent à dominer et soumettre autrui ; 6) le régime de *l'association corporative* (la démocratie) dont les citoyens veulent être libres de faire ce que bon leur semble.

## LE ROI-PHILOSOPHE ET LE PROPHÈTE-LÉGISLATEUR

Combiner la science divine et la science politique, c'est souligner l'importance politique des croyances justes relatives aux êtres divins et aux principes du monde. L'islam et la philosophie politique classique sont en accord sur ce point. Les musulmans croient que la justification première de leur existence en tant que communauté distincte est la révélation de la vérité sur les choses divines par Muhammad, et qu'en l'absence de son message ils auraient continué de vivre dans la misère et l'incertitude quant à leur bien-être dans ce monde et dans l'au-delà. Pareilles considérations avaient déjà amené Platon à penser que les rois devaient devenir philosophes ou rois-philosophes. Dès que la quête du meilleur régime aboutit à la nécessité de combiner la science divine et la science politique, il devient nécessaire pour le souverain de joindre le métier de gouvernement à celui de la prophétie ou de la philosophie. Le souverain-prophète ou le souverain-philosophe est l'être humain qui apporte la solution à la question de la réalisation du meilleur régime, et les fonctions du souverain-prophète et du souverain-philosophe paraissent identiques de ce point de vue.

Parlant du souverain suprême, Alfarabi insiste d'emblée sur la fonction commune au souverain-philosophe et au souverain-prophète qui représentent tous deux le lien entre les êtres divins et les citoyens qui n'ont pas un accès direct à la connaissance de ces êtres. Il est le maître et le guide « *qui fait savoir* » aux citoyens ce qu'est le bonheur, qui « *suscite en eux la détermination* » de faire ce qui est nécessaire pour l'atteindre, et qui « *n'a pas besoin d'être gouverné par un être humain en quoi que ce soit* » (*Le Régime politique*, 78-79). Il doit posséder la connaissance, ne pas avoir besoin d'être guidé par un autre homme, avoir une excellente compréhension de tout ce qui doit être fait, être excellent en conduisant autrui dans ce qu'il connaît, avoir la capacité de porter autrui à remplir les fonctions pour lesquelles il est fait, et avoir celle de déterminer et de définir le travail à faire par autrui et d'orienter un tel travail vers le bonheur. Ces qualités requièrent évidemment les meilleurs dons naturels, mais également le développement le plus entier de la faculté rationnelle[1]. Le souverain suprême est donc un être humain qui actualise sa faculté rationnelle ou qui est en contact avec l'intellect actif. « *Cet être humain est le vrai prince selon les Anciens ; il est celui dont on doit dire qu'il reçoit la révélation. Car un être humain reçoit une révélation seulement quand il atteint ce rang — soit quand il n'existe plus d'intermédiaire entre lui et l'intellect actif... Et parce que l'intellect actif émane de l'être de la Cause première* [Dieu], *on peut dire pour cette raison que c'est la Cause première qui apporte la révélation à cet être humain par la médiation de l'intellect actif. Le gouvernement de cet être humain est le gouvernement suprême ; tous les autres gouvernements humains lui sont inférieurs et en sont dérivés* » (*Le Régime politique*, 79-80).

Au sein du régime, le souverain suprême est la source de tout pouvoir et de toute connaissance, et grâce à lui les citoyens apprennent ce qu'ils doivent savoir et faire. De même que Dieu ou la Cause première du monde dirige toute chose, et que toute chose est dirigée vers Lui, « *la situation doit être identique dans la cité vertueuse : de manière ordonnée, toutes ses parties doivent suivre dans leurs activités les pas du dirigeant suprême* » (*La Cité vertueuse*, 56-57 ; cf. *Le Régime politique*, 83-84). Il possède des pouvoirs illimités et ne peut être soumis à aucun être humain, régime politique ou loi. Il détient le pouvoir d'entériner ou d'abroger des lois divines précédentes, d'en édicter de nouvelles, et « *de remplacer une loi qu'il a émise à un moment par une autre, s'il le juge préférable* » (*Le Régime politique*, 80-81). Il est le seul à pouvoir commander les classes du peuple et leur assigner leurs rangs respectifs. Et c'est lui qui leur offre ce qu'ils doivent savoir.

Pour la plupart des hommes, cette connaissance doit prendre la forme d'une représentation imaginative de la vérité plutôt qu'une conception rationnelle de celle-ci. La raison en est que la majorité n'est pas dotée de la connaissance des choses divines en soi, ou ne peut être formée pour les saisir ; elle peut seulement appréhender leurs imitations, lesquelles doivent être adaptées aux capacités de compréhension, aux conditions et aux expériences propres des membres d'un régime particulier. La religion contient pareil ensemble de représentations imaginaires. La loi divine est établie pour un groupe particulier d'êtres humains. Elle est nécessitée par l'incapacité de la plupart des êtres humains de concevoir rationnellement les choses, notamment les choses supérieures ou divines. Ils doivent pourtant les connaître d'une certaine façon. Il leur faut croire aux imitations des choses divines, du bonheur et de la perfection, tels qu'ils leur sont présentés par le fondateur de leur régime. Celui-ci doit donc non seulement présenter au petit nombre une description rationnelle ou conceptuelle du bonheur et des principes divins, mais également, pour la multitude, représenter et imiter ceux-ci de façon adéquate. Il reviendra à tous les citoyens d'accepter et de préserver ce qu'il leur confie : « *Ceux qui s'orientent vers le bonheur tel qu'ils le connaissent, et acceptent les principes* [divins] *tels qu'ils les connaissent sont* les êtres humains sages ; *et ceux dont les âmes contiennent ces choses sous la forme d'images, et qui les acceptent et les recherchent, sont les croyants* » (*Le Régime politique*, 86).

Jusqu'ici, Alfarabi a identifié le souverain-prophète et le souverain-philosophe. Tous deux sont souverains suprêmes absolument, et tous deux détiennent l'autorité absolue d'édicter les croyances et les actions. Tous deux reçoivent cette autorité en vertu de la perfection de leur faculté rationnelle, et tous deux reçoivent la révélation de Dieu par le moyen de l'intellect actif. Dès lors, en quoi le souverain-prophète diffère-t-il du souverain-philosophe ?

La qualité première et primordiale que le souverain du régime vertueux doit posséder est un genre spécial de connaissance des choses divines et humaines. Or un être humain possède trois facultés de connaissance : la sensation, l'imagination et la raison (à la fois théorique et pratique) ; et celles-ci se développent chez lui selon cet ordre. L'imagination remplit trois fonctions : 1) elle agit comme réservoir des impressions sensibles après la disparition des objets de la sensation ; 2) elle combine les impressions sensibles pour former une image sensible complexe ; 3) elle produit des *imitations*. Elle a la capacité d'imiter toutes les choses non sensibles (les désirs humains, le tempérament et les passions) à partir des impressions sensibles ou de combinaisons de celles-ci. Quand, plus tard, la faculté rationnelle se développe, et que l'être humain commence à appréhender le caractère, l'essence ou la forme des êtres naturels et divins, la faculté d'imagination reçoit et imite aussi ces formes rationnelles, c'est-à-dire qu'elle les *représente* sous la forme d'impressions sensibles. En ce sens, l'imagination est subordonnée à la faculté rationnelle, et elle en dépend pour les « originaux » qu'elle imite ; elle n'a pas d'accès direct à l'essence des êtres naturels et divins. De plus, les imitations qu'elle fabrique ne sont pas toutes de bonnes copies : quelques-unes peuvent être plus vraies et proches des originaux, d'autres défectueuses à certains égards, et d'autres encore extrêmement fausses ou trompeuses. Finalement, seule la faculté rationnelle qui appréhende les originaux eux-mêmes peut juger du degré de vérité de ces copies et de leur ressemblance aux originaux. La faculté rationnelle est la seule faculté à avoir accès à la connaissance des êtres divins et spirituels, et elle doit exercer un contrôle strict pour assurer que les copies présentées par la faculté imaginative sont des imitations bonnes et justes. Il peut arriver que, dans de rares cas, cette faculté imaginative soit si puissante et parfaite qu'elle domine toutes les autres facultés et procède directement à la réception et à la formation des images des êtres divins. Ce cas rare est celui de la prophétie : « *Il n'est pas impossible qu'un être humain, dont le pouvoir imaginatif atteint la plus haute perfection, reçoive de l'intellect actif durant ces heures de veille... les imitations des intelligibles séparés* [immatériels] *et de tout autre être noble* [sacré] *et les voie. Grâce aux intelligibles qu'il a reçus, il aura ainsi* [le pouvoir de] *prophétie sur des êtres divins. C'est donc l'état le plus parfait atteint par le pouvoir d'imagination et l'état le plus parfait auquel un être humain parvient par vertu de son pouvoir imaginatif* » (*La Cité vertueuse*, 52).

La description de la nature de la prophétie mène ainsi à la distinction entre la faculté imaginative et la faculté rationnelle. Elle explique que la prophétie est possible comme perfection de la faculté imaginative et que l'imagination pourrait quasi se passer de la faculté rationnelle et recevoir les images des êtres divins directement et sans la médiation de cette dernière. Il existe deux pouvoirs qui permettent à l'être humain de communiquer avec l'intellect actif : son imagination et sa faculté rationnelle, ou son intellect. Quand il le fait par le moyen de son imagination, c'est « *un prophète qui prédit ce qui va arriver et informe sur ce qui se produit maintenant* » ; et quand il le fait par le moyen de sa faculté rationnelle, c'est « *un homme sage, un philosophe, et il possède une intelligence complète* » (*La Cité vertueuse*, 58-59).

Il apparaît donc que le souverain-prophète et le souverain-philosophe peuvent tous deux posséder la qualité de connaissance exigée du souverain suprême de la cité vertueuse ; ou encore que deux genres de régimes également vertueux sont possibles, l'un gouverné par un prophète sans philosophie, l'autre par un philosophe sans prophétie. Pourtant, dans ses écrits politiques, Alfarabi n'envisage même pas l'éventualité d'un régime vertueux gouverné par un prophète qui ne possède pas une faculté rationnelle développée. La distinction entre prophétie et philosophie est une distinction psychologique, et elle est utile à la compréhension de la nature de la prophétie et de celle de la philosophie. Mais en explicitant la qualité de connaissance du souverain suprême, Alfarabi exige clairement la perfection des deux facultés : le souverain suprême n'est pas appelé prophète ou philosophe parfait, mais « être humain parfait ». Chez le philosophe, la philosophie ou la sagesse qu'il recherche demeure incomplète aussi longtemps qu'il ne maîtrise pas parfaitement l'imitation de la connaissance rationnelle ou théorique qu'il possède en vue de l'enseigner aux jeunes ou de la présenter à la multitude. Ce manque devient un défaut capital quand il est confronté à la tâche de gouverner et d'éduquer une cité. Sa qualité de philosophe, c'est-à-dire de quelqu'un qui se voue à la connaissance théorique sans égard pour l'usage qu'il en ferait dans la cité, le disqualifie comme souverain. Il ne peut être un souverain-philosophe fondateur sans le pouvoir d'imagination dont le prophète est le représentant le plus accompli.

Quant au prophète, son pouvoir imaginatif semble le rendre particulièrement apte à gouverner, mais le travail de son imagination ne bénéficie pas du contrôle rationnel constant du degré de véracité ou de similitude vraie des imitations produites par sa puissante imagination, fonction que seule la faculté rationnelle peut assurer. Pour la cité vertueuse, le meilleur souverain doit donc être un prophète-philosophe-souverain. Alfarabi ne précise pas si le prophète Muhammad était aussi un philosophe, mais il exige la combinaison de la prophétie et de la philosophie, ou l'exercice des pouvoirs imaginatif et rationnel par le souverain suprême de la cité vertueuse. Philosophie et sagesse sont indispensables pour la gouverner.

« *S'il arrivait à un moment quelconque que la sagesse n'ait aucune part dans le gouvernement, et que* [l'autorité souveraine] *remplisse toutes les autres conditions, la cité vertueuse demeurerait sans prince, le souverain qui prend soin des affaires de la cité ne serait pas un prince et la cité serait exposée à la perdition. Ainsi, s'il n'advient pas qu'un être humain sage lui soit associé, au bout d'un certain temps, la cité périra assurément* » (*La Cité vertueuse*, 61).

## LA LOI ET LA SAGESSE VIVANTE

La sagesse ou la philosophie est une condition indispensable à la fondation et à la survie de la cité vertueuse. En revanche, la prophétie est indispensable à la fondation d'une cité vertueuse mais non à sa survie. En énumérant les qualités du souverain suprême ou du fondateur de la cité vertueuse, Alfarabi énonce la coïncidence des facultés rationnelles et prophétiques excellentes. Cette exigence est imposée par la composition de la cité vertueuse comme communauté politique, c'est-à-dire par le fait qu'elle doit être composée de deux grands groupes : 1) le petit nombre qui comprend des philosophes ou des personnes accessibles à la philosophie et à l'enseignement des sciences théoriques et, par suite, au vrai caractère des êtres divins et naturels en tant que tels ; 2) la multitude qui n'est pas philosophe, par manque de dons naturels nécessaires ou de temps pour se former, qui vit d'opinion et de persuasion et pour qui le souverain doit fournir des imitations de ces êtres par le moyen de similitudes et de symboles.

Tandis que le petit nombre est susceptible d'appréhender rationnellement le sens du bonheur humain, de la perfection et de la justification rationnelle des activités vertueuses qui conduisent à la fin ultime de l'être humain, la multitude en est incapable et doit être éduquée en vue d'accomplir ces activités par la persuasion et la contrainte, soit par des explications qui peuvent être comprises par tous les citoyens sans égard pour leur capacité rationnelle, soit par des récompenses et des punitions prescrites, d'un genre immédiatement tangible. En sa qualité de philosophe, le souverain suprême enseigne au petit nombre ; en sa qualité de prophète, il présente des similitudes et prescrit des récompenses et des punitions à la multitude. Pour être crédibles et pratiquées par la multitude, ces similitudes et prescriptions doivent être formulées par le prophète et admises par les citoyens pour vraies, fixes et permanentes : ceux-ci doivent s'attendre à des rétributions et des châtiments bien définis pour leur croyance ou incroyance, pour leur obéissance ou désobéissance. La faculté prophétique culmine donc dans la promulgation de lois portant sur les croyances et les pratiques de la multitude, et le prophète qui assume cette fonction devient prophète-législateur. La faculté rationnelle, au contraire, culmine dans l'enseignement des sciences théoriques au petit nombre. Dans son résumé des *Lois* de Platon, Alfarabi fait dire au philosophe grec que le petit nombre d'hommes vertueux « *n'a pas du tout besoin de pratiques et de lois arrêtées ; néanmoins, ils sont très heureux. Les lois et les pratiques fixées sont nécessaires seulement pour ceux qui sont moralement malhonnêtes* » (*Les Lois de Platon*, 41).

C'est seulement aux yeux des sujets que les lois sont arrêtées et l'autorité divine incontestable. Nous avons vu que le souverain suprême du régime vertueux est le maître plutôt que le serviteur de la loi. Non seulement il n'est dirigé par aucun homme, mais il n'est pas soumis à la loi. Il est la cause de la loi ; il la crée, l'abroge et la modifie s'il le juge bon. Il possède ce pouvoir en raison de sa sagesse et de sa capacité à décider de ce qui est meilleur pour le bien commun dans des situations déterminées ; il peut survenir des conditions qui rendent le changement de lois non seulement salutaire mais indispensable à la survie du régime vertueux. Ce faisant, le souverain doit être extrêmement attentif à ne pas perturber la foi des citoyens dans leurs lois, et à prendre en compte l'effet contraire que le changement produit sur l'adhésion à la loi. Il doit soigneusement confronter l'avantage de changer la loi par rapport au désavantage de toute modification. Il doit donc posséder, non seulement l'autorité de changer les lois si nécessaire, mais également l'art de minimiser le danger du changement pour le bien-être du régime. Une fois convaincu de la nécessité de changer la loi et après avoir pris les précautions adéquates, aucun doute ne plane cependant sur son pouvoir d'effectuer le changement. Par conséquent, aussi longtemps qu'il vit, la faculté rationnelle exerce sa suprématie et les lois sont préservées ou modifiées à la lumière de son jugement de philosophe.

C'est cette coïncidence entre la philosophie et la prophétie dans la personne du gouverneur, ou tout au moins la coïncidence entre la philosophie et la souveraineté, qui assure la survie du régime vertueux. Aussi longtemps que des souverains qui possèdent de telles qualités se succèdent sans interruption, la situation se perpétue telle quelle. « *Le successeur sera celui qui décidera des questions laissées en suspens par son prédécesseur, mais non pas seulement. Il peut changer une grande part de ce que son prédécesseur a édicté, et prendre une décision différente s'il la sait meilleure pour sa propre époque ; et cela, non pas parce que son prédécesseur avait commis une erreur mais parce qu'il en avait décidé ainsi en fonction de ce qui était meilleur pour son temps, et le successeur décide également de ce qui est meilleur pour un temps futur. Son prédécesseur aurait-il constaté* [les nouvelles conditions], *qu'il aurait également changé* [sa propre loi] » (*Le Livre de la religion*, 49).

Mais la coïncidence entre la philosophie et la prophétie est extrêmement rare, et il peut arriver que le hasard ne favorise pas le régime vertueux en le dotant d'un être humain possédant tous les dons naturels nécessaires et formé avec succès à la philosophie. Ainsi se pose la question de la survie de la cité vertueuse en l'absence d'un être humain muni de toutes les compétences requises pour être le prophète-philosophe-souverain ou le philosophe-souverain. Une fois admis que la meilleure disposition possible exige l'existence de pareilles compétences chez la personne qui doit gouverner, le régime créé par le prophète-philosophe-souverain peut-il survivre en son absence et en l'absence d'un philosophe-souverain qui lui succéderait ? Dans *La Cité vertueuse*, Alfarabi envisage l'hypothèse que la cité puisse survivre en l'absence de ces deux types de souverains, mais seulement si des précautions sont prises pour assurer la présence des substituts adéquats à la législation prophétique. Ces substituts consistent en (1) un corps de lois et de coutumes préalablement instaurées par les « vrais princes », (2) une combinaison de nouvelles qualités chez le souverain actuel qui le rendent compétent dans « l'art de la jurisprudence » ; en d'autres termes, dans la connaissance des lois et coutumes de ses prédécesseurs, la détermination à les respecter plutôt que les changer, la capacité à les appliquer à des conditions inédites en extrapolant de nouveaux commandements à partir des lois et coutumes établies ou en leur découvrant de nouvelles applications, et l'aptitude à répondre à toute situation nouvelle (pour laquelle aucune décision spécifique n'est disponible), en se fondant sur la compréhension du dessein ou de l'intention des législateurs antérieurs plutôt que sur la promulgation de nouvelles lois ou le changement formel des anciennes lois. Pour autant que la loi est concernée, ce nouveau souverain est un juriste-législateur plutôt qu'un prophète-législateur. Cependant, il doit posséder toutes les autres qualités, dont la sagesse, qui lui permettraient de reconnaître et promouvoir le bien commun de son régime durant la période particulière de son règne.

Dans le cas où aucun être humain ne serait en possession de toutes ces compétences, Alfarabi évoque une troisième hypothèse, celle d'un homme sage gouvernant du concert avec un homme doté des qualités restantes, hormis la sagesse. Si cette option se révélait également inaccessible, il propose finalement l'établissement d'un gouvernement composé de plusieurs personnes possédant séparément les qualifications requises. Néanmoins, ce gouvernement ne dérogerait pas au principe initial des compétences requises, mais seulement à celui de leur présence en une seule personne. Ainsi, la seule qualification dont on pourrait se dispenser est la prophétie. En effet, à celle-ci peuvent se substituer la préservation des anciennes lois et la capacité de découvrir de nouvelles applications de celles-ci. Pour promouvoir le bien commun et préserver le régime dans des conditions nouvelles, à mesure que celles-ci émergent, la présence concomitante de la philosophie et de la prophétie, ou de la sagesse et de la jurisprudence, chez un même être humain, n'est donc pas une condition indispensable. Il suffit qu'un philosophe doté de sagesse gouverne conjointement avec une personne ou un groupe de personnes capables, entre autres, de trouver de nouveaux usages aux anciennes lois. A la différence de la prophétie, on ne peut pas se dispenser de la sagesse, et rien ne peut la remplacer. Son absence serait fatale à l'existence du régime vertueux. Il n'est pas de substitut à la sagesse vivante.

## LA GUERRE ET LES LIMITES DE LA LOI

En plus de la philosophie et de la prophétie, ou encore de la compétence dans l'art de la jurisprudence, il existe une troisième compétence indispensable au souverain du régime vertueux ou à l'un des membres du groupe qui le gouverne : la vertu téméraire et guerrière. Celle-ci est requise pour pleinement assurer la responsabilité du souverain comme éducateur suprême de tous les citoyens, c'est-à-dire pour former et renforcer leur caractère moral. Comme les êtres humains ne peuvent être tous amenés à effectuer des actions vertueuses par le moyen d'arguments convaincants et passionnés, il est nécessaire de recourir à d'autres moyens. A l'image du père avec ses enfants et du maître avec ses élèves, le souverain doit utiliser la force et la contrainte avec ceux qui, par nature ou habitude, ne peuvent être éduqués ou persuadés d'obéir spontanément à la loi. Il aura donc recours à deux groupes distincts d'éducateurs : un groupe qui éduque les citoyens par la persuasion et par l'argumentation, et un groupe guerrier qui force le paresseux, le mauvais et l'incorrigible à obéir aux lois par la force. Le souverain suprême doit diriger, orienter et superviser les activités des deux groupes. Pour commander le second groupe, il doit posséder un tempérament audacieux et exceller dans l'art de la guerre.

La nature et l'étendue de la contrainte, la force qui seront appliquées dans un régime défini dépendent du caractère des citoyens : plus ils sont vertueux, moins il est besoin d'appliquer la force. Mais il est des cas où le souverain peut être amené à conquérir une cité entière et la forcer à accepter sa loi vertueuse ou divine, ou bien des situations où l'usage de la force pourrait réduire considérablement le temps nécessaire pour établir sa loi, tandis que le résultat de la persuasion serait trop incertain et différé. Au sein du régime, la contrainte est légitime à l'encontre des citoyens au tempérament indocile ou aux penchants mauvais, et à l'encontre d'une cité entière comme prélude à l'établissement d'une loi divine nouvelle là où elle fait défaut. La force physique, la domination ou la guerre constitue un « élément fondamental » de la loi et l'un des préludes essentiels à son instauration. Mais Alfarabi semble favoriser la guerre non seulement défensive, mais également offensive ; et il qualifie celle que conduit le souverain du régime vertueux de guerre juste et son objectif guerrier d'objectif vertueux (*Les Lois de Platon*, 5-6).

Comme Platon et Aristote, Alfarabi considère la cité comme la première ou la plus petite unité formant un tout politique, et au sein de laquelle un être humain peut atteindre sa perfection politique ; mais il se sépare d'eux en ne la tenant pas pour la plus grande unité susceptible d'assurer l'épanouissement d'un régime vertueux. Il évoque plutôt trois associations humaines parfaites : la plus grande en taille est l'association de tous les êtres humains dans la totalité du monde habité ; l'unité intermédiaire est l'association d'une nation sur une portion du monde habité ; la plus petite est l'association des habitants d'une cité dans une portion de territoire d'une nation. A croiser son enseignement sur la conquête et la guerre juste ou vertueuse avec l'idée d'une association humaine parfaite s'étendant au monde habité entier, il ressort qu'Alfarabi a délibérément modifié les enseignements de Platon et d'Aristote sur une question importante dans l'intention d'apporter une justification rationnelle du concept islamique de guerre sainte dont l'objectif était de propager la loi divine partout sur terre ; ou bien qu'il a préconisé une guerre de civilisation dans laquelle une nation plus avancée justifie sa conquête de nations attardées ; ou encore qu'il a prêché l'idée d'un Etat universel ou mondial. Ces conclusions doivent être vérifiées à la lumière de sa conception de la guerre et du caractère de la loi.

Il mentionne deux conceptions extrêmes de la guerre. La première considère que vaincre et dominer autrui correspond à l'état naturel de l'homme et que, par conséquent, la guerre est la seule voie de conduite universellement juste. La seconde soutient que la paix universelle constitue l'état naturel de l'homme, et la coexistence pacifique la seule voie de conduite juste. Cette dernière conception a un corollaire : c'est seulement dans la guerre défensive, la guerre imposée à quelqu'un par la conduite non naturelle d'un ennemi guerrier, que se situe la cause juste de prendre les armes. Ce seraient là les conceptions des habitants des « cités ignorantes et trompeuses » qui sont opposées au régime vertueux (*La Cité vertueuse*, 75-80). Elles donnent naissance à deux types de régime : « les tyrannies » et « les régimes amoureux de la paix ». Ces derniers ne sont pas tenus pour suffisamment importants, et leur vision, quoique erronée, n'est évidemment pas dangereuse pour autant. En tout cas, Alfarabi n'en fait pas comme une sous-division importante du régime opposé au régime vertueux, sans doute parce que, à la différence de la guerre, la paix n'est pas l'une des fins majeures recherchées par les êtres humains, mais un moyen pour d'autres fins, telles que le plaisir ou le profit.

La guerre, la conquête, la domination, l'asservissement et la tyrannie constituent, à l'inverse, l'une des fins suprêmes poursuivies par les êtres humains. Elle donne naissance au régime tyrannique dans lequel les êtres humains associés pratiquent des activités guerrières, conçoivent leurs lois et dirigent leur régime dans le but principal de s'asservir les uns les autres ou bien de subjuguer d'autres régimes. L'asservissement et le meurtre n'ont d'autre but que la satisfaction d'une fin suprême commune à tous, « l'amour de la tyrannie ». En effet, les mauvais régimes qui poursuivent d'autres fins, telles que la richesse, l'honneur ou le plaisir, sont transformés dans bien des cas en tyrannies quand ces autres fins sont atteintes. La satisfaction de ces désirs semble libérer les citoyens des mauvais régimes de la quête du mal supérieur propre aux régimes ignorants et trompeurs, c'est-à-dire de l'idée que la tyrannie représente le bien. Pour Alfarabi, la guerre comme fin en soi est le vice suprême qui ne peut trouver place dans le régime dont la fin est la vertu suprême.

Ayant fait usage de la guerre et de la contrainte pour imposer sa loi divine et supprimer les mauvais et les incorrigibles, le souverain du régime vertueux doit de nouveau encourager l'amitié entre les citoyens et œuvrer par la persuasion pacifique et le libre consentement. Pour arriver à convaincre la majorité des citoyens, il doit produire des similitudes des êtres divins et naturels, ainsi que de la vertu et du bonheur, qui soient adéquates à la fois au sens où elles seront proches des formes originales et où elles convaincront ceux qui doivent être persuadés. Elles doivent comporter quelque lien avec la nature, l'expérience précédente et les habitudes des citoyens. A la différence de la situation de guerre, la persuasion pacifique impose que le législateur fasse des concessions au caractère des gouvernés, à leur degré de préparation aux lois vertueuses, à leurs différences et à leur capacité de s'améliorer. Ce sont là des conditions pré-légales qu'il ne crée pas mais présuppose, et qu'il ne peut transformer que de façon limitée et graduelle.

De plus, le législateur ne peut produire des similitudes et user de méthodes persuasives adaptées à la nature et aux habitudes particulières de chaque citoyen particulier ; la loi ne peut traiter chaque être humain comme un cas en soi. Les croyances et pratiques générales doivent être prescrites pour tous les citoyens et correspondre à leur caractère spécifique en tant qu'ils forment un groupe. Cependant, ce qui est adapté à un groupe et, de ce fait, équitable pour lui peut se révéler inadapté et injuste pour un autre groupe. Légiférer pour tous les êtres humains en fonction de la nature humaine ou de ce qu'ils ont en commun signifie être injuste à l'encontre de la plupart sinon de tous les êtres humains. Par conséquent, si le monde habité est divisé en nations et cités, et que cette division est fondée moins sur des distinctions arbitraires que sur des différences naturelles ou liées de quelque façon à la nature, celles-ci constitueraient les limites à l'intérieur desquelles des croyances et des pratiques générales à la fois efficaces et justes peuvent être prescrites.

Alfarabi nuance sa présentation des trois associations parfaites (la cité, la nation et l'association de tous les êtres humains dans la totalité du monde habité) en observant que l'association de tous les êtres humains de la totalité du monde habité est elle-même divisée en nations. « *Les nations sont distinguées les unes des autres par deux choses naturelles — un tempérament naturel et un caractère naturel — et par quelque chose qui est composite* [qui est conventionnel mais a un fondement dans les choses naturelles], *nommément le langage* » (*Le Régime politique*, 70). Ces distinctions sont le produit de variations géographiques correspondant aux parties différentes de la terre (la température, la nourriture, etc.), lesquelles influent à leur tour sur le tempérament des habitants. Mais bien que les similarités nationales naturelles constituent la nation comme unité naturelle, elles ne forment pas un lien politique suffisant incitant les membres d'une nation à s'aimer ou à détester les autres nations. Les buts spécifiques de l'amour et de la haine sont les perfections ou les vertus, et celles-ci ne sont pas données par nature mais par l'intellect actif, la science et la législation. De son côté, la nation est divisée en cités et cités-Etats, distinguées selon leurs régimes et leurs lois.

Seule la cité est assimilée par Alfarabi au corps vivant parfait. Les organes du corps vivant ne coopèrent pas seulement en vue d'une fin commune ; ils occupent des rangs différents, et chacun d'eux est parfait quand il accomplit sa propre fonction, que celle-ci soit subordonnée ou supérieure, tous étant gouvernés par l'organe le plus parfait. Appliquée à la nation et à l'association de tous les êtres humains dans la totalité du monde habité, cette similitude impliquerait la subordination des cités les unes aux autres, et des nations les unes aux autres, selon leur degré de perfection. Pourtant, Alfarabi ne tient jamais pareille subordination pour légitime, excepté au sein d'une cité donnée ; et les cités qui sont opposées à la cité vertueuse ne sont pas envisagées dans la perspective de leur soumission à la cité vertueuse mais de leur transformation afin qu'elles deviennent une cité vertueuse. Une nation vertueuse n'est pas un groupe de cités gouvernées par une cité vertueuse ou parfaite, mais la nation « *dont* toutes *les cités* coopèrent *dans ce qui permet d'at-*

*teindre le bonheur* » ; et l'association de tous les êtres humains dans la totalité du monde habité est vertueuse « *seulement quand les nations qui la composent* coopèrent *pour obtenir le bonheur* » (*La Cité vertueuse*, 54). La communauté vertueuse de tous les êtres humains présuppose des nations vertueuses, et la nation vertueuse présuppose en retour des cités vertueuses.

L'examen du caractère et de la fonction spécifiques de la faculté prophétique et de la loi divine mène à la conclusion que la religion doit être particulièrement attentive aux limitations imposées par les différences naturelles et conventionnelles entre nations et entre cités. Quand une religion ou une loi divine n'est ni fausse ni obscurantiste ou fanatique, elle s'abstient de promouvoir les fins poursuivies dans les régimes ignorants (y compris la tyrannie), et œuvre plutôt à les supprimer et transcender et à leur substituer la fin qui peut être atteinte seulement par la croyance dans des similitudes adéquates ou salutaires aux êtres divins et naturels, et par l'obéissance aux commandements et interdictions qui favorisent la vertu et le bonheur au sein d'un groupe particulier préparé à recevoir son message. Elle doit donc abandonner la fin du régime tyrannique dont le but est la domination absolue et universelle et limiter l'usage de la force à ce qui est nécessaire à l'établissement d'un nouveau régime et à l'élimination du malfaisant et de l'impénitent au sein du régime. Sinon elle serait forcée d'édicter les seules croyances et pratiques susceptibles d'être admises et appliquées par tous les êtres humains ; autrement dit, d'abaisser ses normes afin de les ajuster à la capacité naturelle de l'écrasante majorité des êtres humains plutôt que de maintenir celles qui aident une cité ou une nation relativement bonnes à obtenir la vertu ou le bonheur vrais. L'autre but de la promotion de la vertu ou du bonheur parmi les meilleurs ou les élus de chaque cité et nation est écarté, car ce n'est pas la fonction propre de la religion mais de la philosophie. En effet, Alfarabi avait distingué auparavant entre les fonctions de la prophétie et de la philosophie dans le régime vertueux. Le petit nombre de personnes dotées de natures rares et correctement formées avaient droit non à des similitudes mais à la connaissance théorique des êtres divins et naturels, de la vertu et du bonheur, tandis que les croyances et pratiques édictées par la loi divine étaient destinées à la multitude.

Les distinctions naturelles et quasi naturelles entre les cités et nations ne doivent pas constituer une barrière à la transmission de la connaissance théorique. Pareille connaissance présuppose une tradition d'enquête théorique et la présence d'individus rares ; mais une fois ces conditions remplies, elle peut être librement transplantée d'une cité à l'autre et d'une nation à l'autre. La communauté universelle des êtres humains supérieurs de chaque cité et nation ou des rois non couronnés de l'humanité n'est pas une communauté de croyants adhérant à un ensemble particulier de dogmes. C'est la communauté des amoureux de la sagesse une et vraie. Du fait de sa nature profonde, une religion ne peut, selon Alfarabi, fournir la base d'une telle communauté. La religion apparaît à cause de l'incapacité du grand nombre à comprendre le vrai caractère des êtres et du bonheur humain. Elle remédie à cette situation en leur présentant des similitudes qui tiennent compte des limitations de leur entendement et des caractéristiques naturelles et conventionnelles du groupe distinct qu'ils forment. De plus, parce que les vrais principes de la nature et de la politique sont invariables, ils sont inflexibles et ne peuvent eux-mêmes être ajustés au degré de la compréhension et du caractère particulier d'un groupe politique distinct. Au contraire, les similitudes sont susceptibles de s'adapter à ce but, car elles peuvent être plus ou moins proches de la réalité. En outre, il peut exister un grand nombre de bonnes similitudes de la même réalité. Ces similitudes sont toutes bonnes ou vertueuses si elles réussissent à rendre bons ou vertueux les membres de groupes politiques particuliers pour lesquels elles sont conçues. « *En conséquence, il peut y avoir un nombre de nations vertueuses et un nombre de cités vertueuses dont les religions sont différentes* » (*Le Régime politique*, 85-86 ; *La Cité vertueuse*, 70). La présentation de la religion par Alfarabi débouche sur une science philosophique des lois divines. En faisant des lois divines, de la jurisprudence et de la théologie des parties de la science politique, il souligne la possibilité d'un examen neutre de toutes les religions ou « sectes » ainsi que de leurs traits communs.

## LA DÉMOCRATIE ET LE RÉGIME VERTUEUX

Des six régimes opposés au régime vertueux, le premier et le dernier, soit les régimes de la nécessité et de la démocratie, occupent la position privilégiée de fournir le point de départ le plus solide et le meilleur pour établir le régime vertueux et le gouvernement des êtres humains vertueux. Le régime de la nécessité (contrepartie de « la cité des cochons » de *La République* de Platon) donne l'occasion d'introduire un régime vertueux parmi des citoyens qui ne sont pas encore corrompus par l'amour de l'argent et de l'honneur, la complaisance à l'égard des plaisirs ou le désir de gloire. Or la même situation prévaut en démocratie, et la contribution de celle-ci au régime vertueux n'apparaît pas clairement.

Conformément à la description de Platon dans *La République* (Livre 8), Alfarabi pose le premier principe de la démocratie (de la démocratie pure ou démocratie extrême, comme l'appelle Aristote) comme étant liberté, et il appelle également le régime démocratique, régime « libre ». La liberté signifie l'aptitude de chacun à rechercher ce qu'il désire, et à faire ce qu'il veut pour réaliser ses désirs. Le second principe est l'égalité, lequel signifie qu'aucun être humain n'est supérieur à un autre en quoi que ce soit. Ces deux principes définissent le fondement de l'autorité, la relation entre le souverain et le sujet et l'attitude des citoyens les uns à l'égard des autres. L'autorité ne se justifie qu'en vue de la préservation et de la promotion de la liberté et de l'égalité. Quelles que soient les réalisations du souverain, celui-ci ne gouverne que par la volonté des citoyens, et cela sans égard au fait qu'eux-mêmes ou lui sont dépourvus de talents : il doit se plier à leurs souhaits et satisfaire leurs lubies. Les citoyens honorent seulement ceux qui les mènent à la liberté et à tout ce qui favorise la jouissance de leurs désirs, et ceux qui préservent cette liberté et leur permettent de jouir des désirs différents et conflictuels, et les défendent contre les ennemis extérieurs. Si de tels êtres humains peuvent remplir ces fonctions et continuer d'être satisfaits des nécessités premières de la vie, ils sont considérés alors comme vertueux et sont obéis. Les autres souverains sont des fonctionnaires qui fournissent des services contre des honneurs ou une rémunération financière adéquate ; de ce fait, les citoyens qui les rémunèrent pour ces services se considèrent eux-mêmes supérieurs à ces souverains qu'ils soutiennent. Tel est aussi le cas de ceux que le public laisse gouverner, soit parce qu'ils lui plaisent, soit parce qu'il veut les récompenser pour un service rendu par leurs ancêtres. En dépit de ces différences, une enquête serrée du régime démocratique montre que, finalement, il n'y a en réalité ni gouverneurs ni gouvernés ; il y a une volonté suprême, qui est celle des citoyens ; et les souverains sont des instruments desservant les désirs et les souhaits des citoyens.

A la différence des cinq autres régimes, il n'existe pas une fin unique et prépondérante, désirée ou souhaitée par les citoyens du régime démocratique. Ceux-ci forment des groupes innombrables, similaires et différents, présentant une variété de caractères, d'intérêts, d'objectifs et de désirs. Au regard des fins, la démocratie est un régime composite : des groupes variés, aspirant à des fins caractérisant les autres régimes, existent côte à côte et poursuivent différents modes de vie ; ils forment un conglomérat dans lequel différentes parties s'entremêlent ; et ils sont libres de réaliser leurs fins distinctes séparément ou en coopération les uns avec les autres.

Parce que le régime démocratique rend possible, préserve, protège et favorise chaque type de désir, tous les genres d'êtres humains en viennent à l'admirer et à le considérer comme un mode de vie heureux. Ils parviennent à l'aimer et à aimer y vivre. Un grand nombre de personnes venues de différentes nations y émigrent, et résidents et étrangers s'y rencontrent, s'y croisent et s'y marient. Le résultat en est la plus grande diversité possible de caractère naturel, d'éducation, de formation et de mode de vie ; cependant, chaque type d'être humain est encouragé ou autorisé à réaliser ce qu'il désire autant que ses capacités le lui permettent. Un régime démocratique pleinement développé présente un spectacle colorié de diversité et de luxe infinis.

Toutefois, cela signifie que, de tous les régimes opposés au régime vertueux, le régime démocratique contient le plus grand nombre et la plus grande variété de choses bonnes et mauvaises ; et plus il se répand et se perfectionne, plus il contient du bon et du mauvais. Il comportera donc aussi bon nombre de traits propres à la cité vertueuse. Alfarabi mentionne en particulier la possibilité d'y trouver le développement des êtres humains vertueux, et la présence des sages, des rhétoriciens et des poètes (c'est-à-dire des hommes qui ont à faire avec la science démonstrative, la persuasion et l'imitation) de toutes sortes. Tandis que le régime de nécessité produit des citoyens non corrompus par le désir et le plaisir superficiels, le régime démocratique, dont la plupart des citoyens sont corrompus par le luxe, produit pourtant les sciences et les arts les plus hautement développés, essentiels à l'établissement du régime vertueux. Et en l'absence de régime vertueux qui assurerait à ces sciences et à ces arts les meilleures conditions de se développer dans la bonne voie, le régime démocratique est le seul régime qui fournit la bonne occasion pour leur développement et permet au philosophe de réaliser ses désirs dans une relative liberté.

# *Chapitre 7*

# Prophétie et révélation

La plupart des adeptes des religions révélées sont des croyants simples et pieux pour qui la religion consiste en doctrines auxquelles ils adhèrent et qu'ils tentent de comprendre de leur mieux, et en pratiques qu'ils accomplissent du mieux qu'ils peuvent. Cependant, ceux qui aspirent à devenir théologiens ou philosophes découvrent dans les traditions qu'ils étudient deux approches principales. La première voit dans la prophétie et la révélation un lien entre la forme la plus haute de l'intelligence humaine et une intelligence encore plus haute située au-delà de celle-ci. C'est la vision des philosophes musulmans majeurs, jusques et y compris Averroès. La seconde approche tient la prophétie et la révélation pour un lien entre un être humain et quelque chose qui se situe au-delà de toute intelligence et transcende toute intelligibilité. C'est la vision de ceux qui suivirent la tradition néoplatonicienne et qui étaient tout autant philosophes que théologiens et mystiques. La différence entre les deux conceptions correspond à la distinction technique établie par les théologiens scolastiques entre le naturel et le surnaturel et à la distinction de Maïmonide (*Guide*, II, 32) entre les seconde et première « *opinions concernant la prophétie* ».

Alfarabi connaissait la seconde approche par les œuvres des néoplatoniciens plotiniens et des théologiens chrétiens et musulmans ; et il en rapporte l'une des thèses (*L'Enumération des sciences*, 108ff.) qui soutient que la prophétie et la révélation sont inaccessibles à l'entendement humain : elles sont supra-rationnelles. Ce qui est reçu par autorité de la révélation divine dépasse l'intellect humain ; ce sont des secrets divins que celui-ci est incapable d'appréhender. Par le moyen de la révélation, la religion procure des types de savoir que l'intellect humain ne peut saisir. Il est même susceptible de les rejeter, mais plus il le fait, plus ils doivent être utiles et valables. Ils semblent contestables ou absurdes à notre esprit humain, tout en étant justes pour l'esprit divin et pour ceux qui sont dotés d'une connaissance divine. Comparé à ces derniers, même l'être humain parfait, le plus parfait en humanité, se trouve dans la situation d'un enfant en face de l'homme parfait. Selon cette position théologique, les miracles et les récits de témoins véridiques suffisent à prouver que l'être humain qui reçoit la révélation est véridique et qu'il ne peut avoir menti : par conséquent, tout ce qu'il dit devrait être admis sans examen.

De leur côté, les autres théologiens, ainsi que les philosophes qui ont suivi la voie inaugurée par Alfarabi, admettent le caractère trans-humain de la prophétie et de la révélation, mais soutiennent que toutes deux sont susceptibles d'être analysées par l'intelligence humaine : ceux qui les étudient sont capables d'appréhender la manière dont elles se produisent, sans pouvoir eux-mêmes les générer. La source de la prophétie et de la révélation est une intelligence surhumaine supérieure, mais elle n'en est pas moins une intelligence. Quant aux lois promulguées au sein de la révélation, ce sont des *nomoi* rationnels.

La différence entre les deux approches n'a pas manqué d'évoquer chez Alfarabi, étudiant l'histoire de la philosophie, ce qui était sans doute la question centrale posée au long de l'histoire de l'ancienne métaphysique, à savoir si le fondement ultime de l'être est une intelligence ou une chose située au-dessus et au-delà de l'intelligence et à laquelle celle-ci serait subordonnée. La première solution était celle adoptée par Platon et Aristote, tels qu'ils furent interprétés par quelques platoniciens après Aristote, tandis que la seconde représentait, dans sa forme la plus claire et radicale, le point de vue du néoplatonisme plotinien. A la différence de ses prédécesseurs immédiats et de la plupart de ses contemporains qui étudiaient la philosophie ancienne, Alfarabi entreprend ce qui semble une nouvelle harmonisation des visions de Platon et d'Aristote. Son dieu aristotélicien est modifié dans un sens platonicien, de manière à y inclure les idées, dont celles de la morale et des arts comme intelligibles, et à attribuer à quelques-unes de ses manifestations des caractéristiques démiurgiques. Le dieu qu'il présente dans ses écrits politiques n'est certainement pas l'Un plotinien, car, pour lui, le fondement ultime de l'être, le Premier, est l'intelligence surhumaine suprême. La recherche du fondement ultime de l'être devint également centrale pour la théologie et la philosophie en islam, et les positions se partagèrent désormais en fonction du point de vue adopté. Dans le cas de la théologie, le choix de l'Un plotinien permettait de prendre en compte tous les événements, les miracles et commandements surnaturels. Il rendait la vie plus facile aux mystiques et aux philosophes qui ne pouvaient fournir aucune explication rationnelle des phénomènes d'apparence non rationnelle ou irrationnelle de la religion, des actes de son fondateur et des croyances et pratiques de la communauté. Chaque fois que l'on se penche sur les conflits entre penseurs musulmans et écoles de pensée, il convient de se rappeler que les plus significatifs d'entre eux doivent être appréhendés à l'aune de cette différence foncière dans l'approche du problème de la nature de Dieu.

Si l'on tente de cerner au plus près la conception qu'avait Alfarabi de la religion en général et de la prophétie et de la révélation en particulier, on se trouve confronté à une diversité déroutante d'écrits. Cette diversité a suscité chez les philosophes musulmans et les spécialistes modernes quantité d'interprétations. Le seul point dont ils semblent tous convenir est que ces ouvrages contiennent des positions différentes, sinon contradictoires, ainsi que nombre de doctrines pour lesquelles on ne trouve aucun antécédent dans la philosophie grecque ou islamique. Il s'agit, entre autres, de ses théories générales sur la cognition, la prophétie et la révélation. Il serait fastidieux d'examiner les différentes hypothèses qui tentent d'expliquer les variations et les incohérences des textes. On a soutenu par exemple qu'il aurait copié des originaux grecs disparates, consulté des textes et des auteurs différents à des moments espacés ; qu'il aurait cherché à rester fidèle à Aristote ou à proclamer son adhésion à l'une ou l'autre secte musulmane ; qu'il serait passé du néoplatonisme à l'aristotélisme ou encore qu'il aurait cherché à dissimuler sa véritable croyance. On se contentera ici de quelques observations.

Premièrement, hormis ses commentaires sur les ouvrages de logique d'Aristote et ses écrits techniques sur la musique, les travaux politico-religieux d'Alfarabi nous placent dans une situation similaire à celle des dialogues de Platon : il n'est pas aisé d'identifier les conceptions qui appartiennent en propre à leur auteur. Deuxièmement, dans nombre de ces écrits, il parle longuement de la religion, mais, étrangement, bien peu de la prophétie et de la révélation, ce qui signifie que la religion ne serait pas forcément révélée ou prophétique. Il est donc important de repérer ce qui caractérise une religion prophétique et révélée et de la distinguer d'une religion qui ne serait ni l'une ni l'autre. Troisièmement, la révélation et la prophétie n'étant pas synonymes pour Alfarabi, il est important aussi de s'interroger sur leur différence. Enfin, compte tenu de l'importance et de la difficulté de la tâche, il n'est pas surprenant de voir Alfarabi mener son examen de la prophétie et de la révélation d'une manière prudente et mesurée et, par suite, il convient de ne pas aller vite en besogne en prenant l'une des étapes de son raisonnement pour une position définitive sur la question.

Par conséquent, on admettra que chacune des œuvres où Alfarabi traite de la religion appartient à la catégorie de ce qu'il nomme la « philosophie publique ». On posera également qu'Alfarabi, étudiant les Anciens, tenait la révélation et la prophétie pour des phénomènes historiques, voulait déterminer la manière dont les nouvelles religions différaient de ce que les Anciens croyaient être la *meilleure* religion, et se préoccupait de savoir ce qu'il fallait faire maintenant que les révélations et les prophètes avaient quitté la scène. Il en résulte donc les questions suivantes : 1) comment Alfarabi percevait-il la religion, notamment la meilleure religion selon les Anciens ? ; 2) que sont, pour lui, la révélation et la prophétie, et quels sont leurs rôles respectifs dans la fondation des religions révélées ? ; 3) quel est, pour lui, le rôle du philosophe, comme membre d'une communauté religieuse, dans la période post-prophétique ?

## LES RELIGIONS HUMAINES

Afin d'évaluer les vertus de la prophétie et de la révélation, il convient d'examiner en premier les prétentions des religions révélées et de leurs fondateurs à la supériorité absolue sur tous les fondateurs et sur toutes les religions, y compris la religion telle qu'elle fut conçue par les sages philosophes de l'Antiquité.

De prime abord, il pourrait sembler qu'un philosophe comme Alfarabi a très peu appris sur la religion chez les grands philosophes de l'Antiquité, notamment de l'*Euthyphron* et du *Phèdre* de Platon et du *De Divinatione per Summum* d'Aristote, œuvres qui manifestent scepticisme et méfiance à l'égard du phénomène religieux. Cependant, n'étant pas un littéraliste, il fut capable de tirer de leurs écrits quantité d'éléments qui lui servirent à construire sa vision du développement de la société humaine, de la création, de l'utilisation du langage humain et du développement des arts pratiques et intellectuels (*Le Livre des lettres*, 2e partie). Dans la mesure où elle consiste en croyances et pratiques prescrites par un législateur humain, la religion humaine peut être fondée à n'importe quel moment de l'évolution de la société, mais sa perfection dépendra du stade qu'auront atteint la pensée et l'expérience humaines évoluées. La religion humaine aussi est prise dans le mouvement cyclique de l'histoire humaine ; elle est entraînée dans la circulation des biens culturels à travers des frontières nationales ; et elle est sujette au plagiat de la part de soi-disant fondateurs en quête de renommée et de gloire. La meilleure religion humaine est donc une religion fondée, au niveau supérieur du développement des arts pratiques et intellectuels, par un être humain qui est parvenu à la connaissance théorique et pratique supérieure et qui désire ou peut être persuadé d'incorporer ce qu'il sait dans des croyances et pratiques civiques concrètes. Selon Alfarabi, ce stade fut atteint, dans le passé, à l'époque de Platon et d'Aristote, quand la perfection de la connaissance aurait pu donner lieu à l'institution de la meilleure religion humaine. Et ce n'est pas de leur faute si personne n'a voulu les écouter.

Ainsi la fondation de la meilleure religion humaine demeure-t-elle problématique, car la multitude refuse de laisser les meilleurs philosophes gouverner. A cela s'ajoutent les conflits qui éclatent entre la philosophie et les religions humaines de moindre perfection. Par exemple, il se peut qu'une religion ait été fondée avant le plein développement des arts intellectuels ; elle reflète donc une vision plus primitive de la réalité que celle offerte par la philosophie parvenue à maturité. Une religion peut avoir été fondée dans une nation qui se trouve encore à une étape précoce de son développement, et la philosophie avoir été importée par la suite de l'étranger. Une religion peut avoir été empruntée, et la philosophie importée par la suite. Ou bien le législateur peut craindre que ses conceptions et actions ne fassent l'objet d'une enquête par les sages. Les causes de conflit entre la religion et la philosophie sont malheureusement assez nombreuses, et il en résulte des situations extrêmement variées, soit que la religion ait été fondée sur une connaissance incomplète, soit que les adeptes de la religion aient oublié l'origine philosophique de leur religion. En conséquence, la meilleure religion humaine doit illustrer et imiter la connaissance philosophique la plus parfaite.

Quand on examine ce qu'Alfarabi dit de la religion révélée, il importe de se souvenir qu'il ne prétend posséder aucune connaissance spéciale de la révélation procurée par la foi. Sa philosophie de la religion n'est qu'une sagesse humaine, un effort visant à élucider les êtres et les événements divins qui ont changé la face du monde et amené les êtres humains à penser et agir de manière radicalement nouvelle, de sorte qu'il en a résulté de nouveaux types de régimes fondés par des législateurs recevant leur information directement de Dieu ou de ses agents divins, et possédant des pouvoirs et des prédispositions différents de ceux tenus pour nécessaires ou utiles aux législateurs païens. Pour la philosophie, la question consistait à savoir comment rendre ce phénomène intelligible ; ou, pour user d'une tournure chère aux théologiens musulmans : comment montrer que la prophétie est tant soit peu possible ?

Alfarabi soulève la question de la révélation vers la fin de l'ouvrage intitulé *Aphorismes* (sect. 94), consacré en grande partie aux conceptions de Platon et d'Aristote, dans un passage qui commence comme une citation directe de *L'Obtention du bonheur* (10-15), l'introduction de son livre *La Philosophie de Platon et d'Aristote.* Il s'agit d'un texte déconcertant qui pose une étrange question. Il commence par évoquer les utilisations de la philosophie théorique dans la partie pratique de la philosophie et soutient que la philosophie théorique (qui comprend la connaissance de la vertu et du vice, et de la fin de l'homme et de sa perfection) est indispensable à la pratique. L'on devrait ainsi commencer par elle, la compléter, puis se reporter à la partie pratique. Tout l'exposé de la religion humaine et de la philosophie semble correct, mais qu'en est-il alors de la révélation ? de celui qui reçoit la partie pratique par la révélation ? La première réaction d'Alfarabi est de dire qu'il s'agit d'une « autre voie », sans doute parce que divine, à l'opposé de la voie humaine décrite jusque-là. Pour en expliquer la différence, il compare la connaissance de l'adepte de la science naturelle avec celle du voyant ou du devin : le premier connaît la nature du possible, mais ne peut prédire les événements futurs, tandis que le devin peut prédire ces événements, même s'il ne possède pas la connaissance du possible. Cependant, Alfarabi ne se contente pas de la distinction entre celui qui possède la connaissance théorique et celui qui peut par exemple prédire l'avenir. Il s'intéresse particulièrement à celui qui possède les deux ; en d'autres termes, il continue de se pencher sur la question platonicienne de la relation entre la connaissance théorique et la connaissance pratique, ou sur ce qu'il appelle le jugement pratique (*ta'aqqul*, *phronesis*) complet (*tâmm*) [1].

Plusieurs remarques s'imposent : 1) On relève ici que la révélation est un substitut de la partie pratique de la philosophie. Le devin possède une fonction pratique plutôt qu'il ne traite avec les intelligibles, comme dans l'exposé final sur la prophétie de *La Cité vertueuse*. 2) Dans le cas de la révélation, la partie pratique est fournie, mais son origine n'est pas précisée. Le principal avantage de la révélation sur la connaissance pratique est que celle-ci est en grande partie problématique : un individu peut parvenir à la connaissance des règles générales ou des principes premiers de la morale et des arts et développer un jugement pratique grâce à une longue expérience des affaires pratiques, mais il ne lui est pas moins difficile de discerner les moyens efficaces pour parvenir à la fin juste. De plus, même si quelqu'un estime avoir agi correctement, la certitude absolue de l'avoir fait lui fera défaut. La révélation pourrait fournir les premiers vrais principes de l'action tels que le pouvoir de choisir les moyens adéquats. 3) La révélation est en particulier un substitut du jugement pratique, puisqu'il est dit que, grâce à elle, un individu est amené à déterminer les choses particulières qui doivent être préférées ou évitées. On peut même dire que la révélation est une forme de jugement pratique, l'aptitude à atteindre le but rapidement et sans délibérer — en arabe, « révélation » signifie « rapidité » [2]. 4) De plus, la révélation est une sagesse *politique*, car elle est présentée comme capable de procurer la capacité de déterminer les actions des citoyens d'une cité entière ou de plusieurs cités. C'est là aussi une conception traditionnelle de la révélation : la révélation (*wahy*) a à faire avec la communauté entière, à la différence de l'inspiration (*ilhâm*) qui n'a à faire qu'avec un saint ou un mystique particuliers. 5) Finalement, la révélation est ici un don qui peut être accordé indifféremment à une personne qui est entièrement dépourvue de connaissance théorique, qui possède une connaissance théorique partielle ou qui possède une connaissance théorique complète.

Dans *Le Livre de la religion* (sect. 1), Alfarabi envisage un nouveau cas, celui du fondateur d'une religion qui combine l'art royal, lequel inclut une connaissance théorique et pratique complètes, et la révélation accordée par Dieu. Il s'agit à l'évidence d'une tentative de greffer la révélation, dont la source est maintenant spécifiée : le dieu d'une religion révélée, sur la notion platonicienne du philosophe-roi. Ainsi la révélation est-elle de nouveau liée à la détermination, mais sans que soit précisée la manière dont cette révélation intervient ou dont un être humain acquiert le pouvoir de déterminer les choses grâce à la révélation ; ces questions sont renvoyées à la science théorique. Cependant, *Le Livre de la religion* fournit quelques éléments supplémentaires : 1) La révélation n'y est pas opposée à la philosophie comme une voie différente, mais réunie à elle dans la personne du roi-philosophe, possesseur de l'art royal. De fait, les prophètes sont mentionnés plus tard, conjointement aux souverains et rois suprêmes ; ce qui signifie que la qualité de prophète figure comme l'une des compétences du fondateur ou du souverain suprême. 2) La révélation fournit aussi bien des croyances que des pratiques, et non pas seulement des pratiques comme dans *Aphorismes.* 3) La révélation peut fournir non seulement le jugement pratique ou le pouvoir de déterminer les croyances et les pratiques, mais les déterminations particulières, les croyances et les pratiques, en quelque sorte toutes faites.

En dépit de ces éléments, *Le Livre de la religion* reste confiné en grande partie dans l'orbite de la vision précédente de la religion humaine, comme il apparaît à propos de l'évocation répétée de l'idée que la religion illustre et imite la philosophie. La question la plus importante, restée sans réponse, est peut-être de savoir comment aménager une place à la révélation de la connaissance théorique authentique, en réalité, à la révélation de la connaissance théorique qui est au-dessus et au-delà de ce qui est accessible à la raison non assistée (et, si possible, indépendamment du processus normal de formation et d'apprentissage). Car c'est la perfection et la certitude des croyances au sujet des matières théoriques, divines et humaines, qui semblent distinguer les religions révélées et rendre compte de leur ampleur, de leur continuité et de leur succès.

## L'INTELLECT ACTIF ET L'IMAGINATION HUMAINE

Afin de rendre compte de la révélation en tant qu'acquisition de la connaissance supérieure de toutes choses, Alfarabi était forcé de développer une théorie de la connaissance, en partant de l'exposé d'Aristote sur le processus et les genres d'intellection dans le *De Anima*, qu'il modifie énormément. Son commentaire du *De Anima* étant perdu, il faut se contenter du bref exposé contenu dans son *Epître sur l'Intellect* (17ff). L'élément crucial de sa théorie est la manière dont il interprète le rôle de ce qui, depuis Alexandre, est devenu connu comme l'intellect « acquis ». Pour Alfarabi, celui-ci constitue le pouvoir supérieur de l'intellect humain. Il commence à agir après que l'intellect potentiel est devenu pleinement, ou quasi, actualisé, c'est-à-dire après que l'esprit a détaché ou abstrait toutes ou presque toutes les formes de choses matérielles qui sont maintenant ses propres formes intelligibles. Parvenu en ce point, l'esprit s'engage dans la connaissance de soi pour laquelle il n'a besoin de rien d'extérieur à lui-même, en parcourant, pour ainsi dire, des formes intelligibles et en les envisageant comme un tout, appréhendant leurs relations et leur ordre hiérarchique, et les liant ensemble au sein de l'unité qui leur faisait défaut quand elles avaient été acquises séparément et peu à peu. Une fois que l'esprit actuel a compris les intelligibles de cette manière, il se transforme en ce qui était appelé intellect « acquis ».

Le mot « acquis » signifiait à l'origine : reçu de l'extérieur, et était identifié avec l'esprit divin, tenu pour un intellect éternel, séparé et toujours actuel dans lequel toutes les formes résident dans une unité indivisible ; en somme, un intellect actif. L'intellect acquis d'Alfarabi n'est ni reçu de l'extérieur en ce sens ni identique à l'esprit divin. Il représente plutôt la limite supérieure de l'intellect humain et la frontière entre celui-ci et l'esprit divin séparé. Alfarabi n'admet jamais que les deux peuvent être unis. Cette position le place, bien sûr, à l'écart de mystiques contemporains comme al-Hallâj, et également du courant philosophique qui devait se développer en Andalousie et pour lequel cette unité était la seule voie menant à l'immortalité ; par conséquent, un courant qui accusa Alfarabi de nier l'immortalité. Cependant, pour lui, l'intellect acquis et l'esprit divin sont de même nature et ils se ressemblent énormément. L'intellect acquis agit de la même manière que l'esprit divin : tous deux savent tout ou quasi tout par la connaissance de soi.

La deuxième étape est encore plus importante. L'intellect acquis, habitué à parcourir les intelligibles actuels qui sont séparés de la matière, ou à connaître les intelligibles séparés suivant leur propre ordre, hiérarchie et unité, et placé comme il l'est à la frontière entre les être matériels et immatériels, peut entrer en « contact » avec l'esprit divin et parvenir à le connaître directement et sans effort, car, dans l'esprit divin, les intelligibles sont déjà séparés de la matière, prêts à être connus. Ce contact mène non pas à une unité, mais à ce qui sera décrit plus tard comme une sorte d'incarnation ; et par conséquent, la question du genre et du degré de connaissance et de pouvoir qu'une personne reçoit de l'esprit divin est laissée en suspens. Car le rôle de l'esprit divin dans cet ouvrage n'est pas simplement d'établir une médiation entre Dieu et l'homme, mais d'agir également comme le vicaire de Dieu créant ici-bas des choses en fournissant les formes à tous les êtres naturels quand leurs substances sont apprêtées par le mouvement des corps célestes. La part de pouvoirs démiurgiques de l'esprit divin que l'esprit humain reçoit n'est pas explicitement déterminée par Alfarabi.

Cependant, il apparaît clairement que le contact entre l'esprit humain et l'esprit divin ouvre de nombreuses possibilités pour une théorie nouvelle de la prophétie et de la révélation.

Une première tentative de combiner l'exposé sur la religion du *Livre de la religion* et la théorie de la connaissance de l'*Epître sur l'intellect* est réalisée dans *Le Régime politique*, l'un des deux ouvrages politiques les plus complets d'Alfarabi. Le passage décisif de ce livre reprend les compétences du fondateur et souverain suprême déjà énumérées dans les exposés sur la religion humaine, avec toutefois une addition significative : un individu, ayant possédé la nature la plus puissante et supérieure, devient souverain suprême de la manière décrite par les Anciens, « *seulement... si son âme entre en contact avec l'esprit divin* » (*Le Régime politique*, 79, 8-9), ce qui signifie seulement après que l'esprit a atteint le niveau de l'intellect acquis, car c'est par la réalisation de l'intellect acquis qu'a lieu le contact avec l'esprit divin.

Alfarabi inverse ici le sens à la fois de l'ancienne philosophie et des traditions révélées modernes. Dès lors, la conception du vrai roi (du philosophe-roi) chez les Anciens est modifiée de façon à correspondre à l'être humain qui réalise l'intellect acquis et entre en contact avec l'esprit divin : « *Cet être humain est le vrai roi selon les Anciens* » (*Le Régime politique*, 79, 12). De la même manière, la vision des Modernes est inversée en sorte que cet être humain qui effectue le contact avec l'esprit divin devient celui « *dont on doit dire qu'il a reçu la révélation. Car seul un être humain qui atteint l'étape où il n'existe pas d'intermédiaire entre lui et l'esprit divin peut recevoir la révélation* » (*Le Régime politique*, 79, 12-14). C'est ce que les Modernes veulent dire par la révélation comme acquisition de la connaissance par l'intermédiaire d'une source divine. Le fait que les Modernes disent que la révélation provient de la Première Cause ne constitue pas un problème sérieux, car l'esprit divin procède de la Première Cause : « *Pour cette raison, on peut dire que c'est la Première Cause qui* [se] *révèle à cet être humain à travers la médiation de l'esprit divin* » (*Le Régime politique*, 80,

1-3). Au début de ce livre, Alfarabi écrit que l'esprit divin doit être identifié avec l'Esprit fidèle et l'Esprit saint, noms traditionnellement donnés à l'agent de la révélation (*Le Régime politique*, 32, 11).

Cependant, une ambiguïté persiste quant au sens de la révélation. Dans la mesure où la puissance humaine médiatrice dans le contact avec l'esprit divin est l'intellect acquis – et il s'agit apparemment d'un intellect théorique –, il semblerait que la révélation signifie la réception des intelligibles ou des formes théoriques. Pourtant le contact lui-même n'est pas appelé révélation, mais il est présenté comme une condition préalable et nécessaire de la révélation, ce qui semble représenter encore un élément additionnel qui intervient après le contact, un excédent de l'esprit divin, grâce auquel un être humain acquiert « *le pouvoir par lequel on peut comprendre comment définir les choses et les actions et les orienter vers le bonheur* ». Ainsi la révélation est-elle un don de la faculté du jugement pratique, avec lequel le récepteur lui-même détermine les croyances et les pratiques de la communauté religieuse. Nous sommes donc encore proches de la position exposée dans *Le Livre de la religion*, où la fondation de la religion exige l'art royal — le vrai roi, selon les Anciens — conjointement à la révélation. Alfarabi est particulièrement intéressé à développer le modèle d'une révélation reçue par quelqu'un qui est en possession de la connaissance théorique complète. Aucune précision n'est donnée sur la révélation qui procure les croyances et les pratiques déjà déterminées, ou sur la manière dont les deux genres de révélation peuvent être combinés dans une même personne.

## LA CITÉ VERTUEUSE 1

Il est généralement admis que les conceptions d'Alfarabi sur la prophétie et la révélation, et en réalité chacun des aspects de sa philosophie, se trouvent dans *La Cité vertueuse*. Cependant, sur la question de la révélation, Alfarabi renvoie le lecteur explicitement à ses ouvrages sur la science théorique en général et sur la psychologie en particulier — son commentaire du *De Anima* — pour l'explication de la nature de la révélation et de la manière dont elle a lieu (*Le Livre de la religion*, 44, 12-13 ; *Le Régime politique*, 79, 11). Mais, ces livres n'ayant pas survécu, on a été prompt à considérer *La Cité vertueuse* comme un exposé de la science théorique autant que de la psychologie d'Alfarabi. Il est vrai que, dans ce livre, l'exposé de la prophétie et de la révélation, aussi bref soit-il, demeure le plus complet que nous possédions sur ces questions. Cependant, presque tout ce qui y est exprimé demeure problématique eu égard à la manière dont l'auteur définit le sujet du livre dans son titre : « Traité des opinions des habitants de la Cité idéale ». Celui-ci indique qu'il s'agit d'un ouvrage de science politique ou de philosophie politique, qui développe un domaine particulier de cette discipline : les principes utiles au futur législateur pour déterminer les croyances des citoyens de sa cité, le mot « cité » désignant ici le régime et la religion. En réalité, il existe un passage (*La Cité vertueuse*, 276-278, Walzer) où Alfarabi affirme que les citoyens de la cité vertueuse doivent être amenés à adhérer aux opinions précédemment développées dans le livre.

Mais l'emplacement ambigu des doctrines exposées dans ce livre — elles s'insèrent entre la connaissance théorique et pratique d'une part, et les croyances proposées aux croyants d'une ou de plusieurs cités futures d'autre part — n'interdit pas de relever qu'au regard de la tradition philosophique et théologique antérieure, ou encore des autres œuvres d'Alfarabi, *La Cité vertueuse* contient un certain nombre de doctrines nouvelles. Des éléments de ces doctrines ou leurs prémisses sont attestés dans la tradition philosophique antérieure et dans d'autres œuvres d'Alfarabi, mais les doctrines elles-mêmes ne se trouvent nulle part ailleurs dans la forme où elles sont développées et présentées ici. Il semblerait que le peu d'hésitation manifesté par Alfarabi dans la présentation de ces nouvelles doctrines soit dû au fait que le but du livre ne souffre pas d'hésitations : les citoyens de la future cité vertueuse auront besoin d'indications claires et précises. C'est sans doute aussi la raison pour laquelle Alfarabi n'y développe pas d'arguments philosophiques sur les principes exposés.

On évitera ici de parler des nouvelles doctrines portant sur les attributs divins ; le nombre et l'ordre des intelligences cosmiques ; l'usage fait de la lumière, de l'illumination et des métaphores excessives ; la relation entre l'esprit divin, les corps célestes et le monde sublunaire, quelque essentielles qu'elles soient à la structure de la croyance proposée aux citoyens de la cité vertueuse. A leur place, on examinera la face humaine des choses. Et comme Alfarabi a été accusé de soutenir que la prophétie est liée au pouvoir d'imagination, on commencera par cette question.

Le pouvoir humain d'imagination, *phantasia*, était traditionnellement conçu comme une faculté « corporelle » au sens où elle préserve, combine, sépare et imite les données acquises par les sens. Dans *La Cité vertueuse*, l'exposé relativement long et inhabituel sur l'imagination la présente comme un pouvoir continu qui communique avec les pouvoirs du sens-perception, d'une part, et de la raison d'autre part. Elle assure le lien qui unifie le processus de cognition humaine et joue le rôle actif et créateur de médiateur. Elle reçoit l'information soit de la raison, soit des sens, la transforme et la transmet à l'autre pouvoir ou l'y prépare. De ce point de vue, sa première activité est de préparer la voie pour que la raison appréhende les premiers principes de la connaissance fournis par l'esprit divin.

La doctrine qui pose l'existence d'un esprit divin incorporel, éternel et un, pour expliquer l'actualisation de la raison humaine, est au moins aussi ancienne que le *De Anima* d'Aristote, et elle a ses racines dans les formes platoniciennes. Telle est également la conception selon laquelle l'esprit divin ne peut agir sur l'imagination et entrer en contact avec elle, tout au moins directement, du fait qu'il est pure intelligence. Il peut seulement entrer directement en relation avec la raison et agir sur elle ; mais parce la raison est contiguë à l'imagination, l'illumination, comparable à la lumière fournie par l'esprit divin, rend la raison apte à appréhender les idées intelligibles en parcourant les perceptions des sens conservées dans l'imagination. A cet égard, la première activité de la raison est d'appréhender les intelligibles primaires, les premiers principes de la raison communs à tous les êtres humains et utilisés par eux pour parvenir à plus de connaissance.

Si ces premiers principes étaient confinés aux premiers principes de la connaissance théorique, il n'y aurait aucune raison de s'en préoccuper ici. Mais Alfarabi déclare qu'il existe *trois* groupes de premiers principes de ce type : ceux de la connaissance théorique, ceux de la morale — les premiers principes du noble et du vil — et ceux des arts pratiques. Ceci est significatif en soi, mais aussi parce que Alfarabi se conforme ainsi à la vision aristotélicienne traditionnelle selon laquelle les premiers principes de la morale et des arts — qui sont les prémisses majeures auxquelles recourt le jugement pratique pour déterminer en particulier le noble et le vil, l'utile et le dangereux — peuvent être uniquement acquis par les êtres humains grâce à l'expérience des affaires pratiques acquise sur une longue période de temps, et qu'ils ne sont pas des opinions certaines mais généralement acceptées, *endoxa* ou *mashrûtât* (cf. *L'Obtention du bonheur*, 16ff.). A l'inverse, les premiers principes de la moralité et des arts ont ici la même source ; ils sont appréhendés au même moment et de la même manière, et ils mènent aux conclusions qui ont le même statut que les conclusions de la connaissance théorique. Cette divergence radicale par rapport à la tradition aristotélicienne et à ce qu'Alfarabi soutient lui-même ailleurs est destinée apparemment à faciliter la conclusion qu'il existe une loi naturelle ou une loi de raison dans la morale et les arts pratiques, et que les conclusions qu'on en tirerait sur ce qu'on doit faire ou éviter sont tout aussi certaines que les conclusions de la connaissance théorique. Il s'agit également d'un retour au platonisme : « l'idée » du bon et les produits des arts — du « lit » par exemple — placés dans l'esprit divin et livrés à travers sa lumière ou son illumination.

## LA CITÉ VERTUEUSE 2

Plus loin, l'imagination est liée aux deux pouvoirs de la raison, le pouvoir théorique, dont la fonction est de connaître les intelligibles qui ne sont pas tels que l'on peut les réaliser, et le pouvoir pratique, qui connaît les particuliers à réaliser maintenant et dans le futur. La raison pratique n'est pas requise ici dans le but de connaître les premiers principes de la morale et des arts ; ceux-ci sont supposés maintenant déjà connus par tous au début, peut-être par quelque forme de « souvenir » platonicien. En outre, l'imagination est liée d'une certaine façon à l'esprit divin ; « d'une certaine façon », parce que cette relation est ambiguë. Etant donné l'ambiguïté de la relation entre l'esprit divin et la raison pratique, et le fait que, dans l'*Epître sur l'Intellect*, l'activité de l'esprit divin est exclusivement centrée sur la raison théorique, il n'est pas surprenant qu'Alfarabi soutienne que l'illumination obtenue par la raison de l'esprit divin « peut » déborder et passer au pouvoir d'imagination, sans qu'il précise si ce débordement provient de l'esprit divin ou de la raison, ou encore de l'illumination elle-même. Il conclut ensuite que, de cette manière, l'esprit divin « agit d'une certaine façon » sur l'imagination, lui fournissant quelquefois des intelligibles qui appartiennent en propre à la raison théorique et, d'autres fois, des particuliers qui appartiennent en propre à la raison pratique — déclaration qu'il est particulièrement difficile de comprendre si l'on se souvient que, même dans le cas de la raison, l'esprit divin fournit seulement l'illumination à travers laquelle la raison appréhende les intelligibles, et non pas les intelligibles eux-mêmes.

Quoi qu'il en soit, l'imagination étant un pouvoir doté

d'une base corporelle, elle ne peut recevoir les intelligibles comme tels ; elle le fait seulement en les imitant à partir des choses sensibles qu'elle a accumulées, combinées et séparées, ou déjà imitées. Elle peut recevoir les choses pratiques, particulières, sensibles de l'une des deux façons suivantes : en les représentant comme telles ou en les imitant par le moyen d'autres choses sensibles. Ces choses particulières et sensibles, qu'elles existent maintenant ou qu'elles apparaissent dans le futur, sont les choses auxquelles la raison pratique aboutit normalement par délibération ou jugement pratique. A l'inverse, l'imagination les appréhende immédiatement sans avoir à les découvrir par délibération ou par le recours au jugement pratique. De cette manière, l'esprit divin est amené à procurer à l'imagination aussi bien des intelligibles, qui sont les conclusions de la connaissance théorique, que des choses particulières et sensibles, prémisses mineures du syllogisme pratique ; tout ceci dans le temps où la raison théorique et pratique serait en quelque sorte inactive. Les fonctions de la raison théorique et pratique sont remplies par l'imagination. Les vrais rêves et les vraies visions éveillées se substituent à l'activité de la raison pratique, et les divinations relatives aux choses divines se substituent à l'activité de la raison théorique. Le degré et le rang de ce qui est ainsi reçu dépendent du pouvoir de l'imagination saine. L'imagination la plus parfaite permet à l'être humain de s'engager dans la prédiction sur les choses particulières présentes ou futures comme telles, ou par leurs imitations, ou dans la prédiction des choses divines grâce à leurs imitations ; cela aussi loin que progresse l'imagination et aussi haut que parvienne un être humain par l'usage de son imagination.

L'aspect le plus intéressant de l'argumentation d'Alfarabi sur l'imagination tient au vaste domaine d'activité et de créativité assigné à ce pouvoir, à la manière dont elle est amenée à assumer presque entièrement le rôle de la raison théorique et pratique, et au sérieux avec lequel sa fonction poétique est envisagée et développée. Cette argumentation englobe une grande partie de ce que l'on entend ordinairement par le domaine de l'expérience religieuse. L'imagination est représentée comme le candidat le plus susceptible d'empiéter sur les fonctions de la raison théorique et pratique, de réaliser des fonctions similaires sans éprouver les incertitudes impliquées par la recherche de la connaissance théorique, et celles encore plus grandes de la délibération et de l'émission de jugements pratiques sur d'importantes questions pratiques. L'imagination fait usage de la possibilité qu'aussi bien les principes que les résultats de la connaissance théorique et de la connaissance pratique soient fournis par une source divine. Il n'était sans doute pas aisé pour Alfarabi de trouver des arguments philosophiques pour justifier que l'esprit divin est la source de toute cette connaissance, notamment parce que, dans ce livre, l'esprit divin ne crée pas le monde sublunaire, et qu'il est supposé, en principe, posséder seulement les intelligibles et se confiner dans le rôle de les livrer à la raison théorique. La connaissance qu'a Dieu des particuliers a été l'un des problèmes les plus difficiles que la philosophie a dû traiter ; transférer la difficulté de Dieu à l'esprit divin ne facilite en rien la solution du problème.

Quoi qu'il en soit, il n'en demeure pas moins important de noter que rien n'a encore été dit sur la révélation. A première vue, il semblerait que nous soyons en présence de l'un des types de révélation déjà exposés, en particulier celui qui fournit des déterminations particulières et semble requérir le fonctionnement de l'imagination. En réalité, même la prédiction, activité supérieure de l'imagination parfaite, est identifiée comme une révélation. Il peut sembler également que l'être humain qui prédit doive être tenu pour le législateur et le fondateur d'une communauté religieuse basée sur la révélation. Pourtant, l'association humaine, la cité ou la religion ne sont pas examinées ici, et tout ce qui a été exposé semble relever du stade prépolitique ou infra-politique. Par conséquent, l'examen des questions politiques exigerait de quitter cette aire où l'imagination règne totalement.

## LA RÉVÉLATION

Au-dessus et au-delà de la perfection de l'imagination et de celle qu'un être humain atteint grâce à elle, se trouve tout simplement la perfection humaine, bien supérieur et bonheur ultime, qui devient accessible seulement dans la cité et grâce à l'acte de fonder une cité vertueuse organisée selon le schéma de la gouvernance de l'univers par Dieu. Cette fin ne peut être atteinte et sa fonction réalisée par une quelconque personne, car elles exigent des dons naturels appropriés, de l'effort et de la formation. Alfarabi annonce une liste des dons naturels requis, mais offre seulement un exposé sommaire sur l'effort et la formation nécessaires, donnant aussi l'impression qu'ils n'ont pas besoin d'être si longs et ardus. La perfection de l'imagination et sa capacité à recevoir ou imiter les objets particuliers et sensibles dans le rêve ou à l'état de veille, ou à imiter les intelligibles, sont reléguées maintenant au rang d'une exigence naturelle, l'une de celles qu'il faut avoir à la naissance ou obtenir tôt dans sa carrière ; mais la nécessité d'un effort et d'une formation conséquentes n'est pas exprimée. L'accent porte maintenant sur la perfection de l'esprit, dans un bref résumé du schéma présenté dans l'*Epître sur l'intellect*[3]. Cependant, l'intellect actuel doit connaître maintenant « tous » les intelligibles ; apparemment, il n'est plus suffisant de connaître « tous ou presque tous » les intelligibles, comme c'était le cas dans le précédent exposé plus technique. Alfarabi utilise l'analogie de la relation entre la matière et la forme pour expliquer le lien entre les niveaux inférieur et supérieur de l'intellect ; par conséquent, au lieu d'un simple « contact » entre l'intellect acquis et l'esprit divin, l'esprit divin devient comme la forme de l'intellect acquis[4].

Considérant la structure entière « comme une chose unique », Alfarabi s'autorise à dire que la personne qui atteint ce niveau sera « *l'être humain en qui l'esprit divin lui-même s'incarne* ». Si l'incarnation a lieu dans les pouvoirs à la fois théoriques et pratiques de la raison et, ensuite, dans l'imagination, ce sera l'être humain qui recevra la révélation : l'excédent provient de l'esprit divin comme agent de Dieu et se fait au profit de l'intellect acquis, de l'intellect passif et de l'imagination. Ainsi cet excédent s'étend-il aussi à l'imagination et, puisque l'imagination est en « continuité » avec la perception des sens, Alfarabi peut conclure que l' « âme » de l'être humain est unie, « pour ainsi dire », à l'esprit divin. Grâce à l'excédent transmis par l'esprit divin à la raison, il sera « *un sage, un philosophe, en possession du jugement pratique complet* » ; tandis que, par l'excédent de l'imagination, il sera « *prophète, annonçant les événements futurs et relatant des choses particulières existant au présent*[5] ».

Ces énoncés sibyllins ne sont pas aisés à interpréter, mais quelques éléments en paraissent clairs. Alfarabi ne fournit pas plus de détails sur la manière dont la révélation ou la prophétie a lieu ; cependant, il affirme que ce n'est pas la prophétie, définie comme excédent de l'esprit divin sur l'imagination, mais la révélation, définie comme excédent de l'esprit divin sur la raison, qui permet de réaliser la perfection supérieure de l'être humain et l'excellence de la cité qu'il fonde et gouverne. Avec l'esprit divin incarné en lui, aucun type de connaissance ne lui fait défaut, car l'incarnation lui fournit la connaissance ultime des choses théoriques, une connaissance complète et certaine bien supérieure à la connaissance théorique acquise par la raison humaine non assistée. C'est également la révélation, plutôt que la prophétie, qui procure une connaissance certaine de toutes les choses pratiques, qui exigeraient du philosophe beaucoup de temps pour qu'il les apprenne par l'expérience et par conséquent sans nécessairement les connaître avec certitude. Finalement, la révélation fournit le jugement pratique qui est pleinement informé par la connaissance théorique la plus complète et certaine, libre des aléas d'une expérience et d'une formation longues, entreprises quand un être humain tente d'améliorer son pouvoir par lui-même.

## LA DIMENSION POLITIQUE

Dans les écrits politiques d'Alfarabi, le sens de la révélation occupe maintenant une nouvelle position. Appendice de la perfection philosophique et de l'art royal, exclusivement liée aux matières pratiques, elle est devenue d'abord et surtout un don de la sagesse, dont Alfarabi dit que le sens véritable est d'être la connaissance achevée des êtres supérieurs et des causes lointaines de tous les êtres qui leur sont inférieurs, ainsi que de la fin des êtres humains et de ce qui constitue leur vrai bonheur[6]. Mais la philosophie, amour et poursuite de la sagesse, est présente également. Comme la sagesse et le jugement pratique complet, elle est un don divin. La révélation inclut la prophétie comme seconde composante ; non au sens antérieur de la prophétie, qui domine l'âme par la puissance de l'imagination, mais au sens d'une prophétie subordonnée à la raison théorique et pratique pleinement actualisée et au jugement pratique achevé, dont elle reçoit l'excédent, qu'elle dessert, mais avec lequel elle n'entre pas en concurrence. Le rôle exclusif de la prophétie est maintenant de réaliser des fonctions qui ne peuvent être accomplies par la raison : prédire les événements futurs et effectuer d'autres types d'actions miraculeuses pour ceux qui pourraient exiger une validation de la révélation au-delà de son contenu. Elle n'a plus rien à voir avec les intelligibles ou la représentation des choses divines, qui peuvent être maintenant contrôlées par la raison théorique et pratique et par le jugement pratique, avec le pouvoir d'imagination agissant sous leur contrôle direct. Ce prophète n'est pas un voyant apolitique criant dans le désert. Il fait plutôt partie d'une direction collective pour ainsi dire, œuvrant de concert avec les pouvoirs rationnels de l'âme. De plus, des actions telles que prédire le futur ne constituent pas forcément une fonction importante de l'individu qui reçoit la révélation. Celui-ci est voué plutôt à des tâches supérieures, celles de devenir le modèle de tous les êtres humains, de fonder une nouvelle religion si nécessaire ou d'agir comme le souverain suprême d'une cité ou d'une nation vertueuses, si ce n'est de l'entière *oikomenè*. Les capacités qui lui correspondraient plus particulièrement seraient celles de présenter ce qu'il sait en paroles, de guider autrui vers le bonheur et ce qui y mène, et de commander sa cité ou sa nation dans la guerre.

Il n'est donc pas surprenant qu'après avoir considéré combien il est rare d'obtenir la nature et la formation requises pour ce type d'être humain et combien il est difficile de trouver quelqu'un possédant tous ces dons naturels ainsi que la formation appropriée, quand bien même il y aurait une cité vertueuse qui est le lieu le plus favorable pour repérer et former un individu pareil, Alfarabi écarte la condition qui impose à celui qui reçoit la révélation d'être aussi prophète, même au sens plus limité assigné à la prophétie sous la révélation[7]. Il n'est donc pas nécessaire que la révélation fasse plus que transformer son destinataire en sage, en philosophe, doté du jugement pratique complet ; pour autant, il ne sera pas interdit à cette personne de devenir le souverain suprême de la cité vertueuse, de même rang que le fondateur original poursuivant, en tant que législateur vivant, le rôle de ce dernier (*La Cité vertueuse*, 248, 15 ; 250, 4 [Walzer]).

Il peut sembler que se passer de la prophétie, mais non de la révélation, comme condition nécessaire au souverain et législateur suprême, représente une dernière tentative de la part d'Alfarabi de discréditer la prophétie, après l'avoir préalablement bannie dans le domaine pré- ou extra-politique et avoir limité ses fonctions, au profit de la révélation, aux pouvoirs de raison. Il prend garde, bien sûr, de n'écarter entièrement la prophétie que dans le cas du successeur du fondateur de la religion et de la cité vertueuse. De plus, la non-insistance sur la prophétie dans la période post-prophétique était un exercice légitime et effectivement nécessaire dans la pensée islamique. En outre, Alfarabi exploite ici une ressource qui appartient en propre à la conception islamique de la révélation et de la prophétie et qui s'exprime dans la distinction entre un « messager » (*rasûl*) de Dieu et un « prophète » (*nabî*) et également entre la « prophétie » (*nubuwwa*) et la « prédiction » (*nubû'a*). Les messagers sont envoyés par Dieu, chacun à sa propre nation, avec un message divin informant celle-ci des choses divines et la guidant dans le droit chemin, ces messagers devant agir en législateurs et fondateurs de nouvelles religions ou en réformateurs des anciennes. Il n'est pas nécessaire qu'un messager soit également prophète au sens particulier de l'acte de prédire, bien que l'expression « prophète » puisse être utilisée dans un sens plus général pour tout messager. Le Coran mentionne de nombreux prophètes qui n'étaient pas législateurs, fondateurs de religion ou souverains suprêmes de leur communauté, et qui vivaient en réalité à l'écart de l'ordre politique et tentaient même de le renverser. Enfin, il convient de se rappeler que, si le fondateur de la communauté islamique était certainement tout autant prophète que messager, la révélation islamique traitait plutôt de la fondation d'une religion et de l'établissement d'un ordre politique et moral ; la prophétie y a joué un rôle relativement mineur, notamment après la phase mecquoise initiale.

Ainsi, en étudiant les religions révélées et étant lui-même membre d'une communauté religieuse fondée par une révélation et un prophète, Alfarabi ne dit rien de la prophétie qui soit particulièrement offensant. Le fait qu'il attribue la prophétie à la faculté imaginative, en particulier, ne signifie pas qu'il ne croit pas à la prophétie, comme le philosophe andalou, Ibn Tufayl, le prétend (*Hayy Ibn Yaqzân*, 14, 7-8). Si l'on entend par « croire » à la prophétie croire que le phénomène est authentique et sa source divine, Alfarabi croyait alors entièrement, non seulement à la prophétie, mais aux rêves vrais, aux visions éveillées et aux divinations. En parlant de ces phénomènes, il n'utilise aucun mot laissant entendre qu'ils seraient faux ou forgés, alors qu'il aurait pu aisément le faire. Cependant, il est vrai que, tout en reconnaissant le pouvoir énorme et l'utilité de l'imagination dans la sphère humaine pratique, non seulement dans la fondation des religions, mais dans chaque aspect de la vie politique, Alfarabi ne croyait pas qu'elle pouvait fonctionner isolément, sans le contrôle de la raison. Cela est particulièrement vrai de la religion et de la politique qui sont par nature des sphères où semblent dominer les passions. En outre, il pensait que le conflit incessant entre la philosophie d'une part, et des représentants des religions révélées, leurs disciples et leurs adeptes vulgaires d'autre part, était dû dans une large mesure au fait que les œuvres de l'imagination (les images ou similitudes) avaient perdu leurs amarres et s'étaient rebellées contre leur source dans la raison et l'intelligence divine ; ou bien que ceux qui croyaient en elles avaient oublié qu'elles étaient des images, des similitudes ou des symboles d'une vérité supérieure.

Le travail de l'imagination est donc ambivalent chez Alfarabi : il la soupçonne et la dénigre quand elle fonctionne seule ou avec peu de contrôle rationnel, bien qu'il la tienne pour nécessaire et grandement utile à la vie sociale. Et le contrôle rationnel ne peut cesser avec la fin de la révélation originelle qui fonde la religion et le régime politique. Le fondateur est capable de dépeindre avec des images justes ce qu'il reçoit par l'illumination d'un esprit divin. Puisque la lumière de l'esprit divin informe et contrôle son imagination parfaite, celle-ci parvient à appréhender ce qui lui est donné au moyen de l'image la plus parfaite qui soit. Un problème se pose néanmoins, car les images sont nécessairement particulières et corporelles, ce qui est vrai à la fois des images qui dépeignent des objets théoriques et de celles qui dépeignent des objets pratiques. Elles sont aussi conçues pour être vraies, parfaites ou adéquates pour le temps, le lieu et le peuple particuliers pour qui elles sont projetées. Mais les temps changent, les religions se répandent et de nouveaux disciples, dotés de traditions, de langues, d'habitudes et d'expériences nouvelles et différentes, entrent en leur sein, pour qui les anciennes images doivent être interprétées ou réinterprétées. Et elles ont besoin d'être interprétées correctement, c'est-à-dire rapportées à leur source. C'est pourquoi le philosophe qui souhaite interpréter correctement les images doit s'intéresser aussi bien à la nature qu'à la vérité des images.

## UNE NOUVELLE DOCTRINE

Quelques remarques sont nécessaires sur la dernière des doctrines nouvelles et majeures de *La Cité vertueuse*, qui est liée à la question des compétences de ceux qui succèdent au fondateur de la religion révélée. Bien entendu, le cas idéal est celui où la communauté religieuse est conduite par une succession de souverains qui possèdent des compétences tout à fait identiques à celles du fondateur. On a vu que l'absence de la prophétie n'empêchait pas l'individu qui possède toutes les autres compétences d'assumer les mêmes titre et rôle qu'un législateur vivant. Lui aussi est un souverain qui détient le pouvoir de changer les lois de ses prédécesseurs relatives aux croyances et aux actions, selon sa volonté et en conformité avec ce que sa sagesse, sa quête philosophique et son jugement pratique lui dictent comme le plus approprié dans le cas présent. Car le fondateur aurait également changé ces lois s'il avait vécu assez longtemps pour constater les nouvelles conditions.

Cependant, s'il arrive qu'aucun individu de rang égal n'existe, la meilleure alternative serait alors d'avoir des successeurs de rang inférieur, qui ne seraient pas des législateurs vivants au sens indiqué ci-dessus, mais qui posséderaient un nouvel ensemble de compétences les rendant capables de comprendre, préserver et interpréter les lois posées par les pères fondateurs et les vrais législateurs. Par essence, ces compétences en feraient des juges et des juristes supérieurs capables d'analyser les intentions des législateurs, les changements qui se sont produits depuis le départ de ceux-ci et les conditions survenues à ce moment, et de répondre aux besoins de l'époque en œuvrant par eux-mêmes pour parvenir aux opinions légales susceptibles de promouvoir le bien-être de la cité (*Le Livre de la religion*, sect. 9-10). Cette alternative a été envisagée précédemment par Alfarabi à deux occasions. Mais, dans les deux cas, il avait conclu qu'il suffisait que le gouverneur fût un juriste-roi plutôt qu'un philosophe-roi, c'est-à-dire un roi qui gouverne selon la loi plutôt qu'un roi qui fait la loi. Pareille doctrine correspond à l'idée que les juristes érudits sont les vrais successeurs du Prophète dans la communauté islamique ou que les rois devraient gouverner de concert avec eux.

Il paraît donc assez surprenant de voir Alfarabi insister dans *La Cité vertueuse* sur le fait que cette alternative exige également la présence de la sagesse comme une des compétences du souverain, lequel serait alors un homme sage, un juriste et un roi. Alfarabi envisage le cas où ces compétences ne seraient pas réunies dans un individu et ne trouve aucune objection à la présence d'un souverain collectif dont des membres posséderaient une seule ou plusieurs de ces compétences, à la condition que le groupe puisse travailler et gouverner collectivement. Dans chaque cas, cependant, la sagesse doit être présente. Qu'il vienne un temps où celle-ci serait absente, et la cité vertueuse se trouverait sans roi, le souverain de la cité ne serait plus appelé roi et la cité serait menacée de perdition, même si toutes les autres compétences étaient présentes. Le seul espoir de survie serait de trouver par hasard un homme sage et de l'intégrer au corps souverain ; autrement, la cité périrait assurément.

La sagesse évoquée ici ne peut signifier celle dont il a été question dans l'exposé sur la révélation, car la révélation a cessé avec la disparition des souverains suprêmes et des législateurs vivants ; et la philosophie, l'amour et la poursuite de la sagesse ne constituent plus une composante nécessaire de l'art de gouverner. Dans *Le Livre de la religion* (sect. 9-10), Alfarabi avait déjà expliqué que les principes de la jurisprudence devaient être recherchés dans la philosophie théorique et pratique et que, par conséquent, la jurisprudence était subordonnée à la philosophie de la même manière qu'une discipline qui traite des particuliers ou des cas l'est à une discipline consacrée aux universaux de ces particuliers. Mais il n'en disait pas plus. Comme dans *La Cité vertueuse*, il n'insistait pas sur la part réservée à la philosophie dans le gouvernement afin que la cité vertueuse survive. Elle le pourrait en l'absence du philosophe à la condition que l'art de gouverner inclue ce qu'il appelle « *la connaissance des universaux de cet art* [politique] », conjointement avec le jugement pratique. En l'absence du philosophe, la connaissance des universaux de la science politique ou de la philosophie politique demeure une composante nécessaire de l'art de gouverner ; autrement, l'art de gouverner est appelé ignorant plutôt que vertueux (*Le Livre de la religion*, sect. 18 [60, 6, 14, 21]). Ainsi, en l'absence du philosophe-roi ou du philosophe-prophète-roi, une combinaison de la jurisprudence, du jugement pratique et de la connaissance politique paraît suffisante.

Dès lors, pourquoi y a-t-il insistance, dans *La Cité vertueuse*, sur la sagesse comme composante nécessaire de l'art de gouverner ? Il n'est pas aisé de trouver la raison de ce changement. En un sens, il provient de la manière dont Alfarabi annonce que la prophétie et la révélation constituent le thème central de *La Cité vertueuse*. Ce qui paraît relever d'un radicalisme politique correspond en réalité à un radicalisme latent dans les religions révélées qui mettent en avant la primauté de la sagesse relative au tout et la connaissance des choses divines et des causes lointaines dans la détermination du destin ou du bonheur ultimes des êtres humains et dans la définition du caractère de la communauté religieuse. Il ne faut jamais perdre de vue que les religions révélées n'ont pas été conçues pour que des gentilshommes gouvernent et soient gouvernés à leur tour. Elles élevaient les vues de leurs adeptes à un niveau tel qu'ils ne pouvaient se satisfaire d'un régime modéré, qui serait un intermédiaire entre le bien et le pire, le vertueux et l'ignorant. Et Alfarabi le platonicien se plaît dans ce genre de radicalisme[8].

La cité devra être fondée sur une connaissance achevée des causes lointaines, sinon elle sera tenue pour fondée sur l'ignorance ; les citoyens doivent parvenir à l'ultime bonheur, sinon ils seront réduits à néant ou souffriront dans l'au-delà (*La Cité vertueuse*, 270, 6ff. [Walzer]). L'absence de révélation et de philosophe signifie que la connaissance du tout n'est plus reçue ou recherchée dans la cité. Il est donc difficile d'imaginer la nature de la sagesse dans de telles circonstances. Ou bien Alfarabi signifie-t-il par sagesse, comme composante de l'art de gouverner dans *La Cité vertueuse*, quelque chose d'autre que la sagesse divine ou la connaissance achevée des choses divines et humaines, peut-être une sorte de sagesse ou d'art politique[9], auquel cas il aurait utilisé le terme dans un sens figuré ? Quoi qu'il en soit, les souverains qui manquent de cette composante de l'art de gouverner seraient capables de gouverner quelque temps sans elle, d'interpréter la loi comme le font des juristes et de s'en tirer, en particulier dans des périodes de paix et de stabilité relatives. Mais ils ne seraient pas capables de préserver la communauté de la désintégration rapide, du changement révolutionnaire et d'espoirs messianiques en un nouvel ordre. Seule une réfraction philosophique de la révélation peut empêcher le perfectionnisme, nourri par la religion et immodéré, de se détruire lui-même.

## CONCLUSIONS

De toujours, la prophétie et la révélation ont été sources d'étonnement et d'émerveillement aussi bien pour ceux qui les ont observées et ont cru en elles que pour ceux qui les ont étudiées. Les religions historiquement révélées ont été perçues par leurs adeptes comme introduisant une nouvelle ère, et elles ont prouvé qu'elles étaient les événements les plus significatifs de l'histoire de notre partie du monde et, plus récemment, de l'histoire mondiale. Nous menons notre vie et pensons aux choses dans un environnement imprégné par ces religions. Nous avons tendance à discuter des diverses interprétations de leurs sens et de leurs buts, à débattre du fondamentalisme, de la théologie libérale et des différentes implications éthiques et politiques. Nous ne sommes pas toujours conscients de l'impact historique décisif de ces religions et ne gardons pas toujours à l'esprit les traits caractéristiques de la nouvelle ère par rapport à l'ère païenne. Pourtant, les premiers adeptes des religions révélées tenaient le dépassement du paganisme comme un moment crucial dans l'histoire humaine : un passage de l'espoir à la réalisation, une transition des cités et des souverains idéaux, tels que projetés dans leur discours par les sages de l'Antiquité, aux messagers actuels envoyés par la divinité et aux communautés humaines organisées par celle-ci. Aujourd'hui encore, que nous soyons les enfants des Lumières, du romantisme du XIXe siècle, de la science du XXe siècle, ou des mouvements fondamentalistes les plus récents dans les religions révélées, que nous soyons conservateurs ou libéraux dans notre propre théologie, nous fondons toutes nos visions sur une certaine appréhension de la nature de la prophétie et de la révélation et des traits caractéristiques des communautés établies par elles. La dominance des idéologies en ce siècle, les questions constamment soulevées par les développements de la science et de la technologie, l'extension de la croyance en l'imminence de la fin du monde — tout cela indique le besoin de jeter un nouveau regard sur l'origine des religions révélées, leur place dans l'histoire et leur rôle social et politique.

L'originalité d'Alfarabi tient en grande partie au fait qu'il voit dans le cadre social et politique des religions révélées un nouveau type de *politeia* ou *res-publica* et qu'il tente de comprendre le nouveau type de fondateur et de législateur et la communauté que celui-ci a instaurée dans les termes de la philosophie politique classique, en même temps qu'il enquête constamment sur ce qui est nouveau et sur la manière dont le nouveau diffère de l'ancien. Des philosophes majeurs, dont

Avicenne, Maïmonide et Roger Bacon, ont recouru à ses livres quand les changements radicaux et révolutionnaires de leur société exigeaient une compréhension nouvelle des intentions de leur religion révélée respective. Il les a aidés à retrouver l'intention théologico-politique originale des religions révélées, et les traits caractéristiques et les objectifs des régimes des religions révélées comparés aux régimes païens. Dans ce but, il développa une philosophie de la religion qui envisageait les nouveaux phénomènes religieux et le lien humain entre le divin et la communauté religieuse avec le même émerveillement qu'éprouvaient les philosophes grecs en examinant la nature. C'était une tâche délicate, hasardeuse et difficile, sans doute le plus grand défi auquel faisait face la philosophie depuis qu'elle était entrée en contact avec les nouvelles religions. C'était d'abord un acte de piété et de justice de la part d'un philosophe qui tentait de répondre à un besoin urgent de sa propre communauté religieuse. C'était aussi le genre de défi que les philosophes aimaient à relever. « La discussion de ces matières », dit Averroès dans son commentaire du *Parva Naturalia* d'Aristote (75, 5-7), « *même si elle est difficile à mener au niveau de la compréhension humaine, doit néanmoins atteindre les limites les plus reculées que la nature de la compréhension humaine autorise ; car ceci, et seulement ceci, est la vraie essence du bonheur* ».

TROISIÈME PARTIE

# DE LA PHILOSOPHIE DE PLATON ET D'ARISTOTE

*Chapitre 8*

# Le bonheur

*L'Obtention du bonheur* (*Tahsîl al-sa'âda*) ne commence pas par une explication de ce qu'est le bonheur ou une description des moyens d'y parvenir, mais par l'énumération de quatre choses humaines : les vertus théoriques, les vertus délibératives, les vertus morales et les arts pratiques. Ce sont quatre choses dont la présence dans les communautés politiques, les cités ou les nations indique celle du bonheur et sa possession par les citoyens (1, 2-5), et semble la condition qui, une fois réalisée, produira deux types de bonheur : le bonheur terrestre dans la vie présente et le bonheur suprême ou ultime dans l'autre vie, la vie à venir. C'est du moins ce que déclare, abruptement et sans annoncer une justification subséquente, la première phrase du livre. Hormis l'ordre dans lequel les quatre choses humaines sont énumérées et le fait que les trois premières sont appelées « vertus » et la dernière « art », aucune indication n'est fournie sur leur rang ou leur lien. Suit une présentation de la première classe de vertus, les vertus théoriques, que le lecteur s'attendrait à voir prolongée par l'exposé consécutif de chacune des choses humaines, selon l'ordre de leur énumération. Poursuivant dans l'espoir d'apprendre ce que sont ces quatre choses, le lecteur aurait pu ainsi juger si les communautés politiques qui l'entourent les possèdent.

La distinction entre le bonheur d'ici-bas et le bonheur de l'au-delà n'est peut-être pas la propriété exclusive des communautés religieuses ou des religions révélées. Cependant les expressions arabes employées par Alfarabi sont des termes islamiques, voire coraniques classiques. Peut-être leur accorde-t-il un sens ou un contenu différent de celui qui est communément admis ; mais il ne le fait pas explicitement, ici ou plus loin. De fait, il ne mentionne « le bonheur terrestre » ou « la vie présente » nulle part ailleurs dans la trilogie. On pourrait se l'expliquer par l'intérêt singulier qu'aurait porté Alfarabi à l'obtention du bonheur supérieur, la félicité du monde à venir ; en vrai musulman, il a pu tenir le bonheur terrestre pour accessoire, secondaire ou instrumental. Il n'en est que plus urgent de savoir si la possession des quatre choses humaines est une condition suffisante pour l'obtention du bonheur, et si un individu peut espérer l'obtenir sans nulle assistance. Le « philosophe des musulmans », comme on nommait Alfarabi, ne peut avoir simplement ignoré ce que la plupart des musulmans tenaient pour la condition première de l'obtention du bonheur ultime, la présence de certaines faveurs divines dans les nations : la connaissance des choses divines, la providence, les vertus morales et les arts divins, dont la réalisation n'est pas assurée par un choix humain mais divin, la révélation divine, l'édiction des lois divines et l'exemple d'un prophète.

Néanmoins, Alfarabi débute par une présentation des vertus théoriques et un rappel des éléments de la théorie de la connaissance scientifique d'Aristote : le but final de cette théorie ; sa division en connaissance préexistante et en connaissance acquise ; la division de la connaissance acquise en acquis par enquête, par inférence, instruction et étude ; la distinction entre les problèmes et les conclusions ; et la description de ces dernières en terme de conviction qui peut constituer soit une opinion soit une science. La question des nations et des cités, et des hommes comme citoyens, est ignorée, tandis que la connaissance des choses existantes est présentée comme préexistante, recherchée ou acquise par l'homme en tant qu'individu.

La distinction entre l'opinion et la science soulève la question des différents moyens ou méthodes qui mènent à la connaissance ; et bien que le but immédiat d'Alfarabi soit de décrire la connaissance certaine, la description de la méthode qui mène à la certitude requiert qu'elle soit distinguée des méthodes qui n'y conduisent pas, et, par conséquent, que soient décrits les types et les modalités des prémisses caractéristiques de chacune des méthodes. De même que la connaissance dont Alfarabi a parlé, ces méthodes ne sont pas propres à une nation ou une cité. Ce sont des méthodes grâce auxquelles l'homme en tant qu'homme parvient à différents types de convictions.

Pourtant, Alfarabi ne s'engage pas dans la description de la méthode qui mène à la certitude ; il s'engage plutôt dans ce qui semble une invocation du besoin de comprendre les *différences* entre ces méthodes, de la nécessité de connaître avec certitude leurs caractéristiques respectives, et de l'idée que pareille connaissance est une condition préalable de l'enquête sur ce qui est et pour la distinction entre les conclusions qui sont certaines et celles qui ne le sont pas (3, 3-4, 15). Au long de ce passage, et jusqu'à l'endroit où il poursuit la description de la méthode qui mène à la certitude (4, 16ff.), Alfarabi emploie exclusivement l'expression *nous* plutôt que « homme » en général. En soi, le sujet n'indique pas que le *nous* signifie autre chose que les « êtres humains » ; car le manque de clarté sur les différences spécifiques entre les méthodes est un inconvénient également partagé par les hommes. C'est seulement quand il se réfère aux enquêteurs et aux penseurs spéculatifs « *que nous observons* » (3, 16) que le lecteur est forcé d'envisager qu'il n'est plus en présence d'une simple variation de style. Alfarabi prend généralement avantage de la construction de la phrase verbale arabe pour laisser le sujet ou l'acteur implicite ou caché dans le verbe[1]. Mais dans les passages auxquels nous nous référons, Alfarabi dissipe toute ambiguïté quant à l'utilisation de la première personne du pluriel ou de la deuxième personne du singulier. Ces passages ne sont pas répartis de façon égale. Le plus long se situe au début (3, 4-4, 15). Ils deviennent moins fréquents et plus courts à mesure qu'on avance vers le milieu (25, 11-12). Par la suite, ils disparaissent entièrement, à l'exception d'une seule phrase en fin d'ouvrage (43, 19-44, 2). Le dernier paragraphe est le colophon de l'auteur (47, 3-10).

## INTERMÈDE

L'intermède dont il s'agit ici est divisé en deux sections, chacune divisée à son tour en deux parties (voir la traduction anglaise citée en bibliographie). La première section (3, 3-8) commence par l'affirmation (au passif) que ce qui est recherché dans chaque question est « la vérité certaine » ; mais Alfarabi soutient immédiatement que, dans la plupart des cas, *nous* ne parvenons pas à la certitude. Il arrive ainsi que : 1) nous atteignons la certitude dans une partie de la question et la « croyance » dans le reste ; ou 2) nous « imaginons » quelque chose à son sujet ; ou 3) nous nous écartons de la certitude tout en « croyant » l'appréhender ; ou 4) nous restons perplexes à son sujet. Dans la seconde partie de cette section (3, 8-15), Alfarabi se propose d'expliquer les causes de cette situation. Sans doute avons-nous adopté une variété de méthodes, et comme nous considérons ces conclusions satisfaisantes et, du moins dans un cas (3), nous nous contentons d'une croyance qui n'est pas vraie, nous serions ignorants du fait que ces méthodes sont différentes ou de la manière dont elles diffèrent ; en effet, nous croyons qu'il n'existe qu'une seule méthode et que c'est celle-ci que nous adoptons. Alfarabi s'appuie sur un exemple pour indiquer que nous pouvons être amenés à suivre différentes méthodes pour des questions différentes : dans un problème, une méthode qui mène à la certitude et, dans un autre, une méthode qui produit une image de la vérité ou une autre qui conduit à la croyance. Ici aussi, n'étant pas avertis des différences entre ces trois méthodes, nous soutenons qu'il n'en existe qu'une seule. Or, ce qui est recherché, selon Alfarabi, c'est la vérité certaine, cette croyance en une seule méthode implique que nous pensons qu'elle seule mène à la vérité certaine ; et le fait que nous ne sommes pas au courant de la variété des méthodes implique que nous ne sommes pas avertis des différents types de convictions ou des différents types d'états d'âme qui leur correspondent. La différence entre la vérité, la croyance et l'image nous échappe ; de même que la différence entre la certitude, la persuasion, l'imagination, l'égarement et la perplexité. L'exemple d'Alfarabi ne porte pas sur les deux derniers états d'âme. Il s'intéresse plus particulièrement au fait que nous ignorons la différence entre l'imagination-représentation et la persuasion-croyance, d'une part, et la certitude-vérité, d'autre part. Il conclut cette section en insistant de nouveau sur le fait que c'est de cette manière que nous voyons où en sont les choses pour *nous* dans la plupart des cas et en spécifiant que c'est de cette manière que la chose se présente pour la majorité écrasante de ceux qui enquêtent sur les matières spéculatives que *nous* observons autour de nous.

Qui est ce *nous* ? Tous les termes qu'emploie Alfarabi et les méthodes qu'il mentionne dans cette section tirent leur sens technique de l'art de la logique ; cependant le besoin d'une connaissance technique de ces matières, ou même du fait qu'elles sont l'objet d'un art spécial, n'est pas présupposé dans cette section ; au contraire, nous prenons conscience du besoin de pareille connaissance technique seulement quand nous réfléchissons sur les conséquences de son absence. On peut donc qualifier de pré-technique l'usage fait par Alfarabi de ces termes.

Tous les termes qu'il utilise, qu'ils s'appliquent aux méthodes ou à leurs conclusions, sont des termes coraniques. Les plus remarquables en sont « la vérité certaine » (*al-haqq al-yaqîn*) et « s'égarer » ou « se perdre » (*dalâl*), qui indiquent respectivement la révélation islamique et l'ignorance de celle-ci. Cependant Alfarabi n'établit pas de distinction entre ceux d'entre *nous* qui sont musulmans et ceux d'entre *nous*, les musulmans, qui ont observé la condition répandue parmi nous. De même, la conscience de l'origine de la confusion courante (la variété des méthodes) ne résulte pas de la possession d'une science non islamique ou étrangère, mais plutôt du constat de l'existence de types variés de conviction parmi nous. Alfarabi parle ici en musulman ; il s'identifie surtout lui-même avec ces musulmans qui, après avoir constaté la confusion d'esprit fréquente chez leurs coreligionnaires, se préoccupent de sa cause et de son remède. En ce sens, *L'obtention du bonheur* est une œuvre exotérique.

La seconde section commence par une requête adressée au groupe auquel l'ouvrage est dédié. Ce ne sont pas les nations et les cités, ni l'homme en général ou *vous* au pluriel. Le destinataire est évoqué à la seconde personne du singulier, enjoint à la forme impérative d'examiner la condition fréquente parmi *nous* et sa cause, et de parvenir à la conclusion évidente qu'à la différence du reste d'entre nous qui enquêtons sur ces questions et parvenons à des convictions hybrides, *nous* ne pouvons qu'abandonner leurs voies et prendre conscience de trois faits qui leur échappent : 1) toutes ces méthodes sont techniques, c'est-à-dire non naturelles pour nous ou révélées et établies par l'autorité ; 2) nous avons besoin d'une science qui permette de repérer les différences spécifiques entre ces méthodes ; 3) notre disposition naturelle pour la science ne suffit pas pour nous aider à percevoir ces différences. Par conséquent, nous avons besoin, par surcroît, d'un art spécial qui développe celle-ci et nous éclaire sur les différences en question. Grâce à cet art, « nous acquérons la certitude » sur ces prémisses ainsi que sur leur ordonnancement qui mène à la certitude-vérité, à l'égarement-perplexité, à la croyance-persuasion, et à l'imagination-représentation. Dans la seconde partie de cette section (4, 11-15), Alfarabi répète que c'est seulement après avoir acquis cette connaissance que nous pouvons aller de l'avant. Il substitue la « science des êtres » à « l'investigation des problèmes » mentionnée au début de la section. Il reste entièrement silencieux ici, comme d'ailleurs dans la section précédente, sur l'instruction et l'étude, sur « ce que *nous* avons appris d'autrui » et « ce que *nous*-mêmes enseignons à autrui ». Mais nous sommes prêts maintenant à observer la « science des êtres » sous tous ces aspects, car nous savons désormais ce qu'est chacun des êtres ; nous possédons le pouvoir de distinguer entre les différents types de conclusions auxquelles nous parvenons, et de convictions que nous acquérons. Finalement, nous pouvons *tester* ce que nous avons appris d'autrui et que nous-mêmes enseignons à autrui.

C'est seulement en de rares occasions qu'Alfarabi mentionne son interlocuteur ou oriente notre attention vers lui. Mais une fois celui-ci introduit, il est nécessaire de tout apprendre sur lui et de le garder à l'œil. Car c'est à lui qu'Alfarabi s'adresse et non pas à nous ; nous sommes seulement l'auditoire de ce dialogue. Quand Alfarabi dit *nous*, il parle de lui-même et de son interlocuteur ; il signifie « je et vous » ou un groupe plus large auquel « je et vous » appartiennent, mais qui reste délimité : *nous*, *nous* musulmans ; *nous* qui avons observé la condition fréquente chez *nous* les musulmans concernant la méthode ; *nous* qui ne pouvons nous empêcher de constater que ces méthodes sont techniques ou produites par l'art, qui avons besoin d'une science qui permette de repérer leurs différences spécifiques, qui possédons une disposition naturelle pour la science et ressentons le besoin de la développer grâce à un art qui rende possible la confirmation du caractère des prémisses et la disposition propre à chaque méthode ; *nous* qui ne nous engageons dans la recherche de la science de ce qui est qu'après avoir acquis la connaissance préalable requise ; *nous* qui prétendons savoir comment enquêter, enseigner et apprendre seulement *après* l'acquisition d'une compétence en logique ; *nous* qui avons le pouvoir d'évaluer la vérité de ce que nous découvrons, de ce que les autres nous enseignent et de ce que nous enseignons aux autres et qui pouvons distinguer entre la vérité, les croyances et les représentations. Bien entendu, il existe une différence entre le « je et vous » de tous ces *nous*. Dans les rares cas où Alfarabi parle de lui-même à la première personne du singulier, il écrit : « *je veux dire* », indiquant qu'il explique un énoncé dont le sens est clair pour lui-même mais non pour son interlocuteur. Et quand il parle directement à son interlocuteur, il lui ordonne d'agir ou lui indique le moyen de parvenir à une conclusion déterminée. L'interlocuteur n'appartient pas encore au *nous* plus restreint auquel Alfarabi appartient ; il est conduit par la main. A ce stade, par exemple, il lui est demandé de se former lui-même dans l'art de la logique de manière à se qualifier pour passer du groupe des *nous*, les musulmans qui constatons la confusion méthodologique dans laquelle nous nous trouvons, au groupe des *nous*, les logiciens qui avons dépassé cette confusion et possédons l'équipement propice à l'acquisition de la connaissance des choses existantes.

Si le lecteur suit la présentation de la logique et des sciences des choses existantes (les mathématiques, la physique, la science divine et la science humaine ou politique), en gardant à l'esprit la dernière distinction, il remarquera qu'à chaque étape où Alfarabi interrompt la progression de « l'enquêteur » anonyme (8, 16ff.) pour parler de *nous*, le thème est identique : la distinction entre les choses telles qu'elles sont connues de nous et les choses telles qu'elles sont connues par nature. Alfarabi développe les implications logiques de cette distinction, dont l'énoncé classique figure dans le chapitre introductif de *La Physique* d'Aristote, immédiatement après avoir conclu le passage tout juste analysé. Il apparaît clairement dans cette présentation que « la vérité *certaine* » et « le *moyen* d'y parvenir » sont des termes équivoques, et que commencer par des cognitions premières est la condition nécessaire mais insuffisante pour réaliser l'objectif ultime de la science théorique. Ce résultat découle de la distinction entre les « principes de l'enseignement » et les « principes de l'être », distinction qui va au-delà de la différenciation formelle entre les différentes méthodes logiques. Dans son court commentaire des *Analytiques postérieures* (MS. Hamîdiyya, 812, fol. 67r), Alfarabi illustre cette distinction par l'exemple suivant : nous observons l'accroissement graduel de la lumière de la lune à mesure qu'elle passe de la forme de croissant à l'état de pleine lune. Nous en inférons que la lune est sphérique. L'accroissement de la lumière de la lune est la cause de notre connaissance que la lune est sphérique. Cependant, c'est la forme sphérique de la lune qui est la cause de l'accroissement graduel de lumière. C'est cela qu'Alfarabi veut signifier en disant que les principes de l'enseignement sont la cause de notre connaissance des principes de l'être, et pourtant les principes de l'être sont la cause de l'existence de ce qu'il nous arrive d'employer comme principes de l'enseignement. Ainsi *notre* méthode scientifique se distingue-t-elle par le fait d'admettre que les principes de l'enseignement que nous utilisons peuvent être différents des principes de l'être. Dans le cas d'un seul être, le principe ultime ou Dieu, nous avons de Lui seulement les principes de *notre* connaissance. Nous continuons à progresser depuis les effets connus de nous jusqu'aux causes ou aux principes que nous ne connaissons pas ; c'est seulement quand nous arrivons à connaître ces principes à partir de ce qui est clair pour nous que nous procédons à l'explication des effets de ces principes qui nous sont cachés. En mathématiques, ces problèmes ne se posent pas. Les principes de l'enseignement sont identiques aux principes de l'être, et les preuves mathématiques — Alfarabi insiste là-dessus en usant de l'interjection « je veux dire » [9, 19] — sont purement formelles. C'est en ce sens que l'enquête sur les nombres et les grandeurs est « plus facile » et moins susceptible de provoquer « la perplexité et la confusion », et par suite des différences d'opinion concernant le caractère de sa méthode et la certitude de sa preuve. Traitant des sciences mathématiques, Alfarabi n'utilise jamais le *nous*. Dans la science naturelle, au contraire, les principes de l'enseignement sont pour la plupart différents et subordonnés aux principes de l'être ; ici Alfarabi se réfère encore à ceux d'entre « nous » qui s'élèvent des principes de l'instruction aux principes de l'être, puis redescendent expliquer les choses qui proviennent des principes de l'être, et qui sont inconnues de nous à l'origine.

Cependant, on ne peut qu'être surpris de constater qu'Alfarabi, décrivant le progrès de l'enquêteur dans la partie de la science naturelle qui traite de l'homme, de sa perfection et de sa sociabilité, dans la science divine, et dans la science humaine ou politique, ne se réfère plus au « nous ». Désormais, « l'enquêteur » est mentionné plus souvent ; et au lieu que les « démonstrations » lui soient données, ce sont les conclusions de ces questions qui « deviennent évidentes pour lui ». A ce stade, il convient de se contenter des remarques suivantes. La dernière référence au « nous » intervient à la fin de la science de la nature au sens strict, avec l'enquête sur les corps et les choses corporelles. L'enquête sur les principes de l'être des corps célestes et sur l'intellect humain permet de reconnaître que ces principes « *ne sont pas des natures ou des êtres naturels..., ni des corps, ni dans des corps* » (12, 16-17). L'enquête sur les êtres métaphysiques ou divins commence par les principes de l'instruction ; ensuite, l'enquêteur reconnaît qu'aucun de ces êtres ne possède une cause matérielle, et finalement son enquête sur leurs trois autres causes le mène à l'Etre qui n'a ni cause ni principe de l'être. Par conséquent, l'objectif ultime de la science divine, qui est la connaissance de cet Etre, est restreint à la connaissance *que* cet Etre existe, et il ne comporte aucune connaissance des principes de son être. Quant à l'enquête sur l'homme, elle aboutit aussi à reconnaître que « les principes naturels » sont insuffisants. Comme elle examine l'âme et l'intellect, elle reconnaît que leurs principes consistent en des « fins » et en « perfection dernière » de l'homme, lesquelles n'agissent pas encore comme des causes naturelles quoiqu'elles constituent des objectifs pour lesquels l'homme doit œuvrer en faisant usage de principes rationnels qui sont en lui. Ayant pris connaissance de cette perfection, l'enquêteur connaît maintenant le but de la délibération, des actes moraux et des arts pratiques de l'homme, et cette connaissance le rend capable de distinguer entre ceux qui servent la perfection de l'homme et ceux qui ne la servent pas, ou qui y font obstacle. A la différence de l'enquête sur les corps et les choses corporelles, l'enquête théorique sur l'homme ne conduit pas à la connaissance des causes ou des fondements d'une chose existante, mais seulement à la « perfection à laquelle [l'homme] doit parvenir ». Alors que, dans les choses qui sont strictement naturelles, l'enquête, partie des principes de l'instruction, peut mener à la certitude sur leur existence et sur tous les fondements de leur existence, dans la science divine les principes de l'instruction rendent tout simplement évident « pour l'enquêteur » *qu'*un principe ultime existe et *qu'*il doit être parfait sans qualification, et dans la science humaine ou politique les principes de l'enseignement lui permettent de percevoir *ce* qu'est la perfection ou la fin humaine et *comment* elle est ; de sorte que le *cela* d'une telle perfection demeure un problème.

A la fin de sa description de la science théorique, Alfarabi s'adresse encore une fois à son interlocuteur : « Ceci est donc la perfection théorique. *Comme tu le vois*, elle comprend la connaissance des quatre genres de choses grâce auxquelles les citoyens des cités et des nations parviennent au bonheur supérieur » (16, 15-17). « Voir » (*ra'â*) est le verbe dont dérive le terme technique « opinion » (*ra'y*), qui en retour donne au verbe le sens de « se former une opinion ». Alfarabi ne s'attend pas à ce que son interlocuteur, à qui il était demandé il y a peu de réfléchir sur la confusion des méthodes parmi *nous*, ait eu la possibilité d'obtenir « la vérité certaine » ou « la connaissance » de la perfection théorique. Mais il le croit capable maintenant de se former seulement une opinion vraisemblable sur ce qui est inclus dans la perfection théorique ou sur le type de connaissance qu'elle constitue. Sa capacité de se former une telle opinion suppose au préalable la capacité de percevoir la nécessité de distinguer le caractère des différentes méthodes, d'apprendre la méthode qui conduit à la vérité certaine et de se joindre à ceux d'entre *nous* qui sont logiciens. Mais elle suppose également qu'il a eu l'occasion d'observer comment « nous les logiciens » procédons pour parvenir à la connaissance des choses qui sont telles qu'elles sont réellement et, en particulier, comment *notre* méthode confirme le *ceci* et le *pourquoi* des êtres naturels. Cela signifie que notre associé a pu observer comment *nous les physiciens* appliquons la méthode qui conduit en premier lieu à la certitude, puis à l'étude de la nature et des êtres naturels, y compris l'homme ; comment nous refusons de discourir sur les choses qui ne font pas partie du monde naturel dans lequel nous vivons jusqu'à ce que l'enquête sur les principes des choses que nous connaissons nous *force* à enquêter sur les choses qui ne sont pas « la nature ou [ne sont pas] naturelles » ; et comment nous procédons ainsi pour enquêter sur les choses divines à partir de la connaissance de la nature et des êtres naturels, comment nous admettons seulement ce qui devient évident à travers cette enquête, et comment nous refusons d'accepter comme certain ce que nous ne sommes pas parvenus à confirmer. Alfarabi n'instruit pas son interlocuteur dans les sciences théoriques ; il le conduit à travers elles afin de montrer comment elles opèrent, et il l'aide à se forger la conviction que la perfection théorique consiste en ce qui peut être connu seulement dans ces sciences théoriques et à travers elles. A défaut d'un moyen de mesurer la réaction de l'interlocuteur indépendamment du discours d'Alfarabi, on ne peut qu'exprimer de l'étonnement devant les implications de la question suivante, car le simple fait qu'elle est posée indique combien l'entreprise d'Alfarabi a réussi : « Etes-vous donc d'avis [pensez-vous ; est-il possible] que ces sciences théoriques ont fourni également ce qui est susceptible de faire exister dans la réalité ces quatre [bases du bonheur] dans les nations et les cités ? » (16, 19-17, 1). L'interlocuteur ne semble pas contester la définition de la perfection théorique ou sa prétention d'être la connaissance de toutes les choses requises pour parvenir au bonheur. Au contraire, il est disposé à entendre la question — et les deux interlocuteurs sont prêts à examiner le problème — de savoir si la perfection théorique en soi inclut tout ce qui est nécessaire pour parvenir au bonheur ; si, en plus de la connaissance, elle fournit ce qui est nécessaire à l'obtention du bonheur dans la réalité actuelle parmi les citoyens et au sein des communautés politiques.

Avant d'entreprendre la description de la méthode de la certitude et des différentes sciences théoriques, Alfarabi attire l'attention de l'interlocuteur sur *nous* les musulmans et sur la confusion des méthodes fréquentes parmi *nous*. Avec des questions plus cruciales, telles que la nature de la perfection et du bonheur ultime, et la manière dont ils sont réalisés — il ignore ce que *nous* les musulmans croyons qu'elles sont ou comment nous croyons qu'elles devraient se réaliser. Le silence d'Alfarabi peut s'expliquer en partie. Parce que *nous* ne différencions pas les méthodes les unes des autres, *nous* ne pouvons pas distinguer la certitude de la persuasion ou de l'imagination, et nous ne pouvons décider laquelle est connaissance de la vérité et laquelle est opinion ou image. Par conséquent, seuls *nous* les musulmans qui sommes aussi logiciens et physiciens connaissons ce qu'est la science et pouvons déterminer en quoi consiste « la perfection théorique ». Puisque la connaissance théorique qui concerne l'homme inclut la connaissance de sa perfection et de son bonheur, *nous* seuls sommes compétents pour juger en quoi consistent également ces derniers. Cependant, *nous* ne savons pas, tout au moins préalablement à une enquête, si la perfection théorique est suffisante pour l'obtention du bonheur ou s'il est besoin d'autre chose. Avant d'éclairer l'appréhension de la religion par Alfarabi, il serait prématuré de s'interroger sur l'objectif implicite établi pour *nous* logiciens et physiciens. Ceux d'entre *nous* qui sont musulmans sans être logiciens ou physiciens s'opposeraient certainement à cet objectif et suggéreraient que la meilleure connaissance du bonheur de l'homme, notamment de son bonheur « ultime », est celle qui figure dans la loi divine, et que c'est également la loi divine qui indique la voie menant à l'obtention du bonheur. Nous verrons qu'Alfarabi ne conteste pas cette idée ; il en confirme plutôt toutes les implications. Cependant, étant donné que même *nous*, logiciens et physiciens, voulons examiner la question de savoir si la perfection théorique est suffisante pour l'obtention du bonheur, un examen superficiel ne nous explique pas pourquoi Alfarabi n'indique pas comment cette question nous apparaît à *nous*, musulmans. De plus, en assurant que la connaissance de la perfection et du bonheur de l'homme peut être acquise avec la raison non assistée, Alfarabi le logicien et le physicien ne cesse d'appartenir au groupe de *nous* les musulmans ; autrement, l'injonction coranique selon laquelle *nous* devons enquêter sur les cieux et sur toutes les choses existantes (7, 185) aurait été vaine. La question est donc pertinente pour *nous* musulmans ; mais pour qu'elle *nous* concerne, il faut la formuler comme suit : cette perfection théorique fournit-elle tout ce qui est nécessaire pour l'obtention du bonheur ultime ?

Si la réponse était affirmative, elle conduirait inévitablement à s'interroger sur l'utilité de la religion et de la loi divine, indépendamment de l'incitation à acquérir cette perfection théorique. Par ailleurs, si la perfection théorique fournit seulement la connaissance du bonheur ultime et de ce qui y conduit, il sera encore nécessaire de recourir à quelque chose d'autre qui amène à l'existence actuelle ce qui est théoriquement connu ; et ce peut être la fonction de la religion et de la loi divine. On a soutenu que cette dernière position, selon laquelle la fonction de la religion et de la loi divine consiste à faire exister ce que la raison non assistée de l'homme parvient à connaître dans la science théorique, est un emprunt des philosophes musulmans, notamment d'Alfarabi. Par conséquent, il est d'autant plus surprenant que, dans ce contexte, Alfarabi refuse de prendre position sur la question de la religion et également que son interlocuteur n'hésite pas à accepter sa réponse : la perfection théorique n'est pas suffisante à l'actualisation du bonheur dans les cités et les nations ; il y faut de surcroît quelque chose comme la prudence, plutôt que la religion et la loi divine. L'interlocuteur montre un empressement inattendu à accepter cette réponse. Il est possible, cependant, qu'il ait été sous-estimé depuis le début. C'est ce que suggère Alfarabi en rappelant à son interlocuteur la première phrase qui affirmait que chaque type de bonheur peut être obtenu par les citoyens des cités et par les nations, à la condition qu'ils soient en possession des quatre choses humaines énumérées alors que l'interlocuteur avait déjà accepté cette assertion. Reste maintenant à savoir si la connaissance de ce que sont ces quatre choses est identique à leur possession ou à leur réalisation par les citoyens et les communautés politiques. Y répondre négativement équivaut à confirmer l'énoncé originel d'Alfarabi, selon lequel l'obtention du bonheur suppose la possession préalable des quatre réalisations, et non la seule vertu théorique ; l'analyse actuelle montre pourquoi, en plus de la vertu théorique, sont nécessaires la vertu délibérative ou la vertu de prudence. Le problème qui est d'un intérêt immédiat pour l'interlocuteur n'est pas de savoir si nous avons besoin de l'assistance divine en plus des quatre réalisations humaines, mais si nous avons besoin d'une vertu et d'un art humains supplémentaires avec la vertu théorique et sa perfection ; et le fait qu'Alfarabi consacre presque la moitié de *L'Obtention du bonheur* à le convaincre qu'un tel besoin existe est révélateur de l'importance de ce problème aussi bien que de la connaissance défectueuse de l'interlocuteur dans les matières pratiques.

## L'ENQUÊTEUR ET LE PRINCE

A la différence des parties ou sections 1 et 4[2], où Alfarabi s'adresse deux fois directement à son interlocuteur, les parties 2 et 3, qui tentent de trouver une solution au problème évoqué ci-dessus, ne comportent aucune référence directe à l'interlocuteur. De plus, il existe seulement deux références brèves au *nous* dans la deuxième partie et aucune dans la troisième. La raison pour laquelle Alfarabi se réfère souvent au *nous* dans la première partie (à la fin de laquelle il déclarait avec confiance que l'interlocuteur pouvait se former sa propre opinion sur la présentation qui avait précédé et que cette opinion concordait avec la sienne) ne semble plus valable. Ce changement correspond à un changement dans le thème central. La première partie traitait de la vertu théorique ; son héros était « l'enquêteur » dont l'objectif était de rendre intelligibles les choses qui existent ; la logique et l'enquête sur la nature y occupaient une position centrale. Le thème des deuxième et troisième parties est la réalisation des quatre choses humaines dans les cités et les nations. La deuxième partie cherche à montrer qu'elle exige non seulement la perfection théorique, mais également la vertu délibérative, la vertu morale et l'art pratique supérieurs ; et que tous les quatre doivent être acquis par un être humain équipé par nature à les recevoir. Son héros n'est pas « l'enquêteur » des sciences théoriques comme tel, mais quelqu'un qui possède la volonté et décide de faire exister dans le présent, dans les cités et les nations, les quatre choses humaines requises pour l'obtention du bonheur. Par conséquent, il lui faut une autre faculté en plus de la théorique et il doit acquérir la vertu politique ainsi que toutes les autres qualifications du prince.

Les arguments d'Alfarabi sont encore adressés à l'interlocuteur, au logicien et au physicien. Néanmoins, il indique au début de la deuxième partie que les sujets examinés ne font pas partie de la physique ; ils surgissent seulement quand on constate les distinctions entre eux et les êtres naturels. Les êtres naturels particuliers sont actualisés et reçoivent leurs attributs par nature, tandis que c'est par l'activité de la volonté que les vertus et les arts sont réalisés. Alfarabi a recours aux êtres naturels pour expliquer et rendre évidents à son interlocuteur quelques-uns des problèmes liés à la réalisation des choses qui dépendent de la volonté, et pour expliquer que celles-ci forment une classe en soi. La difficulté qu'il rencontre à orienter son interlocuteur est sans doute plus perceptible dans la formulation des deux phrases de cette partie où figure le *nous.* La tempérance et la richesse, de même que l'homme, sont des notions intelligibles ; et à la différence de la notion d'homme, elles ne sont pas naturelles mais volontaires. Par conséquent, « *si nous décidons* de les amener à l'existence actuelle », nous devons savoir comment leurs attributs varient en fonction du temps, de l'espace, etc. (19, 5ff.). De nouveau, l'art le plus élevé et qui fait autorité est celui qui précède tous les autres arts ; « *si nous décidons* de remplir ces fonctions » (25, 16 ff), nous devrons employer les fonctions de tous les autres arts. Dans le cas des êtres naturels, il suffit de connaître les notions intelligibles, car la nature elle-même fait exister les êtres naturels particuliers et elle leur fournit les attributs requis. Mais dans le cas des notions volontaires, le connaissant lui-même s'acquitte de cette fonction, et la connaissance seule ne le rend pas capable de la bien réaliser. De plus, il n'existe pas de lien nécessaire entre la connaissance des notions intelligibles de tempérance et de richesse, et l'activité de faire exister maintenant ces notions. L'activité dépend d'une condition supplémentaire : le désir et la décision de l'accomplir. La conjonction « si » (*idhâ*), qu'Alfarabi emploie dans les deux cas, implique une condition qui n'est pas nécessairement présente chez celui qui possède la science théorique. En outre, Alfarabi a cessé de parler de *nous* dans la première partie dans la science divine et la science humaine ou politique, et nous commençons ainsi à nous douter que l'absence de désir et de décision mentionnée ici affecte l'étude théorique des choses divines et humaines en tant qu'elles sont distinctes de la logique et de la physique, où le fondement commun évoqué par la référence fréquente au *nous* était beaucoup plus apparent. Chez l'interlocuteur, l'absence de la volonté d'actualiser les notions intelligibles volontaires dans les cités et les nations affecte d'une certaine manière sa compréhension théorique de celles-ci, ou bien elle produit un manque d'enthousiasme pour les choses divines et humaines en tant que distinctes de la logique et de la physique.

Quoi qu'il en soit, l'interlocuteur est exclu de la troisième partie. Le thème de cette partie n'est plus l'argument selon lequel le détenteur de la vertu théorique doit posséder aussi les vertus délibératives et morales supérieures et l'art pratique supérieur, c'est-à-dire devenir un vrai prince. Elle décrit plutôt ce qu'un prince qui a réalisé ces vertus doit apprendre et faire. Puisqu'il est capable d'actualiser les vertus et les arts spécialisés dans les cités et les nations, Alfarabi explique comment il doit enseigner et former le caractère de ses sujets, persuader et conquérir, légiférer, organiser les classes de ses subordonnés et conduire les cités et les nations, et chaque groupe et individu vers le bonheur suprême pour lequel ils sont dotés par nature. La relation entre cette description et l'interlocuteur semble claire. Il lui revient de décider s'il veut devenir prince. S'il décide de le devenir et qu'il y parvient, ce sera sa récompense. Sinon, il sera exclu du pouvoir et de la gloire immenses, et Alfarabi l'en exclut déjà de façon symbolique en ne s'adressant pas à lui et en ne l'incluant pas parmi les « souverains suprêmes » qui auront, entre autres choses, le pouvoir de contrôler l'enseignement et l'enquête sur les sciences théoriques.

## LE PRINCE, LE PHILOSOPHE, LE LÉGISLATEUR ET L'IMÂM

Avec la fin de la troisième partie, le sujet de *L'Obtention du bonheur* a été entièrement examiné. Les quatre choses humaines dont la possession conduit au bonheur ont été exposées, à la fois en soi et par rapport aux moyens par lesquels elles sont réalisées dans les nations et les cités. Les remarques introductives et finales de chacune des trois premières parties suffisent à montrer qu'Alfarabi fournit un cadre rigide afin de rappeler au lecteur les étapes de son argumentation, et qu'au sein de ce cadre les remarques finales de la troisième partie annoncent que le sujet abordé par l'auteur est maintenant définitivement achevé. La quatrième partie semble une sorte d'épilogue étranger au sujet tel qu'il est formulé dans la phrase d'ouverture de *L'Obtention du bonheur*. Si ce sujet était véritablement le thème central de l'ouvrage, la présence de cette dernière partie ne se justifierait pas. De plus, la quatrième partie introduit un certain nombre de sujets nouveaux, tous traités de façon relativement hâtive. Elle s'ouvre sur un éloge de la science théorique et elle situe ses origines. Elle fournit la signification de « la philosophie » et de « la religion » et de leur lien « selon les Grecs ». Elle explique aussi bien les idées que les mots « prince », « philosophe », « législateur » et *imâm* (aristocrate). Elle montre comment le même être humain peut être philosophe et législateur religieux. Elle distingue entre le faux et le vrai philosophe, et conforte la volonté de ce dernier de gouverner. Finalement, elle fait remonter *ce* type de philosophie aux Grecs en général et à Platon et Aristote en particulier, et assure par là une transition avec les deux parties restantes de la trilogie. La rapidité avec laquelle ces sujets sont traités est compensée par des renvois directs, relativement fréquents, aux auteurs qui font autorité ; une pratique qu'Alfarabi avait évitée jusque-là, à une exception près : la référence à Platon dans la question de l'éducation du prince dans la troisième partie.

En réalité, l'examen des renvois permet de découvrir le thème général de cette partie et son lien avec celui de la première partie. Celle-ci s'achevait sur l'affirmation que la science *théorique* comprend la connaissance des quatre choses humaines par quoi les cités et les nations atteignent le bonheur ultime ; Alfarabi y tenait également pour acquis que l'interlocuteur avait saisi le sens de cette affirmation. Mais après avoir examiné la question de savoir si la science théorique est suffisante pour la réalisation de ces quatre choses, il avait été conclu que *quatre* types de science, et non un seul, étaient requis : 1) les sciences théoriques qui rendent intelligibles par des démonstrations certaines les choses qui existent ; 2) les sciences rhétoriques qui présentent ces mêmes intelligibles par le moyen de la persuasion ; 3) les sciences poétiques qui fournissent les représentations de ces intelligibles par le moyen de la persuasion ; 4) les sciences extraites des trois premières pour chaque nation (35, 2-8). Alfarabi ne se lasse pas de répéter dans cette partie que le premier type est supérieur. Mais son intention est de convaincre l'interlocuteur d'admettre que les trois autres sciences sont nécessaires et utiles, et que ces sciences doivent être employées pour réaliser le but de la science théorique qui est le bonheur suprême de l'homme (38, 9-13 ; cf. 34, 1). L'interlocuteur n'a nul besoin d'être convaincu de la supériorité de la science théorique. Alfarabi avait essayé de prouver dans la deuxième partie que les sciences théoriques ne sont pas suffisantes en soi à la réalisation du bonheur suprême, et, sans s'inquiéter de savoir si l'interlocuteur voulait ou pouvait suivre l'argumentation, il avait présenté en détail, dans la troisième partie, les activités du prince qui enseigne aux citoyens et forme leur caractère avec leur consentement ou en les y contraignant. Au départ, il était demandé à l'interlocuteur d'admettre que d'autres choses étaient nécessaires en plus de la science théorique. Il lui est demandé maintenant d'admettre que d'autres types de science sont nécessaires en plus de la science théorique.

Alfarabi ne nomme pas ces trois types « rhétorique », « poétique » et « national » ; mais ces qualificatifs sont appropriés eu égard à leurs définitions. Chez l'interlocuteur, la première question qui viendrait à l'esprit serait de savoir si Alfarabi a raison d'appeler « sciences » les disciplines non théoriques, ou si la dénomination est arbitraire. En répétant fréquemment le mot « science », seul ou avec le démonstratif : « *cette* science », « *ces* sciences », « ces sciences-là », Alfarabi force l'interlocuteur à s'interroger sur cette question, le détourne d'objections éventuelles et ramène presque toute la question à un problème de *noms.* Il prouve ensuite sa propre compétence dans le domaine des noms et de leurs significations, en indiquant que sa façon d'utiliser les noms se fonde sur une autorité incontestable et une compréhension solide et que l'interlocuteur devrait l'apprendre de lui.

Dans cette partie, le caractère problématique des noms se présente de la manière suivante. Alfarabi justifie l'existence des autres sciences par le fait qu'elles sont nécessaires à l'éducation du vulgaire. La distinction entre le vulgaire et l'élu est fondée sur la distinction entre l'opinion commune et la connaissance. Mais, dans l'usage général, les mots « vulgaire » et « élu » ne sont pas appliqués à ceux qui acceptent les opinions communes, ni à ceux qui cherchent à connaître ; ils ne sont pas employés précisément sur la base de la connaissance mais de la croyance ; les gens qui sont habiles dans un certain art disent qu'ils appartiennent eux-mêmes aux élus et les autres au vulgaire, car ils croient qu'ils possèdent eux-mêmes la connaissance et que les autres suivent les opinions généralement admises (37, 3-14). Alfarabi n'introduit pas cet usage commun et imprécis pour jeter le doute sur la vraie distinction entre le vulgaire et l'élu, mais pour la conforter. L'usage commun, fondé sur ce que le peuple pense ou croit, reflète les sens véritables de ces mots. La distinction entre le vulgaire et l'élu est mieux connue, non pas des praticiens des arts qui restent confinés dans leur propre croyance, mais des praticiens des sciences, notamment ceux d'entre eux qui possèdent la science supérieure qui n'est pas basée sur l'opinion généralement admise.

Alfarabi passe des praticiens des arts aux praticiens de cette science ; il cherche à identifier le premier groupe qui l'a possédée et à déterminer la signification du mot « science » pour « eux ». Mais il se heurte ici au problème suivant. La tradition relate (« il est dit ») que les premiers à posséder cette science étaient les Chaldéens, d'où elle est passée chez les Egyptiens, les Grecs, les Syriens et finalement les Arabes. Alfarabi ne disposait pas de la littérature des Chaldéens ou des Egyptiens sur le sujet, ou il n'accordait pas de crédit à ce qui leur était attribué à son époque. Il ne savait pas, par exemple, si ce qui était rapporté de la sagesse des Chaldéens et des Egyptiens signifiait « cette science [théorique] » ou « les autres sciences ». La seule littérature qu'il connaissait contenant l'expression de cette science était dans les langues grecque, syriaque et arabe. Pour connaître l'usage antérieur du mot science, il avait dû remonter aux Grecs (« *parmi lesquels il demeura quelque temps* »). Ils constituent la meilleure autorité d'Alfarabi, à la fois parce qu'ils possédaient cette science et parce que nous possédons les noms qu'ils lui appliquaient et savons ce qu'ils signifiaient. Dans la troisième partie, Alfarabi élargit la signification du mot « science » afin d'inclure les trois autres types de sciences, et il étend la fonction de la science au politique, en plus du cognitif. Il le justifie en évoquant la fonction et le sens originaux de la science

« chez les Grecs qui possèdent cette science ». Le premier nom qu'ils lui avaient donnée était « la sagesse absolue » et « la sagesse supérieure » ; et ils appelèrent « science » l'acquisition de cette sagesse. Ils avaient un nom spécifiquement grec, « la philosophie », pour désigner l'état d'esprit scientifique ; mais ce qu'ils *entendaient* par philosophie était *l'amour* de la sagesse supérieure. Celui qui acquiert cette sagesse n'est pas appelé par eux « scientifique », mais « philosophe », mot qui signifiait pour eux l'amoureux de la sagesse supérieure. Alfarabi glisse ainsi du mot « science » aux expressions « sagesse » et « amour de la sagesse », c'est-à-dire à la philosophie et au philosophe. Finalement, il rapporte la vision ou l'opinion des philosophes grecs sur l'objet de leur amour, la sagesse supérieure (qui comprend en potentiel *toutes* les vertus), rapporte les noms qu'ils leur ont donnés (« la science des sciences », etc.) et explique ce qu'ils entendaient par de tels noms.

La conclusion qui s'impose est la suivante : Alfarabi n'est pas un innovateur. Les innovateurs sont ceux qui restreignent le sens de la science à la seule science théorique. Quels que soient les avantages de cette restriction, elle rompt avec la signification originale de la sagesse et de la philosophie. Au regard de cette perspective originale et plus large, les enquêtes sur la seule science théorique ne constituent pas la recherche de la sagesse supérieure, et la philosophie qui obtient la science théorique sans le pouvoir d'instruire et de former le caractère de la multitude est une philosophie incomplète. L'idée de science, de sagesse et de philosophie d'Alfarabi est une notion originale, qui est aussi la notion parfaite et la plus complète. En comparaison, le concept de science seulement théorique est une innovation et un concept partial ou incomplet. Au regard de cette perspective partiale, le philosophe n'a pas besoin d'être le souverain suprême ; mais si quelqu'un devait reprendre sans restriction le concept originel de philosophe (la notion de philosophe absolu), « philosophe » et « souverain suprême » signifieraient alors la même chose. De plus, en revenant à l'usage originel des noms, nous récupérons, en concomitance avec les anciennes significations, la signification ancienne, plus établie et moins limitée de la philosophie, la signification de la « religion » selon les Anciens et la relation entre la philosophie et la religion, qui trouve sa plus haute expression dans l'activité du philosophe-législateur. Finalement, la récupération des noms originels grecs de « sagesse », « science » et « philosophie » nous enseigne non seulement les significations originelles de ces noms et les liens qu'ils entretiennent entre eux, mais également la manière dont des noms différents peuvent indiquer différents aspects de la même chose. Elle nous permet de voir comment ces noms indiquent des choses distinctes, quand nous pensons seulement à la signification restreinte des noms, et comment la découverte de leur vraie signification implique la restitution de leur sens inconditionnel et non restrictif. Par exemple, l'expression « législateur » signifie la découverte des conditions particulières de la quête du bonheur par une communauté politique particulière. Mais cela présuppose que le législateur sait ce qu'est le bonheur ou qu'il a acquis la philosophie. Le mot « philosophie » a pris la signification stricte de vertu théorique. Mais l'existence de la vertu théorique dans son ultime perfection requiert également la présence des autres vertus non théoriques. Le mot « prince » signifie un pouvoir entier. Mais posséder la totalité du pouvoir sans restriction signifie posséder aussi le pouvoir interne de la pensée, de la vertu et de l'art. Le mot *imâm* (cf. 29, 18, *passim*) signifie en arabe : être suivi et accepté comme guide. Mais pour être suivi et accepté sans condition ni restriction, un guide doit posséder l'objectif, la science, la vertu et l'art supérieurs. Alfarabi ne revient pas au sens originel de la science pour justifier seulement sa propre manière d'utiliser ce mot ou récupérer le sens originel de la sagesse et de la philosophie, mais pour restituer la manière dont les philosophes grecs (anciens) pensaient les noms (tels que *imâm*) qui n'étaient pas connus des Grecs mais dont le sens doit être recherché « selon la langue arabe ».

Tel semble donc l'objet immédiat de la quatrième partie : former l'interlocuteur à la méthode permettant de transcender la signification restreinte des noms. Dans le troisième des quatre cas où Alfarabi s'adresse directement à l'interlocuteur, et dans le second des trois cas où il emploie la formule « *rends-le évident* pour toi-même », il lui ordonne d'apprendre que le sens (*ma'na*) logique, abstrait ou non restrictif des expressions (*alfâz*) « philosophe », « souverain suprême », « prince », « législateur » et *imâm* est un seul et même sens (43, 18-19). Il fait aussi allusion à la manière dont l'interlocuteur peut apprendre l'unité sous-jacente à la diversité des expressions. « *Quelle que soit l'expression que tu prends, quand tu examines ce que chacune d'elles signifie selon la majorité de ceux qui parlent* votre langue, *tu trouveras qu'à la fin ils s'accorderont tous sur un seul et même sens* » (43, 19-44, 2). Ainsi, l'interlocuteur ne peut apprendre ce qu'Alfarabi lui demande d'apprendre en prenant seulement les expressions elles-mêmes, mais seulement en allant plus avant et en trouvant ce qu'elles signifient chez ceux qui parlent *notre* langue. Si nous n'avions pas eu conscience du problème du langage et de la place centrale qu'il occupe dans cette partie, et également du fait que, hormis le colophon, c'est le seul passage où Alfarabi se réfère au *nous*, nous aurions été satisfaits du sens linguistique apparent de *notre* langue, la langue arabe parlée par Alfarabi et son interlocuteur. Mais juste avant cet ordre, Alfarabi expliquait *le sens* d'*imâm* « dans la langue des Arabes » et il disait qu'il « signifie seulement celui dont l'exemple est suivi et qui est bien accepté ». Il explique ensuite comment il faut comprendre cette définition : si la restriction de la signification du nom est écartée, *imâm* en viendra alors à signifier la même chose que « philosophe ». Cette dernière signification n'est sûrement pas conforme à « la langue des Arabes ». De plus, le mot « philosophe » est grec et non point arabe. Ayant laborieusement expliqué l'importance de récupérer le sens originel grec de noms tels que la « science » et la « sagesse », Alfarabi n'a pu vouloir simplement demander à son interlocuteur d'accepter en tant qu'avis définitif et autorisé sur le sens du mot « philosophe » sa signification parmi la majorité de ceux qui ne parlent pas grec. Car ces derniers ne pouvaient pas, par exemple, conjecturer en examinant le mot *faylasûf* qu'il signifie « celui qui aime et recherche la sagesse la plus élevée » ; ce qui est, selon Alfarabi, le sens du mot grec consacré par ceux parmi les Grecs qui possèdent la science supérieure. De même, la référence à *notre* langue ne veut pas dire le grec, car *imâm* n'est pas un mot grec.

Bien qu'Alfarabi mentionne le fait que la science supérieure est exprimée dans « la langue grecque », il n'explique jamais le sens d'un mot selon la langue grecque, mais seulement selon « ceux parmi les Grecs qui possèdent cette science ». Ce qui n'est pas tout à fait la même chose. Par exemple, dans la langue grecque, « philosophe » signifie celui qui aime ou recherche la sagesse ; tandis que ceux parmi les Grecs qui possèdent cette science « désignent par philosophe celui qui aime et recherche la sagesse supérieure ». En expliquant le sens d'*imâm*, qui dépasse le sens du mot « dans la langue des Arabes », Alfarabi ne suit pas la signification du mot selon la langue grecque mais la pratique de « ceux parmi les Grecs qui possédaient cette science » et qui donnèrent aux noms grecs des sens qui vont au-delà du sens commun des expressions concernées. *Notre* langue n'est donc ni grecque ni arabe ; c'est la langue de « ceux qui possèdent cette science », qu'ils soient grecs ou arabes. Ce n'est également pas la langue commune à Alfarabi et à son interlocuteur. Ce dernier était déjà apparu comme un néophyte dans *cette* langue ; il lui était ordonné de l'apprendre. Parvenu à son apogée dans la troisième partie, l'écart entre Alfarabi et son interlocuteur n'est pas résolu ici par un dénominateur commun, la langue arabe. Alfarabi exprime seulement la promesse que l'interlocuteur pourra rejoindre une nouvelle communauté, à laquelle il n'appartient pas encore, à la condition qu'il apprenne sa langue. C'est seulement en apprenant cette nouvelle langue qu'il peut connaître la vraie signification de la « philosophie », de la « législation » et de « la religion », et le fait que, à soi seule, la connaissance de la science théorique est le signe d'un philosophe trompeur, vain et faux.

Si Alfarabi n'apporte pas de précisions sur les Grecs ou les

Anciens qui parlaient cette langue, une figure joue cependant un rôle significatif dans cette partie et incarne en quelque sorte l'autorité sur laquelle Alfarabi base sa réinterprétation du mot « science ». Platon jouit de la distinction d'être le seul philosophe mentionné dans le texte de *L'Obtention du bonheur*. Il l'est une première fois dans la troisième partie où, au sujet de l'éducation des *imâms* et des princes et de leur rôle politique, Alfarabi renvoie le lecteur à l'exposé par Platon (dans *La République*) des étapes qu'ils doivent parcourir pour apprendre les sciences et acquérir les traits de caractère depuis leur enfance jusqu'à leur accès au rang de souverains suprêmes de la cité (30, 7). Bien qu'il semble assuré que Platon représente l'autorité première de toute cette partie, c'est seulement dans la quatrième partie, après la référence d'Alfarabi aux Anciens et à leur vision de la relation entre la philosophie et la science, que Platon émerge comme la figure centrale de *L'Obtention du bonheur*. Alfarabi renvoie au *Timée* de Platon comme modèle de la production des images sensibles des choses intelligibles (41, 5). Il soutient que cette activité de fabrication d'images est caractéristique de la religion, contrairement à la philosophie qui donne un exposé démonstratif des choses elles-mêmes[3]. Puis, dans l'exposé final relatif à la distinction entre le vrai et le faux philosophe, Alfarabi renvoie de nouveau à l'exposé de Platon dans *La République* sur l'équipement nécessaire à l'étudiant de la science théorique pour éviter de devenir un philosophe trompeur, vain ou faux (45, 17). Il renvoie également au « feu [soleil] d'Héraclite », mentionné par Platon (dans *La République*) pour illustrer comment la lumière de la science théorique apprise par le faux philosophe à qui il manque l'équipement naturel, et par le philosophe vain à qui il manque les habitudes adéquates, s'éteint à mesure qu'ils vieillissent (46, 2).

L'examen des quatre évocations de Platon montre qu'elles concernent exclusivement l'éducation appropriée des futurs philosophes et la relation entre la philosophie et la religion. Elles renvoient à deux œuvres de Platon, *La République* et le *Timée*, seuls écrits mentionnés dans l'ouvrage. Ce que fait Platon dans le *Timée* est présenté comme un modèle de l'activité imitative qui produit ce que les Anciens appelaient « religion », et ce qu'il dit dans *La République* comme l'exposé normatif de l'éducation et de l'instruction du vrai philosophe.

Selon Alfarabi, Platon préciserait dans *La République* qu'afin d'éviter de devenir un faux philosophe, l'étudiant de la science théorique « devrait avoir de saines convictions sur les opinions de la religion dans laquelle il est élevé, adhérer fermement aux actes vertueux de sa religion et ne pas délaisser tous les actes et opinions ou la quasi-totalité de ceux-ci » (45, 6-7). Cette affirmation est incontestablement ambiguë. Néanmoins, à partir de là, aucun étudiant engagé dans la science théorique ne peut être considéré comme un vrai philosophe s'il tourne le dos aux opinions et aux actions de sa religion ou s'il recherche la science théorique en ignorant entièrement la communauté religieuse au sein de laquelle il vit. Il convient de rappeler deux faits : d'une part, les références d'Alfarabi à Platon apparaissent après l'abandon par Alfarabi de la base commune qui l'autorisait à utiliser le *nous* pour désigner l'interlocuteur et lui-même ; d'autre part, Platon est le seul parmi ceux qui parlent *notre* langue qui est mentionné par son nom et dont les œuvres sont citées par Alfarabi. Dès lors, nous commençons à percevoir l'apparente implication de ce changement d'attitude à l'égard de l'interlocuteur. Platon est l'autorité à laquelle Alfarabi renvoie son interlocuteur afin de conforter sa réévaluation du statut de la science théorique. Si l'interlocuteur est destiné à devenir un vrai philosophe et non pas seulement un étudiant de la science théorique ou un faux philosophe, il devrait apprendre la langue de Platon ou ce que Platon fait et dit dans le *Timée* et *La République*.

L'argument de la quatrième partie, notamment l'insistance sur l'éducation du futur philosophe-prince et la relation entre la philosophie et la religion, mène au thème dominant des remarques finales, thème qui porte sur la distinction entre la philosophie elle-même, les moyens qui y conduisent et ceux qui permettent de reconstruire ou rétablir la philosophie quand elle devient défectueuse ou inexistante (47, 4-5). Pour autant, l'assertion selon laquelle la philosophie décrite par Alfarabi dans la quatrième partie, la seule où apparaît le mot « philosophie », « nous est parvenue par les Grecs à partir de Platon et d'Aristote » (47, 3-4) n'est pas démontrée. Aristote n'est mentionné nulle part ailleurs dans *L'Obtention du bonheur*. Il est, sans nul doute, la principale autorité en matière de méthodes logiques et de science naturelle décrites dans la première partie ; pourtant, même là, Alfarabi évite de mentionner son nom. Par la suite, Alfarabi conduit son interlocuteur vers une vision de la science qui semble typiquement platonicienne ; il ne mentionne la philosophie qu'après le nom de Platon et après avoir établi l'équation entre la philosophie et la nouvelle vision de la science qui émerge d'un sens plus large de la philosophie. L'argument de l'ensemble de cet ouvrage culmine délibérément dans l'éducation du futur philosophe-prince selon le programme présenté dans *La République* de Platon, d'une part, et dans l'indication de l'importance philosophique de la question de la religion qui trouve sa solution dans le *Timée* de Platon d'autre part. Cependant, après nous avoir mené à cette conclusion, Alfarabi affirme maintenant sans équivoque que nous pouvons tout aussi bien apprendre *cette* philosophie chez Aristote. Pourtant, Platon et Aristote nous ont donné deux présentations différentes de la philosophie et des moyens d'y parvenir et de la rétablir. Alfarabi les appelle, respectivement, « la philosophie de Platon » et « la philosophie d'Aristote », et il annonce son intention de faire un exposé différent de chacune d'elles[4].

Sans préciser la façon dont ces deux philosophies sont devenues la philosophie décrite par lui dans *L'Obtention du bonheur*, Alfarabi adresse à son interlocuteur une recommandation finale (47, 9). Il lui demande d'apprendre « de ceci » (de l'exposé précédent, des deux exposés séparés suivants, ou des deux à la fois), que Platon et Aristote avaient un seul but et qu'ils visaient à présenter un exposé d'une philosophie unique. Puis il demande à l'interlocuteur d'aller au-delà de ce que lui-même lui offre dans cette trilogie, de rechercher la preuve de l'unité de l'objectif et du but de Platon et d'Aristote. Il conduit son interlocuteur vers les deux philosophies et les deux fins en indiquant la direction vers leur objectif et leur but, mais il ne les lui montre pas. C'est à l'interlocuteur de les trouver par ses propres moyens. La seule aide que l'interlocuteur reçoit d'Alfarabi sur ce sujet est un nombre. *L'Obtention du bonheur* commence par le nombre 4, mène l'interlocuteur jusqu'au nombre 2 et demande de rechercher par soi-même le nombre 1. La trilogie commence avec *L'Obtention du bonheur* comme première partie, suivi par les « deux » philosophies dans les deuxième et troisième parties. Mais il y a une « quatrième » partie non écrite dans laquelle l'interlocuteur est appelé à rechercher l'objectif et le but communs aux deux philosophies. Cette « quatrième » partie est évoquée encore une fois au début de la troisième partie, où un nouvel ensemble de quatre choses est introduit et rappelé dans les remarques qui clôturent la trilogie.

Tout cela semble plutôt énigmatique. En effet, aucune réponse directe n'est offerte aux difficultés rencontrées dans les remarques finales d'Alfarabi, dès lors que celles-ci sont considérées non comme une transition aux deux parties à venir de la trilogie, mais comme une conclusion à *L'Obtention du bonheur*. Pourtant, si nous nous intéressons à l'objectif et au but d'Alfarabi, nous devons procéder à l'étude des deuxième et troisième parties, où Alfarabi s'abrite derrière Platon et Aristote, afin de voir s'ils apportent plus de lumière sur la première partie où il présente son propre exposé de la voie qui mène vers leur philosophie. Bien que les remarques finales soulèvent plus de questions que de réponses, elles demeurent précieuses sous un angle. Elles altèrent la conclusion à laquelle chaque étape de *L'Obtention du bonheur* semblait mener, et pour laquelle le mouvement apparent de l'argumentation semblait offrir un solide point d'appui ; autrement dit, Alfarabi éloignait son interlocuteur de la philosophie d'Aristote pour le conduire vers la philosophie de Platon. Nous savons maintenant que l'ouvrage est conçu pour mener l'interlocuteur aussi bien à la philosophie d'Aristote qu'à celle de Platon ; que celui-ci a besoin d'un exposé de la philosophie d'Aristote aussi bien que de la philosophie de Platon, et que l'ouvrage vise à exercer l'interlocuteur à la compréhension de l'exposé non seulement de la philosophie de Platon par Alfarabi, mais également de la philosophie d'Aristote. Pourquoi donc Alfarabi demeure-t-il entièrement silencieux au sujet d'Aristote jusqu'au dernier moment ? L'Aristote qui n'était pas mentionné auparavant dans *L'Obtention du bonheur* est un Aristote qui mène à Platon. Mais il existe un autre Aristote qui sera engendré par Platon et qui « voit la perfection de l'homme comme Platon la voit et mieux encore ».

*Chapitre 9*

# Le point de départ d'Aristote

*La Philosophie d'Aristote* d'Alfarabi est la dernière partie d'une trilogie intitulée *La Philosophie de Platon et d'Aristote* qui s'ouvre avec *L'Obtention du bonheur*, se poursuit avec *La Philosophie de Platon* et s'achève avec *La Philosophie d'Aristote*. Le titre complet de cette dernière partie est « La Philosophie d'Aristote, les parties de sa philosophie, l'ordre de ses parties, la position dont il est parti et celle qu'il a atteinte ».

Dans *L'Obtention du bonheur*, Alfarabi part de l'énumération des choses humaines grâce auxquelles les nations et les citoyens atteignent le bonheur, et il termine par une présentation de la religion et de la philosophie. Il conclut en disant que la philosophie dont il a parlé dans *L'Obtention du bonheur* « nous est venue » de Platon et d'Aristote, et il invite son interlocuteur à clairement s'assurer de l'unité du but ou de l'objectif de leur philosophie. Mais nulle part dans *La Philosophie de Platon* et *La Philosophie d'Aristote*, Platon, Aristote ou Alfarabi ne livrent ce but ou cet objectif. Néanmoins, le titre et la disposition interne des deux textes fournissent des indications nombreuses sur la nécessité de rechercher l'unité de leur objectif dans l'ordre de leur enquête, ainsi que dans la relation entre les trois parties de la trilogie. *L'Obtention du bonheur* en est la première. Pourtant l'exposé de la philosophie qui s'y trouve n'est pas le premier de la vraie philosophie telle qu'Alfarabi l'entend, mais le dernier des trois exposés de cette même philosophie. Cela est vrai, bien sûr, au sens chronologique ; mais également dans la mesure où de grandes parties de *L'Obtention du bonheur* ne sont pas intelligibles sans *La Philosophie de Platon* et *La Philosophie d'Aristote*. La relation entre ces deux dernières est aussi ambiguë. *La Philosophie d'Aristote* suit *La Philosophie de Platon* et suppose la vision par Platon de la perfection humaine. Pourtant, l'Aristote d'Alfarabi décide de partir d'une position antérieure à celle de Platon. Il nous faut donc prêter attention à la signification des trois points de départ de la trilogie et à la relation qu'ils entretiennent entre eux.

Le seul des trois exposés de la philosophie qui n'est pas présenté par Alfarabi comme dépendant d'une manière ou d'une autre des deux autres est celui de *La Philosophie de Platon*. Il est donc possible de dire que le premier exposé, ou l'exposé du début, de la vraie philosophie telle qu'Alfarabi la comprend est son exposé de la philosophie fournie par Platon. Mais ce n'est pas un exposé du début historique de la philosophie : un exposé indépendant de la philosophie pré-platonicienne dans le sens large n'est pas tenu pour nécessaire à la compréhension de la philosophie de Platon.

*La Philosophie de Platon* évoque souvent Socrate. Mais Alfarabi ne commence pas par Socrate ou les présocratiques, Parménide par exemple ; ceux-ci sont inclus dans la philosophie de Platon, au sens où leurs positions sont examinées et présentées dans ses parties et dans l'ordre de ses parties. Il soutient que la philosophie de Platon, ou ses enquêtes, couvrait la totalité des sciences, des arts et des modes de vie généralement connus dans les nations et les cités. Bien que la philosophie de Platon ne soit pas simplement le début de la philosophie, et certainement pas le début de tous les arts théoriques et pratiques, elle englobe d'une certaine façon toute la philosophie et tous les arts théoriques et pratiques généralement connus dans les nations et les cités ; elle constitue le début le plus complet de la philosophie parvenu jusqu'à Alfarabi. C'est aussi une philosophie qui constitue un tout, avec des parties reconnaissables, un ordre repérable, un début et une fin. Elle est le centre autour duquel *L'Obtention du bonheur* et *La Philosophie d'Aristote* gravitent et où elles prennent appui.

*L'Obtention du bonheur* débute par l'énumération des choses humaines par lesquelles les nations et les citoyens des cités parviennent au bonheur dans cette vie et au bonheur suprême dans l'au-delà, tandis que le Platon d'Alfarabi commence par subordonner l'enquête sur le bonheur à l'enquête sur la perfection de l'homme en tant qu'homme, et le bonheur social ou politique de l'homme au bonheur associé à la perfection ultime de l'homme ou procédant d'elle. Les questions relatives à la vie pratique (les vertus) et à la politique surgissent au sein de ce cadre. Pour le Platon d'Alfarabi, la perfection humaine consiste en une science et un mode de vie désirés (*La Philosophie de Platon*, sect. 4). Cela signifie que la science désirée ne suffit pas seule pour parvenir à la perfection humaine. La distinction, établie dans *L'Obtention du bonheur* (sect. 22ff.), entre les vertus théoriques, d'une part, et les vertus délibératives, les vertus morales et les arts pratiques, d'autre part, trouve son origine ici. Les vertus théoriques (les sciences théoriques et la perfection théorique) ne sont pas suffisantes. Mais pour quel objectif le seraient-elles ? *L'Obtention du bonheur* (sect. 21) avance la réponse suivante : pour que les citoyens des cités et des nations obtiennent l'ultime bonheur. *La Philosophie d'Aristote* ne reprend pas cette question.

Il est vrai que le Platon d'Alfarabi s'exprime abondamment sur le mode de vie souhaité, celui du philosophe ou de l'initié, celui de la multitude, et sur la relation entre les deux, mais il en dit très peu sur le contenu de la science désirée. Pourtant, c'est le Platon d'Alfarabi qui la définit comme science de la substance de chacun de tous les êtres ou des êtres naturels ou divins (*La Philosophie de Platon*, sect. 3, 33) ; et il pose et résout la question de savoir si une telle science est possible (*La Philosophie de Platon*, sect. 5), question dont dépend l'entreprise philosophique en totalité selon Alfarabi[1], et si cette science est obtenue par hasard, par nature ou par enquête, étude et éducation faisant usage d'un art et d'un pouvoir basés sur un art (*La*

*Philosophie de Platon*, sect. 6 ; *L'Obtention du bonheur*, sect. 4ff.). C'est donc Platon qui se trouve au départ de cette philosophie, qui en définit le cadre, qui soulève la question de la possibilité de la philosophie et de la voie qui y conduit, qui enquête sur la philosophie comme un problème, la défendant contre les doutes importants qui lui sont opposés et expliquant ce qu'est être un philosophe et ce que signifie être mis à l'écart de la multitude non philosophique. Il existe enfin des enquêtes platoniciennes sur les arts théoriques et pratiques et sur les modes de vie (*La Philosophie de Platon*, sect. 7-18) qui prennent place avant que Platon lui-même ne fournisse le vrai art théorique et le vrai art pratique. En d'autres termes, c'est Platon qui enquête le premier sur ce qui est appelé, dans *La Philosophie d'Aristote* (84, 3-4), « les choses qui s'érigent contre » la science certaine.

Pour ces raisons, les enquêtes de Platon sont présentées par Alfarabi « comme entièrement indépendantes des investigations de tous ses prédécesseurs » (L. Strauss 1945, 4 n. 7). Le rapport qu'entretient Platon avec ses prédécesseurs, son rejet ou son adoption totale ou partielle de leurs vues, est évoqué dans la présentation que fait Alfarabi des écrits de Platon ; il considérait ces écrits suffisants pour la compréhension de la philosophie délivrée par Platon. De plus, Alfarabi « présente Platon comme un homme qui avait à découvrir par lui-même le sens exact de la philosophie, signifiant par là qu'il n'avait aucun prédécesseur philosophique » (Strauss 1947, 20 et n. 46[2]).

Vu sous cet angle, le cas de la philosophie d'Aristote se présente de manière quelque peu différente dans *La Philosophie d'Aristote*. Les écrits d'Aristote et la philosophie qu'ils contiennent supposent déjà la philosophie de Platon telle qu'elle est présentée dans *La Philosophie de Platon*. L'ordre de présentation le prouve (d'abord Platon, puis Aristote), mais également la première phrase de *La Philosophie d'Aristote* qui soutient qu'Aristote est d'accord sur le thème principal de la philosophie de Platon : ce qui constitue la perfection humaine. Ainsi ne peut-on commencer avec Aristote, car, à la différence de Platon, il ne constitue pas un début philosophique. De plus, ses écrits, tels que présentés par Alfarabi, ne contiennent pas la philosophie de tous ses prédécesseurs, ce qui signifie surtout qu'ils ne contiennent pas la philosophie de Platon, du moins pas suffisamment. Autrement, Alfarabi aurait pu ignorer Platon et dire que toute la philosophie qu'il décrit dans *L'Obtention du bonheur*, bien qu'issue de Platon, est contenue de façon adéquate ou suffisante dans les écrits d'Aristote. Dans ce cas, il aurait réagi comme un vrai aristotélicien, en soutenant que la totalité de la philosophie, ou la substance totale de la philosophie, est contenue dans les écrits d'Aristote et que la pensée de ses prédécesseurs, y compris Platon, pour autant qu'ils comportent quelque chose d'intéressant et de significatif, ou qu'ils apportent une contribution importante à la connaissance philosophique, est contenue dans la philosophie et les écrits d'Aristote.

Dans ce sens, Alfarabi n'était pas un aristotélicien. Au contraire, dans les passages de *L'Obtention du bonheur* où il parle en son propre nom, il « cache » Aristote et mentionne seulement Platon. A la fin de cet ouvrage, il affirme que la philosophie qu'il a décrite nous est venue de Platon et d'Aristote et non pas d'Aristote seul. *L'Obtention du bonheur* est structuré de façon à rendre la présentation de Platon, qui suit immédiatement, naturelle et intelligible, n'exigeant ni explication ni justification. La manière dont Platon commence ses enquêtes est aisément perceptible dans des ouvrages proprement platoniciens. Le point de départ d'Aristote (qui n'est pas mentionné non plus dans *La Philosophie de Platon*) est au contraire lié à Platon, au fait qu'il est en accord complet avec Platon sur la question de la philosophie par excellence : ce qui constitue la perfection humaine.

Ainsi, la question qui se pose n'est pas « pourquoi Platon ? », mais « pourquoi Aristote ? ». La raison en est qu'Aristote se détourne de Platon en se fondant sur une exigence platonicienne qu'il entend comme le besoin de certitude et de démonstration. Alfarabi considère qu'Aristote n'a suffisamment expliqué la distance prise à l'égard de Platon dans aucun de ses écrits. L'Aristote d'Alfarabi (à la différence de l'Aristote dont Alfarabi connaissait les écrits sur le sujet) semble réticent sur cette prise de distance à l'égard de Platon et sur le point de départ de sa propre philosophie. Alfarabi est obligé de parcourir tous les écrits d'Aristote dans le but de dégager, expliquer et justifier son éloignement à l'égard de Platon. Il s'ensuit une longue introduction où Alfarabi explique l'écart d'Aristote et justifie sa décision d'inclure la philosophie d'Aristote[3]. Il en résulte un contraste saisissant avec *La Philosophie de Platon*, où c'est Platon lui-même qui introduit sa philosophie et la justifie (sect. 1-19). Dans cette introduction, Aristote, au contraire de Platon, ne s'engage pas dans l'examen des conceptions différentes de la science désirée ou de la manière de l'obtenir, ni dans une discussion sur les arts théoriques concurrents ; de même qu'il n'est pas, comme Platon, directement concerné par le sort de Socrate, lequel n'est pas mentionné dans *La Philosophie d'Aristote*. Son principal intérêt porte plutôt sur ce que chacun pense et désire. Pour amorcer ce point de départ, Alfarabi trouve nécessaire de restituer ce qu'Aristote pensait avant d'écrire ses ouvrages ; et ce, avant de les présenter un à un, à commencer par les *Catégories*[4]. Pour Alfarabi donc, la philosophie d'Aristote n'est pas coextensive à ses écrits. Ceux-ci ont besoin d'une introduction et d'une conclusion. Par conséquent, l'exposé de sa philosophie commence avant celui de ses écrits, et il ne se termine pas avec leur présentation, laquelle s'achève avec *La Métaphysique*. A la fin de *La Philosophie d'Aristote*, Alfarabi ne dit pas « c'est ici que la philosophie d'Aristote s'achève », comme il le fait à la fin de *La Philosophie de Platon*. Et un nouvel examen du titre fait apparaître que « la position d'où il est parti » et la position qu'il a « atteinte » sont ambiguës, à la différence du titre de *La Philosophie de Platon*. Le point de départ traditionnel des écrits d'Aristote, ce sont les *Catégories*. Ce point de départ ne va pas de soi et Aristote se propose de l'expliquer. C'est vrai également de la position qu'Aristote atteint ; car, là aussi, Alfarabi propose d'expliquer ce qu'Aristote a réalisé dans ses écrits.

## LA QUESTION DE LA PERFECTION HUMAINE

*La Philosophie d'Aristote* commence par la mention de l'accord d'Aristote avec Platon tout autant que de leur désaccord (59, 5-7) : l'opinion d'Aristote sur la perfection humaine est tout à fait identique à celle de Platon ; Aristote s'y tient de façon encore plus catégorique que ne le fait Platon lui-même. Alfarabi explique que cette opinion platonicienne-aristotélicienne n'est ni évidente en soi ni facile à expliquer par une démonstration qui mène à la certitude ; c'est pourquoi Aristote était d'avis de partir d'une position antérieure à celle d'où partait Platon.

Alfarabi utilise de nouveau l'expression « opinion », ou plutôt le verbe « voir » ou « opiner »[5], en traitant de l'accord sur la perfection humaine et du désaccord sur la position de départ correcte. Une opinion peut très bien être vraie mais, en tant qu'opinion, elle n'est pas vraie nécessairement. Elle doit être opposée à ce qui est évident en soi, ce qui ne peut et n'a pas besoin d'être démontré, mais qui peut être confirmé par l'examen (dialectique), ce qui est expliqué ou rendu évident par le moyen d'une démonstration avec laquelle on atteint la certitude, et qui commence par les choses évidentes en soi. Le fait que le Platon d'Alfarabi ne considère pas sa vision de la perfection humaine comme évidente en soi se manifeste dans les multiples enquêtes qu'il a menées jusqu'à ce qu'il « devienne évident pour *lui* » que cette perfection est une science et un mode de vie déterminés (*La Philosophie de Platon*, sect. 1-2) et jusqu'à ce qu'il ait appréhendé ce que sont ces deux choses (*ibid.*, sect. 3-4 et sec. 5, début). Il n'y a pas de raison non plus de croire que le Platon d'Alfarabi pensait qu'il était aisé de rendre la perfection humaine, telle qu'il la percevait, évidente à soi ou aux autres à partir d'une démonstration qui en fournirait une connaissance certaine. Alfarabi soutient que la vision de la perfection humaine de Platon lui (à Platon) devint évidente, qu'il (Platon) obtint et réalisa ce que sont ses deux composantes et que ce fut lui (Platon) qui fournit ces ceux parties (*La Philosophie de Platon*, sect. 19). Et il soutient que la seule méthode suffisant à procurer la science désirée, laquelle est la plus grande des deux perfections humaines, est une méthode autre que la dialectique, qui est, selon Alfarabi, la démonstration menant à la certitude (*La Philosophie de Platon*, sect. 12 ; *La Rhétorique* d'Alfarabi, 55). Mais nulle part dans *La Philosophie de Platon* il n'affirme ni ne suggère, au sujet de la vision de la perfection humaine de Platon, que son Platon lui-même l'a obtenue grâce à une démonstration ou qu'il a tenté de l'expliquer dans ses écrits par une démonstration menant à la certitude[6]. En réalité, Alfarabi ne dit même pas que son Platon expliquait sa vision de la perfection humaine, mais seulement qu'elle lui devint évidente ou claire.

Cependant, il semble improbable qu'Aristote adopte aussi catégoriquement la vision de Platon sur la perfection humaine, au prétexte qu'elle serait devenue évidente à Platon ou en se fondant simplement sur l'autorité de Platon ; c'est-à-dire si elle n'était pas devenue évidente à Aristote également et s'il n'avait pas, lui aussi, réalisé de lui-même qu'elle est la vraie vision de la perfection humaine. Pour Platon, il suffisait qu'elle soit « évidente pour lui » ; ce qui ne semble pas le cas pour Aristote. Est-ce parce qu'Aristote est l'inventeur de la « démonstration » en tant qu'art à part entière grâce auquel ce qui n'est pas évident en soi, quoique vrai nécessairement et toujours, peut être démontré comme étant tel à la fois pour sa propre satisfaction et pour celle d'autrui ? Ou l'invention par Aristote de l'art de la démonstration est-elle due plutôt à sa gêne devant le fait que la vision de Platon sur la perfection humaine reste « non démontrée » ? Alfarabi dit ailleurs que Platon a « perçu les méthodes de la démonstration » grâce à un don naturel exceptionnel, c'est-à-dire « sans avoir établi les règles générales » des méthodes de la démonstration en tant qu'art, lesquelles furent développées par Aristote (*La Rhétorique* d'Alfarabi, 55). Pourtant, même à cette étape initiale, c'est-à-dire avant d'avoir appris quoi que ce soit sur la démonstration en tant qu'art, Aristote semble confronté à la difficulté de démontrer la conception de Platon sur la perfection humaine et à la question de savoir si le thème majeur de la philosophie de Platon et, pour lui, de la philosophie en général, ne devrait pas être également communiqué à autrui comme nécessairement et toujours vrai. Bien entendu, nous ne savons pas encore si Aristote démontrera cette conception, ni comment il le fera ; jusque-là il n'est question que des « opinions » d'Aristote et de ce qu'il « voit ». Mais, au début tout au moins, la question de démontrer et de communiquer la vérité à autrui — ce qui serait la conception d'Aristote de la vraie science ou « sagesse » (sect. 7-19) — semble stimulée par le désir de communiquer la conception de la perfection humaine de Platon ainsi que la sienne, de telle manière que l'on ne pense pas que c'est simplement l'opinion de Platon ou d'Aristote.

Alfarabi passe ensuite (59, 8-19) aux raisons qui ont poussé Aristote à décider de commencer d'une position antérieure à celle de Platon. La présentation qui en est faite ne montre pas un Aristote qui enquête, mais un Aristote qui se contente de regarder autour de lui comment les choses se passent. L'accord d'Aristote avec Platon sur sa vision de la perfection humaine passe maintenant au second plan. A la différence de Platon, Aristote ne commence pas par la question « qu'est-ce que la perfection de l'homme en tant qu'homme ? » ou toute autre question en particulier. Les choses qu'il voit et décrit ne sont pour la plupart même pas spécifiquement humaines ; ce sont des choses que les humains partagent avec d'autres animaux ; et il reste à déterminer comment ce point de départ peut mener à la question de la perfection humaine. Cependant, on peut dire de façon générale qu'à la différence du Platon d'Alfarabi qui perçoit immédiatement l'insuffisance de ce que la plupart des hommes recherchent et par conséquent reconnaît lui-même par quoi le compléter ou le remplacer, son Aristote commence par *décrire* les choses qu'il voit sans les juger d'abord, comme s'il n'avait d'autre but que de trouver pourquoi des hommes sont amenés par étapes, à partir de ces débuts grossiers, et sans la philosophie (ou Socrate) pour les stimuler, les « corrompre » ou leur montrer la voie, à poser la question de la perfection humaine, par montrer comment cette question devient nécessaire et comment on y répond ou on doit y répondre. A ce stade, on ne sait si pareil point de départ et cette façon de rendre la question nécessaire affectent la question elle-même en déterminant son orientation et son caractère, et si celle-ci reste la même question, suscitant toujours la même réponse que celle posée par le Platon d'Alfarabi.

L'Aristote d'Alfarabi cherche d'abord les choses qui possèdent quatre caractéristiques : a) les « premières » choses recherchées par « tous », b) celles qui sont perçues par « tous » comme des biens désirables, c) celles qui sont « en quelque sorte » désirées et recherchées « par nature » immédiatement (ou depuis le début), d) celles qui ne sont pas précédées dans le temps par « d'autres » recherches. Ces choses sont au nombre de quatre : 1) les corps sains ; 2) les sens sains ; 3) une aptitude saine à savoir (*ma'rifa*) discerner les choses qui mènent à la santé des corps et des sens ; 4) un pouvoir sain de travailler vers ce qui assure la santé des corps et des sens. Parmi ces quatre choses, les troisième et quatrième semblent les instruments de la santé des deux premières, le corps et les sens. La connaissance et le discours ne sont pas premiers mais dérivés.

Il s'ensuit plusieurs caractérisations et élaborations des troisième et quatrième choses. La troisième est la connaissance « utile-nécessaire ». La quatrième est le travail « utile-nécessaire », ainsi que celui qui est « préféré avant tout autre ». Des troisième et quatrième, la quatrième est plus qu'« utile-nécessaire » ; elle est aussi « préférée avant toute autre chose », par conséquent avant la connaissance. Au début, les hommes préfèrent travailler ; et cela en actes plutôt qu'en paroles. Cela signifie qu'au début la préférence incontestée de l'être humain est de faire des choses, de travailler réellement, plutôt que de penser à ce qui doit être préféré ou évité. Le travail utile et nécessaire n'exige pas réflexion ou examen. De plus, ce travail (celui de la quatrième chose) présente les deux caractéristiques qui viennent d'être mentionnées dans tous les cas suivants, c'est-à-dire quand un être humain :

(A) travaille seul pour soi ; travaille pour soi et d'autres travaillent pour lui ; travaille pour soi et pour autrui ;

(B) travaille par l'action, cela étant l'action utile-nécessaire et première ; ou travaille par le discours, cela étant la parole utile-nécessaire.

Finalement, nous nous trouvons en face de l'affirmation suivante : quand ces quatre choses sont dans leur « meilleur » (*afdal*) état de santé, il se peut qu'elles « soient aussi préférées » (59, 17-18).

Il convient de noter que l'expression « être humain » (à la place de « tous ») figure seulement par rapport à la quatrième chose, le travail, et cela en relation avec (A) travaillant « seul » ou « seul » et avec d'autres, c'est-à-dire quand d'autres travaillent aussi pour lui ou quand il travaille également pour autrui ; de même qu'en relation avec (B) « discourant », ce qui est la seule activité spécifiquement humaine qui est mentionnée ici. « Discourant » est subordonné à « action » ou, à la différence de l'« action », on ne dit pas qu'il est préféré à toute autre chose. Cependant, de même que la connaissance du troisième cas, à la fois le travail par l'action et le travail par le discours sont les seuls du genre utile-nécessaire.

D'autre part, l'« utile-nécessaire » (dans aucun des quatre cas l'expression n'est « utile et nécessaire ») indique la sous-division de l'utile qu'est le nécessaire[7]. L'utile-vertueux (selon Platon) est mentionné dans *La Philosophie d'Aristote* (59, 18) en relation avec les quatre choses, et il est dit « qu'il pourrait être préféré », plutôt qu'il « est préféré » ou « préféré avant toute autre chose » (59, 13-14). Cela signifie qu'il est préféré par quelques-uns plutôt que par tous, ou bien pas avant toute autre chose, c'est-à-dire quelquefois ou après que d'autres besoins ont été satisfaits. Ainsi, même le vertueux ou l'excellent état des corps et le vertueux ou l'excellent état des sens ne sont pas vus par tous comme des biens (*khayrât*, 59, 8) ; ils sont préférés seulement par quelques-uns et seulement après qu'ils ont satisfait ce qui est « préféré avant toute autre chose[8] ». Ce qui est recherché à cette étape c'est l'utile-nécessaire pour tous, non le plaisir du corps, de la société, des possessions (richesse), ou de l'honneur et de la gloire, qui sont recherchés par des hommes dans des cités qui s'élèvent au-dessus de l'association destinée à servir les choses utiles-nécessaires. S'associer avec d'autres n'est pas spécifiquement humain, et discourir ne semble pas utilisé ici pour une fin spécifiquement humaine. La cité n'est pas mentionnée[9].

Finalement la division sous (B) s'applique à toutes les trois divisions sous (A). En (B) l'action a la priorité, pas le discours.

## LES DÉBUTS GROSSIERS ET L'EXCELLENCE HUMAINE

L'Aristote d'Alfarabi écarte la question de la perfection de l'homme en tant qu'homme, et examine plutôt les premières choses recherchées et vues par tous comme des biens désirés. Il fait simplement concorder le début de son enquête ou de sa philosophie avec le début de l'homme, le début qui précède de loin le début de la philosophie et les questions soulevées par la philosophie. Pour s'assurer que c'est bien le début, il examine les premières choses que tous les hommes recherchent et également considèrent (au niveau de l'opinion) comme des biens désirés ; il examine les premières aspirations sur lesquelles s'accordent les hommes en actes et en paroles, en actions et en opinions. Car, si tous les hommes recherchaient certaines choses et pensaient pourtant qu'ils devaient désirer d'autres choses, cela voudrait dire que le vrai début n'a pas encore été atteint, ou encore que le début est problématique et qu'il n'est d'aucun apport pour l'enquête sur la perfection humaine. La seule caractéristique qui ne semble pas tout à fait déterminée est de savoir si ces quatre choses sont désirées et recherchées depuis le début par nature. Mais l'Aristote d'Alfarabi écarte également cette question qui est liée à celle de ce qu'est la perfection humaine ; celle-ci demeure ouverte à cette étape : les quatre choses sont désirées et recherchées par nature « en quelque sorte ». Il ne règle pas la question de savoir si elles le sont de fait par nature et, si tel est le cas, ce que veut dire l'expression « par nature ». Il s'avère qu'il ne s'agit pas de la nature spécifiquement humaine mais de cette nature que l'homme partage avec les autres animaux (67, 17-18).

Cependant, il reste les choses recherchées chronologiquement en premier. La quête du début mène l'Aristote d'Alfarabi à reconstruire les débuts de l'homme dans le temps : ce que l'on pourrait appeler l'état originel de l'homme ou des premiers humains qui recherchent, désirent et appréhendent les premières choses, et qui agissent pour ainsi dire conformément à leur nature première et originelle. Il découvre que ces premières choses sont la santé de leur corps et de leurs sens, et la connaissance et le travail sains nécessaires au maintien de leur corps et de leurs sens. Il ne recherche pas tant un début clair qu'un début propre qui n'est pas encore encombré par les choses sur lesquelles tous les hommes ne s'accordent pas dans leurs actions et leurs opinions, et qui les poussent à rechercher ou désirer différentes choses, à avoir différentes préférences et pensées. C'est ce début humain par lequel l'Aristote d'Alfarabi décide de commencer et qui représente la position qui précède le point de départ de Platon.

Pour Alfarabi, la manière dont son Aristote perçoit ou appréhende le début est une opinion propre à Aristote, et non pas une découverte qu'Aristote aurait faite ; Aristote ne commence à « découvrir » des choses qu'à partir de la section 2. Ce soi-disant état de nature n'est pas quelque chose que l'on trouve en regardant autour de soi ; c'est une construction. Au contraire, les quatre choses que le Platon d'Alfarabi recherche en premier sont des choses que son Platon trouvait en observant les citoyens des nations et cités de son temps (*La Philoso-*

*phie de Platon*, sect. 1). Pourtant, il s'agit d'une opinion qui refléterait celle de tous les hommes relativement aux choses premières et au caractère de leurs propres désirs et recherches. La question de savoir si ces quatre choses sont désirées et recherchées par nature demeure ouverte, car elle implique la connaissance de ce qu'est la nature et de ce qu'est la nature humaine, laquelle n'est pas disponible pour tous au début.

Quant à savoir pourquoi les hommes désirent et recherchent ces quatre choses au début, la question n'est pas soulevée. Les hommes ne demandent pas : pourquoi avons-nous besoin de nous protéger (nos corps et nos sens) des animaux sauvages, ou de manger, nous vêtir, dormir, procréer, etc. ? La préservation de soi et la satisfaction des besoins corporels sont désirés et recherchés au début ; et la connaissance et le travail (en actes et en paroles) sont au début au service de la santé du corps et des sens.

De même, la question de savoir si le meilleur état de ces quatre états est préféré est, comme « par nature », laissée ouverte à cette étape, car on ne sait pas ce qu'il en est au début. La santé des quatre choses est tenue pour claire et définie. Mais une fois que nous considérons les états variés de santé (cela comprend la connaissance et le travail, soit l'action et la parole), puis leur meilleur état de santé, nous ne sommes plus en train d'examiner des choses définies que tous les hommes désirent et recherchent ; et le début pour Aristote, semble-t-il, doit être un début défini. Les hommes auront besoin de parvenir au savoir ou d'avoir une opinion sur ce qu'est l'excellence. Jusque-là ils s'accordent seulement sur l'utile-nécessaire. Néanmoins, l'état le plus excellent est caractérisé comme quelque chose qui peut être préféré, et l'enquête sur la base de cette préférence conduit l'Aristote d'Alfarabi à découvrir les choses qui poussent les êtres humains à transcender leurs débuts grossiers.

Posant que la question de la perfection humaine demeure en arrière-plan de la recherche d'Aristote, une comparaison avec le point de départ de Platon est instructive au regard de leurs procédures respectives. Selon Alfarabi, l'enquête initiale de Platon sur la perfection de l'homme en tant qu'homme l'amenait à enquêter également sur quatre choses. Mais il n'était pas préoccupé par le début de l'homme de la façon dont l'Aristote d'Alfarabi l'entend. Les quatre choses sur lesquelles enquête Platon ne sont pas la sous-division de l'utile qu'est le nécessaire, mais une sous-division supérieure qui est le vertueux (excellent) ou bénéfique, incluant tout jusques et y compris l'honneur et la gloire, choses désirées et recherchées dans la cité tout juste inférieures à cette autre chose qu'est la perfection de l'homme en tant qu'homme. Platon connaissait cette sous-division de l'utile qu'est le nécessaire, cependant il n'y attache pas d'importance, non plus qu'aux débuts grossiers de l'homme ; ce qui l'intéresse, ce sont les choses supérieures, excellentes ou désirables, réalisées par les hommes, les cités et les nations jusques et y compris dans son propre temps. Il pose la question de savoir si tout ou partie de cela constitue la perfection de l'homme en tant qu'homme et il trouve cela insuffisant.

Aristote semble croire que commencer par là signifie partir d'une étape trop avancée de l'enquête sur la perfection de l'homme ; il n'est d'aucune utilité de rendre la vision de Platon sur la perfection humaine (laquelle est partagée par Aristote, aux dires d'Alfarabi) claire ou évidente, ou facile à démontrer aux autres et susceptible de les amener à la certitude à son sujet. Parce qu'il ignore ce que les hommes cherchent et désirent par nature, ou comme par nature, et parce que sa critique radicale des opinions généralement acceptées (y compris les plus supérieures et nobles) concerne la perfection humaine, Platon ne peut expliquer comment sa vision de la perfection humaine et le besoin de la rechercher, trouver et obtenir, émerge parmi les êtres humains (d'ailleurs il ne le fait pas). Car les êtres humains constituent une espèce d'êtres qui, pour commencer — et, selon Aristote, jusqu'à une étape très avancée de son existence —, ne semble pas différer du reste des êtres qui constituent le monde naturel, mais semble avoir reçu sa perfection et les moyens de la réaliser plutôt que de l'avoir découverte. Platon semble penser que toute l'humanité culmine et doit culminer dans sa propre recherche de ce que la perfection humaine doit être, et qui est radicalement différente de toute chose qu'on croyait être la perfection de l'homme. Mais il n'explique pas les étapes qui mènent à cette question et la rendent nécessaire, ou ce qui poussa l'humanité dans une direction qui rend finalement cette question possible et nécessaire.

## *Chapitre 10*

# De la philosophie et de la religion

La deuxième partie, la partie centrale, du *Livre des lettres* d'Alfarabi est consacrée à l'histoire de l'émergence de la philosophie et de la religion et à leur relation. Venues tardivement dans l'histoire des arts humains, la philosophie et la religion supposent le plein développement des arts pratiques et de tous les arts populaires (sect. 140) ainsi que de tous les arts vulgaires mentionnés jusque-là (sect. 114 à 139 ; cf. 149, 1-3), soit les cinq arts (énumérés dans la sect. 138) et les arts pratiques et politiques qui les précèdent, mais non pas les « affaires théoriques » et « le simple art de gouverner ». Car c'est seulement après qu'ils ont été développés (150, 2-3) que les âmes humaines souhaitent connaître les causes des objets sensibles qui apparaissent sur terre et dans les cieux et comprendre quantité de choses (figures, nombres, couleurs, etc.) découvertes par les arts pratiques. Ce désir pousse à son tour quelques êtres humains à enquêter sur les raisons de ces phénomènes (150, 6 ; cf. 150, 6). L'enquête engendrée par le désir de connaître les causes ou raisons caractérise une nouvelle époque dans le développement des arts humains, époque qui se déploie en plusieurs étapes.

## LES ARTS SYLLOGISTIQUES : LES CINQ ÉTAPES DE LEUR DÉVELOPPEMENT

1. Tout d'abord (150, 7 ; 150, 9), l'enquête est menée grâce aux méthodes rhétoriques, car la rhétorique est la première méthode syllogistique à être perçue par les êtres humains (cf. 150, 9 avec 131, 5 ; 132, 14 ; 142, 6 ff.). La rhétorique a été déjà pratiquée dans les domaines de la langue et de la politique (sect. 127, 129, 138), mais non pas dans l'enquête sur les causes des choses. Elle est utilisée maintenant à cause du désir de connaissance, d'enquête, de vérification des opinions pour soi-même, d'éducation d'autrui et de vérification des choses quand on est interpellé par autrui (cf. sect. 164). Les êtres humains commencent à utiliser la rhétorique pour enquêter sur les objets mathématiques et sur la nature ; ces sujets étaient mentionnés auparavant dans l'ordre inverse : la physique d'abord, ensuite les mathématiques (cf. 150, 9-10 avec 150, 3-6). Les premiers Anciens utilisaient la rhétorique, les premiers physiciens utilisaient la dialectique, et les penseurs « divins » la démonstration. Les penseurs « divins » (*ilâhiyyûn*) sont Platon et Aristote [1].

2. La deuxième étape (sect. 141) est atteinte quand les enquêteurs apprennent les méthodes dialectiques. Longtemps encore ils continuent d'utiliser des méthodes rhétoriques qui suscitent des différences d'opinions, une multiplicité de doctrines, des discussions fréquentes sur les opinions que chacun vérifie pour soi et des prétextes constants à des querelles d'opinions. En raison des confrontations, tous ressentent le besoin d'asseoir les méthodes qu'ils utilisent et de les rendre irréfutables ou difficiles à réfuter. Ils poursuivent cet effort et continuent de tester les méthodes les plus fermes jusqu'à apprendre l'usage des méthodes dialectiques. Au début ou quand les méthodes dialectiques sont apprises, la rhétorique, la sophis-

tique et la dialectique sont mêlées. Puis les méthodes rhétoriques sont rejetées au bénéfice de la dialectique. Cependant, la similarité entre la dialectique et la sophistique aidant, toutes deux sont d'abord utilisées de concert dans l'enquête et la vérification des opinions. La distinction entre la sophistique et la dialectique est la dernière phase de cette étape où la sophistique est rejetée et utilisée uniquement dans le but d'examiner et de vérifier.

Au cours de cette étape, la progression se présente de la manière suivante[2]. L'utilisation de la rhétorique suscite une diversité de conceptions et de positions, et les enquêteurs s'affrontent. Chacun tente de défendre sa position en affinant sa propre méthode et en attaquant les méthodes et les opinions d'autrui. En cours de route, émerge un mélange de rhétorique, de sophistique (esprit de querelle) et de dialectique. Dans la mesure où la sophistique a été utilisée dans la critique des méthodes rhétoriques, le rejet de celles-ci épargne la sophistique et la dialectique. Et puisque la sophistique « ressemble » à la dialectique, ce qui demeure est en grande partie soit dialectique, soit sophistique ; quelques enquêteurs utiliseront plutôt l'une que l'autre. Alfarabi mentionne d'abord l'émergence de la dialectique, puis la distinction entre la dialectique et la sophistique. Mais il relève aussi que la « similarité » entre les deux mène « beaucoup de gens » à utiliser la sophistique, plutôt que la dialectique, dans l'enquête et la vérification des opinions. C'est seulement plus tard que l'enquête sur les questions théoriques, leur étude et leur vérification s'appuient sur les seules méthodes dialectiques, et que la sophistique est délaissée aux seules fins de vérification et d'examen.

La sophistique ne figure donc pas comme une étape « historique » séparée. Elle est présente à la fin et au début de l'étape rhétorique ou conjointement avec l'étape dialectique ; elle est ensuite réservée à des usages particuliers. Elle constitue l'une des deux voies de développement postérieures à l'étape rhétorique : une voie fausse, qui est rejetée à mesure que l'enquête dans les choses théoriques s'appuie sur des méthodes dialectiques (cf., cependant, sect. 142 ; *La Rhétorique*, 55, 12-14). La raison pour laquelle la rhétorique mène à une variété d'opinions tient d'une certaine façon au fait qu'elle utilise des significations aussi bien primaires que figuratives et métaphoriques (sect. 127, 163-165). La dialectique et la sophistique font également usage des significations figuratives et métaphoriques (sect. 164) ; de là, sans doute, la confusion de ces méthodes.

3. La troisième étape commence (sect. 142) par la découverte de l'insuffisance de la dialectique et s'achève avec la maturation de la philosophie (sect. 152, 6). Ses phases se présentent comme suit : a) La dialectique est employée jusqu'au perfectionnement des formes dialectiques du discours. A l'usage, ces mêmes méthodes dialectiques se révèlent insuffisantes pour parvenir à la certitude, et l'on en vient à enquêter sur les méthodes d'enseignement et sur la science certaine. b) C'est alors que deux directions se présentent : 1) les hommes « tombent sur » ou découvrent les « méthodes des mathématiques » ou les méthodes propres à l'enquête sur les « questions mathématiques » (cf. 150, 9) ; ces méthodes deviennent entièrement ou quasi parfaites. Le résultat apparent en est que la différence entre les méthodes de la dialectique et les méthodes de la certitude commence à s'imposer aux enquêteurs qui commencent peu ou prou à les distinguer. 2) Les hommes se penchent sur la « science » des « questions politiques », en tant que distincte des questions théoriques, de la physique et des mathématiques, et celles-ci sont examinées grâce à un mélange de dialectique et de méthodes certaines, à un moment où les méthodes dialectiques sont devenues si assurées qu'elles en sont quasi scientifiques. Cette situation se poursuit jusqu'à ce que la « philosophie » parvienne à l'étape qu'elle avait atteinte du « temps de Platon ».

Il importe de relever que la philosophie de Platon ou la philosophie du « temps de Platon » n'est pas contemporaine de la découverte de la dialectique. La découverte de la dialectique, l'enquête dialectique sur les affaires théoriques, voire la séparation de la dialectique d'avec la rhétorique et la sophistique et le rejet de ces deux dernières, s'étaient produits plus tôt. En réalité, la philosophie de Platon est contemporaine de la fin de la période de la dialectique, quand la philosophie était sur le point de se compléter. Elle est précédée par la découverte que la dialectique ne suffit pas pour parvenir à la certitude. Cette découverte, qui est attribuée à la dialectique elle-même, semble aboutir aussi à la découverte de certaine corrélation entre les méthodes d'éducation d'une part, et la science certaine d'autre part.

La découverte et le perfectionnement ultérieurs des méthodes des mathématiques constitueraient un développement *parallèle*. Mais l'avènement des méthodes des mathématiques précède celui des méthodes de la certitude (en physique et en politique), et toutes deux semblent contribuer au développement de l'enquête sur les méthodes d'instruction et sur la science certaine. En retour, le progrès dans les méthodes des mathématiques et l'enquête sur les méthodes d'instruction et sur la science certaine permettent aux hommes de percevoir la « différence » (*farq*) et de distinguer « dans une certaine mesure » entre les méthodes dialectiques et les méthodes de certitude (cf. sect. 162-165).

Dans *De la Philosophie* (Ross, fr. 8), Aristote/Aristoclès ne met pas en avant la place des mathématiques. Il passe de la science naturelle à la sagesse suprême. Alfarabi suppose que la physique et la mathématique sont étudiées depuis le début de l'époque « théorique » (150, 9-10). Bien que la physique semble la science théorique proprement dite (151, 5), sur laquelle enquêtent la rhétorique, la sophistique et la dialectique, les méthodes des mathématiques seraient distinctes (151, 10) et leur progrès rapide contribuerait à clarifier la distinction entre la dialectique et la certitude et à développer la méthode scientifique en général. De nouveau, dans *De la Philosophie*, Aristote/Aristoclès distingue entre l'enquête sur la nature et la sagesse supérieure ; chez Alfarabi, la dernière correspond au début de la recherche de méthodes pour la science certaine, amorcée par le développement des mathématiques et de la politique.

Les exposés d'Alfarabi et d'Aristote/Aristoclès convergent quand ils traitent de l'émergence de la « connaissance des questions politiques » (151, 12). Aristote/Aristoclès lie cet événement à Socrate. Alfarabi dit que « les hommes sont attirés vers » cette connaissance, mais il n'en explique pas la raison ; Aristote/Aristoclès non plus. Il s'ensuit que la perfection des méthodes des mathématiques, la distinction entre la dialectique et la certitude et, plus généralement, l'enquête sur les méthodes de l'instruction de la science certaine conduisent les enquêteurs à délaisser les questions qui ne sont pas soumises aux méthodes de la certitude ni aux méthodes mathématiques, ni, plus généralement, aux méthodes « théoriques ». Leur principe est la volonté et le choix. Quand les hommes s'aperçoivent que ces questions ne peuvent être examinées avec la méthode qu'ils tiennent maintenant pour la science supérieure et qu'elles possèdent un autre type de principe, ils sont incités à les connaître. Et ce serait là un aspect de leur effort en vue appréhender les distinctions entre différents sujets et de leur désir d'une science complète de toutes choses. Certes, les sujets politiques leur sont connus mais, sous l'angle pratique et sur la base d'opinions communément admises, maintenant qu'ils en sont venus à apprendre les méthodes d'instruction et de la science certaine et à distinguer entre les méthodes — en d'autres termes, maintenant qu'ils connaissent les limites de la rhétorique et de la dialectique —, ils sont incités à appréhender les questions politiques de manière scientifique ou certaine. Selon Alfarabi, la voie de Socrate consistait à tenter de faire prendre conscience au peuple de son ignorance de « l'enquête scientifique » (*La Philosophie de Platon*, 22, 1-2) ; et Socrate avait la capacité de conduire l'enquête *scientifique* sur la justice et les vertus (*La Philosophie de Platon*, 22, 5). Par conséquent, l'événement décrit ici (151, 12-15) renvoie à Socrate, lequel se détache de la tradition physique et mathématique, qu'il complète par l'enquête scientifique sur les questions politiques. Sa première réussite n'est pas la réfutation de la sophistique, qui est intervenue plus tôt (sect. 141). Ce qui caractérise « l'étape » de Socrate (et de Platon), c'est la recherche de la science certaine ou de la certitude. Il enquête sur les questions politiques à partir d'un mélange de méthodes dialectiques et de méthodes de certitude, dont la composante dialectique est devenue ferme au point d'être quasi scientifique. Ici, Alfarabi ne dit mot de la contribution de Thrasymaque (*La Philosophie de Platon*, 22, 1-8), qui est repoussé à une étape ultérieure (152, 2ff. ; cf. l'exposé parallèle dans *La Rhétorique*, 22, 13-16).

4. La quatrième étape est atteinte (sect. 143) quand la question parvient à l'état où elle se trouvait au « temps d'Aristote ». A cette étape, l'enquête scientifique parvient au « plus haut niveau » (*yatanâhâ*) ; toutes les méthodes sont clairement différenciées ; et la philosophie théorique et pratique « universelle » devient complète, sans accorder davantage de place à l'enquête. La philosophie devient un art qui est seulement appris et enseigné. Elle est enseignée de deux manières, de façon privée au petit nombre, de façon publique à la multitude. L'enseignement privé est conduit au moyen des seules méthodes démonstratives, et l'enseignement commun ou public au moyen des méthodes dialectiques, rhétoriques et poétiques, mais non pas des méthodes sophistiques (cf. 151, 6 ; *La Rhétorique*, 57, 4). De ces trois méthodes, la rhétorique et la poétique sont utilisées plutôt pour l'instruction de la multitude dans les sujets théoriques et pratiques qui ont été déjà confirmés par démonstration.

La position occupée par les méthodes poétiques dans l'exposé est plutôt étrange. Dès le début de l'argumentation (131, 9 ff.), la poésie à la fois comme images et activité de l'imagination est présente, mais il n'existait pas une « philosophie poétique » à la manière d'une « philosophie sophistique » par exemple (131, 5 ; 132, 7, *passim*), et les « poètes » ne figuraient pas dans l'énumération ou le classement de ceux qui appartiennent au petit nombre (134, 12-15). C'est avec l'émergence des arts populaires qu'apparaît la poésie « en même temps ou après le développement » de l'art (syllogistique) de la rhétorique (142, 12) ; mais sa présentation (142, 12-17) et l'explication de son développement comme art syllogistique concernent la pratique de la poésie plutôt que les règles générales de l'art en tant qu'elles sont distinctes de celles des autres arts syllogistiques qui apparaissent, semble-t-il, avec Aristote. De plus, les poètes font partie des hommes sages de la nation et de ceux qui constituent l'autorité de sa langue (143, 4-6). Enfin, « l'art de la poésie » figure dans l'énumération des cinq arts populaires, où ses fonctions sont décrites (148, 14-19) ; et tous ces arts et ceux qui s'en occupent sont clairement qualifiés de vulgaires (sect. 139).

Par contre, à cette période dont les étapes sont décrites ici, on voit succéder une séquence rhétorique, suivie de la dialectique, la sophistique et enfin la science et la certitude. La poésie émerge de nouveau seulement avec la période post-démonstrative, comme l'une des trois méthodes d'enseignement commun ou populaire (les deux autres sont dialectique et rhétorique), particulièrement appropriées à l'instruction de la multitude dans les sujets théoriques et pratiques établis par démonstration. Ce qui manque, c'est le rôle de la poésie dans l'enquête sur les causes des choses[3]. Dans ce qui suit, il faut garder à l'esprit le désaveu par Socrate de la connaissance des choses « divines ». Par conséquent, seule la religion « humaine » est en cause ici[4].

5. La cinquième étape (sect. 144-145) comprend ce dont on aura besoin « après *toutes* ces choses » mentionnées au cours des quatre précédentes étapes, c'est-à-dire pour donner les *nomoi* (lois). Ce besoin est ressenti par les hommes de la démonstration (autrement, Alfarabi n'aurait pu dire que ce besoin se manifeste seulement « après toutes ces choses »), et les *nomoi* nécessaires sont ici les *nomoi* destinés à être donnés par des hommes de la démonstration, les philosophes qui connaissent tous les arts énumérés plus haut (sect. 143). Ce sont, à l'évidence, des *nomoi* « humains ». Les sections 144-147 récapitulent et reproduisent partiellement les sections 108-113. A supposer que le livre nous soit parvenu dans un ordre correct, on peut se demander pourquoi Alfarabi expose les sections 108-113 avant les sections 114 et suivantes. A cela s'ajoute la ques-

tion de la différence entre les deux parties. Le début de la deuxième partie évoque celui qui figure dans *De la Philosophie* (fr. 8 Ross), où Socrate se rend à Delphes ; et sans doute doit-il s'interpréter comme le début de la « religion humaine » ou de la religion réglée sur la philosophie. Il s'ensuit un exposé du vrai début, qui est en tout cas arbitraire, suivant la vision cyclique (152, 5-8 répète 131, 8-10). On peut le comparer avec la *Logique* de Maïmonide (chap. 14 fin) où il est dit : « *En ces temps, on se passe de tout cela — je veux dire des régimes et des* nomoi — *et les hommes sont gouvernés par les commandements divins.* » Il s'agit de l'une des interprétations de l'ordre chronologique : la philosophie, la religion humaine (*nomoi*), la religion divine (commandements). Ainsi, « la religion, s'il est admis qu'elle est humaine » (131, 6) vient après la philosophie ; si elle est « divine », elle peut advenir à n'importe quel moment. On pourrait sans doute dire que, puisque Alfarabi commente *La Métaphysique* d'Aristote, il traite exclusivement de la religion pré-divine ou des *nomoi*. Il est tout de même curieux que la phrase (« s'il est admis qu'elle est humaine », 131, 6 ; cf. 153, 10-11 ; 153, 14 « nous avons besoin ») soit pratiquement tout ce qui est dit des « autres » types de *nomoi* ou de religion.

« Donner les *nomoi* » est un art. Son but ou la seule chose que l'on recherche en le pratiquant (cf. 131, 7) est d'instruire la multitude dans les objets ou les sujets théoriques et pratiques qui ont été déjà découverts par la philosophie (cf. 131, 8). Ce sont les objets théoriques qui sont découverts, achevés et vérifiés par la démonstration ; tandis que les objets pratiques sont ceux qui sont découverts par la faculté de prudence. Par conséquent, la philosophie comprend la démonstration et la prudence.

« L'art de donner les *nomoi* » correspond à la capacité d'effectuer trois choses : a) la production d'excellentes images des intelligibles théoriques que la multitude trouve difficiles à concevoir ; ceux qu'ils peuvent concevoir aisément sont fournis tels quels (cf. Averroès, *Le Traité décisif*) ; b) la découverte excellente de toute activité politique utile à l'obtention du bonheur[5] ; c) la persuasion excellente au sujet des deux derniers objets (le théorique et le pratique) par le moyen de *toutes* les méthodes de persuasion[6].

La religion comprend les *nomoi* relatifs à ces deux « genera » (le théorique et le pratique) et aux méthodes grâce auxquelles la multitude est convaincue, instruite, formée et amenée à suivre tout ce qui permet de parvenir au bonheur (cf. *L'Obtention du bonheur*). Les *nomoi* sont indispensables mais insuffisants, comme l'explique *L'Obtention du bonheur*. De plus, le législateur doit pratiquer et fournir les moyens d'instruire la multitude et de former son caractère[7].

A la différence des objets qui émergent au cours des quatre premières étapes, l'émergence de tout ce qui est nécessaire à la cinquième étape (la religion, la jurisprudence et la théologie) est exprimée par des phrases conditionnelles (si... donc, etc.[8]). Le but est sans doute de suggérer que la législation de cette religion philosophique n'est pas un développement normal ou nécessaire, mais une chose désirable ou l'objet d'une volonté ; et d'indiquer la disposition supérieure dans laquelle les philosophes-législateurs ou les pourvoyeurs de religion philosophique se succèdent et assurent ainsi le gouvernement de la sagesse vivante ou continue, la législation originale[9].

L'art de la jurisprudence admet les « objets pratiques *particuliers* » (cf. 133, 9) déclarés par le pourvoyeur de la religion et découvre ce que celui-ci n'a pas annoncé en accord avec son objectif. Mais le contenu de ces objets découverts n'est pas révélé. Par ailleurs, la théologie découvre d'abord « les questions pratiques théoriques *et universelles* » non déclarées, ou différentes de celles qui furent déclarées par le pourvoyeur de religion en accord avec son objectif. On assure clairement qu'il s'agit d'un « autre art » (153, 4). Elle défend ensuite la religion. Cette dernière fonction dépend de la présence d'un groupe qui cherche à réfuter la religion. Elle vient en deuxième position. « L'art de ces deux facultés », la jurisprudence et la théologie, est « possible seulement à travers les méthodes communes, c'est-à-dire la rhétorique ». Cela signifie que dans la religion instaurée par les philosophes, la jurisprudence et la théologie rendent superflues les méthodes dialectique et poétique, qui sont également « communes » (cf. sect. 152, 4 ; 132, 21-22). Alfarabi a déjà évoqué plus longuement (sect. 109-112) le caractère subordonné et la « postériorité » de la jurisprudence et de la théologie par rapport à la religion et indirectement par rapport à la philosophie. Le contexte était plus large que celui de la philosophie « démonstrative » et de la religion fondée sur elle. Le caractère de la jurisprudence et de la théologie dépend de la religion, laquelle dépend, à son tour, du caractère de la philosophie sur laquelle elle est basée.

Dans tous les cas, étant donné ce que fait la religion (132, 12), la théologie perçoit seulement les choses persuasives et les vérifie par les méthodes et les arguments persuasifs. Les prémisses et les opinions utilisées par les théologiens pour vérifier les opinions sont rhétoriques et, au mieux, dialectiques. Les « objets théoriques » sont mentionnés spécifiquement (132, 12 ; 132, 18). La théologie vérifie et défend (133, 3) ; rien n'est dit de la « déduction » ou de la « découverte » (*istinbât*) dans la section 111.

Le juriste, comme l'homme prudent[10], découvre « l'opinion correcte dans les questions pratiques particulières ». Mais la différence est dans le caractère des prémisses : le juriste utilise les prémisses reçues du donneur de religion (ce sont les questions pratiques *particulières*), tandis que l'homme prudent utilise les prémisses qui sont généralement connues de tous, ainsi que d'autres prémisses qu'il obtient par expérience.

La différence entre la jurisprudence et la théologie n'est pas basée sur la distinction entre découverte et défense comme dans *L'Enumération des sciences*, mais sur la distinction entre découverte des « objets *pratiques particuliers* » et découverte des « objets *pratiques et théoriques universels* ». La défense est une fonction additionnelle. Ainsi, la théologie occupe une position plus élevée dans *Le Livre des lettres* (cf. *L'Obtention du bonheur*) que dans *L'Enumération des sciences*, chapitre 5.

L'exposé de la préhistoire et de l'histoire de l'apparition, du développement et de la succession de tous les arts syllogistiques dans *toutes* les nations s'achève à la section 146. Il s'agit de l'ordre suivant lequel les arts syllogistiques s'érigent ou doivent s'ériger dans les nations suivant leur disposition innée et leur composition naturelle ; et cet ordre n'est pas forcément celui selon lequel ils peuvent être importés des autres nations (cf. 154, 12-15). Le chapitre suivant (chap. 24) examine d'abord la modification de cet ordre au sein de la nation elle-même, puis le mouvement transnational de ces arts. Cet ordre serait « l'ordre que *nous* avons exigé (ou relaté) » (153, 14), ce qui veut sans doute dire que c'est le modèle naturel ou juste qui pourrait, cependant, se trouver modifié par accident, par chance ou par art.

## PHILOSOPHIE ET RELIGION : DÉVELOPPEMENT INTERNE

La religion correcte est la religion basée sur une philosophie qui est pleinement développée une fois que tous les arts syllogistiques se sont distingués les uns des autres selon l'ordre déjà exposé (sect. 147). Plusieurs cas se présentent, où l'ordre diffère :

1. Quand la philosophie n'est pas encore « démonstrative, basée sur la certitude », et qu'elle vérifie ses opinions par le moyen de la rhétorique, de la dialectique ou de la sophistique, elle peut comporter des opinions erronées. Ces opinions sont dites totalement erronées, sans pour autant être perçues comme telles. Toute la philosophie, ou une partie plus ou moins importante de celle-ci, peut consister en de telles opinions non vraies. Le fait que la philosophie ne recourt pas encore aux démonstrations scientifiques ne signifie pas que les opinions qu'elle contient sont forcément erronées : il se pourrait qu'elles le soient. C'est la vérité ou la validité des opinions qui est pertinente pour la religion basée sur la philosophie, et non la

manière dont ces opinions sont acquises. Dans le cas présent, la philosophie est basée simplement sur l'opinion ou la falsification. Si par la suite une religion se fonde sur pareille philosophie, elle contiendra aussi nombre d'opinions erronées.

2. Si, de surcroît, la religion écarte bon nombre de ces opinions erronées et leur substitue des similitudes, ce qu'une religion fait généralement pour les sujets difficiles à concevoir par la multitude, cette religion s'éloignera encore plus de la vérité : ce sera une religion corrompue et sa corruption ne sera pas remarquée (cf. 131, 10 ff.).

Dans tout cet exposé, il est admis que la religion substitue aux choses mêmes leurs similitudes et images. Il semble également raisonnable de soutenir qu'une religion qui substitue les similitudes aux choses s'écarte de la vérité bien plus qu'une religion qui présente les choses elles-mêmes, pour autant que ces choses sont faciles à comprendre par la multitude. Dès lors, pourquoi serait-elle corrompue ? De fait, « beaucoup de ces opinions erronées » (154, 2) comprendraient les versions erronées d'opinions qui, seraient-elles vraies, auraient dû être écartées et remplacées par leurs images. Il s'agit peut-être du pire cas (mentionné en 153, 17) où la philosophie entière consiste en opinions entièrement fausses. Quand la religion comporte à son tour un grand nombre d'opinions erronées et que, de surcroît, bon nombre de celles-ci sont délaissées au profit de leurs similitudes (154, 3-4 ; la religion le fait par habitude, et non pas seulement par nécessité), la religion est alors corrompue en plus d'être fausse, c'est-à-dire qu'elle n'est pas basée sur des opinions correctes, sans compter que lui font défaut de bonnes similitudes des choses justes qui sont jugées, à juste titre, difficiles à comprendre en soi. Elle est corrompue également au sens où elle dissimule ses opinions erronées. Dans le premier cas cité plus haut, l'erreur peut éventuellement être perçue ; ici, la « corruption ne peut être perçue », apparemment parce que la philosophie démonstrative n'a pas encore émergé.

3. Il est admis que, dans des conditions normales, la philosophie décrite plus haut (153, 15-18) continuera à se développer

jusqu'à ce qu'elle devienne démonstrative de la manière expliquée précédemment. Dans de telles circonstances, le donneur de *nomoi* tire les opinions dont il a besoin pour sa religion de « la philosophie qui se trouve exister en son temps » (154, 5-6). Si cette philosophie n'est pas encore pleinement développée (ce qui est vrai du premier cas), la religion ne sera pas correcte ; mais la chose est inévitable. Le cas extrêmement mauvais ou corrompu, encore plus que le second cas, est celui du donneur de *nomoi* qui néglige la philosophie de son temps et, à sa place, adopte, comme si elles étaient vraies, les opinions fournies par une religion antérieure ou par la toute première religion (celle de 153, 18 ff.), et, suivant la pratique du donneur des *nomoi* dans le second cas, se met ensuite à utiliser leurs similitudes pour instruire la multitude.

Les premier et deuxième cas sont supposés être des manières contemporaines ou alternatives de fonder la religion sur la philosophie pré-démonstrative à un moment où la philosophie démonstrative (ou une version améliorée des précédentes formes de la philosophie pré-démonstrative) n'a pas encore émergé. Un donneur de *nomoi* qui « vient plus tard » interviendra à un moment où la philosophie démonstrative sera en train d'émerger ou aura été complétée. La philosophie de son temps sera la philosophie démonstrative. Ainsi le degré de corruption est-il défini par l'écart entre les similitudes et la vérité aussi bien que par la validité de la vérité. Dans le cas présent (3), le donneur de *nomoi* fournit des similitudes distantes des opinions erronées à une époque où il a pourtant la possibilité d'adopter des opinions vraies comme bases de sa religion.

4. Si un donneur de *nomoi* vient après celui qui vient d'être mentionné (3) et qu'il choisit de le suivre plutôt que de s'orienter vers une philosophie encore plus entièrement démonstrative, sa religion sera encore plus corrompue.

Ayant posé que l'évolution de la philosophie se fait en direction de la démonstration, de la certitude et de la perfection, Alfarabi exige que les *nomoi* et la religion soient basés sur la philosophie la plus développée et la plus récente. Le besoin d'un nouveau législateur et d'une nouvelle religion apparaît quand la philosophie ou la science a progressé jusqu'à un point où il devient nécessaire de réformer les précédents *nomoi* ou la religion. Une fois la philosophie théorique et pratique complétée (au sens de la section 143), la religion basée sur elle sera la religion dernière et finale (comme dans la section 144 ; ce législateur peut être appelé le « sceau » des législateurs) qui aura besoin de la jurisprudence et de la théologie seulement pour des buts pratiques. Ce sera la religion correcte (154, 8) dans le vrai sens, toutes les autres étant corrompues à des degrés divers (de là la double division de 154, 8-10). L'affirmation selon laquelle, dans les deux cas, la religion naît *après* la philosophie (dans un cas, après la philosophie basée sur la certitude, ce qui est la vraie philosophie, et, dans l'autre cas, après la philosophie basée sur l'opinion) ne signifie pas que toute religion qui naît après la philosophie vraie soit « juste ». Au contraire, les religions existant au temps de la vraie philosophie ou même après peuvent être extrêmement corrompues (cas 3 et 4 énumérés plus haut). Pourtant, la religion juste *peut* exister seulement après la vraie philosophie. Les religions corrompues existent après la philosophie pré-démonstrative, et cet « après » peut continuer pendant et même après l'émergence de la vraie philosophie. Après la vraie philosophie, il est « besoin » d'une religion basée sur elle (152, 7), mais ce besoin peut n'être pas satisfait. Il dépend du philosophe-roi, le philosophe qui possède l'art du législateur (sect. 144).

Il n'a été question jusque-là que de l'évolution de la philosophie et de la religion au sein d'une même nation, à partir de sa disposition innée et de sa constitution naturelle, et non d'une importation de « l'extérieur », que ce soit d'une source divine ou d'une autre nation. Ainsi l'écart par rapport au modèle mentionné auparavant (sect. 147) prend-il également place dans ce contexte. Par contre, l'écart suivant (sect. 148-151) est dû au transfert de la religion et de la philosophie d'une nation à une autre.

## PHILOSOPHIE ET RELIGION : MOUVEMENTS TRANSNATIONAUX

Alfarabi commence par énoncer le principe général : si une religion appartenant à une nation est transférée, soit telle quelle, soit après altération, addition, diminution, etc., dans une autre nation, et si elle est utilisée pour former le caractère, instruire et gouverner la seconde nation, il est alors possible que, dans la seconde nation, une religion — c'est-à-dire une religion basée sur la philosophie — puisse se développer avant la philosophie, et même avant les arts de la dialectique et de la sophistique. De la même manière, si la philosophie n'émerge pas naturellement dans une nation mais y est transférée par quelque groupe appartenant à une autre nation chez qui elle existait précédemment, la philosophie peut se développer dans cette nation après la religion basée sur la philosophie qui y avait été transférée chez elle auparavant.

La justesse ou la corruption de la religion n'est pas prise en compte. La religion qui est transférée dans une nation peut être parfaitement juste, de même que seront justes les transformations qu'elle subit en vue de l'ajuster aux nouvelles circonstances. Le fondateur de la nouvelle religion pourrait être un étranger et même un véritable philosophe-législateur. Mais il est plus fréquent que ce soit quelqu'un qui appartient à la nation au sein de laquelle la religion a été transférée. Dans ce cas, il pourrait avoir voyagé à l'étranger, étudié la philosophie et la religion d'une nation étrangère, et être retourné avec une religion vers sa propre nation. Ou il pourrait être tout à fait ignorant de la philosophie, et emprunter une religion dont il a entendu parler par des étrangers. Dans tous les cas, sa propre nation manquerait d'une philosophie indigène et peut-être même d'une dialectique et d'une sophistique indigènes. Elle posséderait une rhétorique et une poésie indigènes qui sont nécessaires à l'instruction de la multitude dans la religion importée.

Dans le cas de la philosophie transférée dans une nation à partir d'un autre groupe (la philosophie appartient à un groupe et non à une nation en tant que totalité), elle peut se développer dans cette nation après la religion qui a été transférée chez elle précédemment. Bien entendu, elle peut également être transférée avant que la religion le soit. La question est alors de savoir si la philosophie a été transférée de façon inopportune ; et ce que cela signifie. La réponse dépendra en partie du fait de savoir si l'étude d'une philosophie étrangère par un ou plusieurs voyageurs peut être considérée comme un transfert adéquat ou s'il est besoin d'une école ou d'une tradition qui prendrait racine dans la nouvelle nation. Dans ce dernier cas, il faut se demander si le transfert se produit sans les étapes qui doivent précéder la philosophie démonstrative — quand celle-ci se développe comme une tradition indigène. Pour Alfarabi, l'évolution se fera-t-elle par apparitions successives de la rhétorique, de la religion (la jurisprudence/théologie), de la dialectique/sophistique et enfin de la science démonstrative ? Ou peut-on éviter l'étape de la dialectique/sophistique ? Une chose est sûre : la religion peut être transférée à partir de l'étape rhétorique ; elle n'a pas besoin d'attendre l'étape démonstrative. Celle-ci est similaire au développement d'une religion indigène. La différence tient probablement au fait que la religion transférée peut être une religion supérieure car elle peut être importée d'une nation chez qui la religion est basée sur une étape plus avancée de la philosophie.

A quoi Alfarabi fait-il allusion ? A-t-il vécu dans une nation qui a connu cette situation ? Il est certain que sa propre religion est arrivée *avant* la philosophie, et avant la dialectique et la sophistique, et en conséquence que sa philosophie est venue après la religion. Pourtant il ne s'intéresse pas aux origines historiques ou géographiques de cette religion. Sa présentation de l'origine et du développement du langage et des arts qui précèdent les arts philosophiques mentionne que, de 90 à l'an 200 après la fondation de leur religion, les Arabes s'intéressaient encore à la science de la langue (sect. 135) et que le développement indigène des arts chez les Arabes était encore à la phase (présentée au chap. 22) des arts pratiques et autres arts populaires (150, 2). De plus, « la philosophie qui existe aujourd'hui chez les Arabes leur est venue des Grecs [11] ». Pourquoi Alfarabi garde-t-il le silence sur l'origine de la religion présente « aujourd'hui » chez les Arabes ? Est-ce parce qu'elle est divine et que, à la manière de Socrate, Alfarabi feint l'ignorance sur cette question ? Lisons le résumé de *L'Organon* par Alfarabi (cité plus haut, fol. 177a) : « *Ce que quelques personnes croient est par quelque acte* divin... *Laissons cela à celui qui pratique la philosophie externe... Nous disons plutôt que nous parlons maintenant de cette instruction qui est humaine et qui est comprise dans la philosophie qui comprend les intelligibles humains...* » Mais y a-t-il une différence due à l'origine humaine ou divine de cette religion ? Alfarabi examine la question dans *Le Livre de la religion*, *La Cité vertueuse* et *Le Régime politique*, et il conclut que cela ne fait aucune différence, du moins pas après la perfection de la philosophie dans l'école socratique et pas après qu'une « religion philosophique » est devenue possible. Cependant, il est pour le moins curieux qu'il tienne à donner l'impression (une impression basée sur ce que l'on peut déduire de ce qu'il dit sur la langue des Arabes et sur la philosophie existant chez eux en son temps) que la religion des Arabes (comme la chrétienté avant elle) est venue des Grecs à un moment où les Arabes ne possédaient pas de philosophie, de dialectique et de sophistique, et étaient à l'étape des arts pré-philosophiques.

Afin de saisir son intention, il est nécessaire de se reporter à son objectif. Ce qu'il projette d'enseigner aux philosophes de son temps et à ses coreligionnaires, c'est l'idée que leur religion consiste en similitudes de la vraie philosophie. Et ce qu'il projette de *faire* pour ses coreligionnaires, c'est de réformer la religion dans cette direction, en agissant comme un théologien qui découvre « les questions théoriques et pratiques universelles que le fondateur de la religion n'a pas exprimées » (cf. 153, 2-3).

Peut-être pense-t-il aussi à des faits tels que l'influence des idées « religieuses » platoniciennes sur le christianisme et l'islam, et sur la dialectique et la rhétorique des théologiens musulmans, qu'il a complétées et perfectionnées à son tour en récupérant la philosophie la plus parfaite, la vraie origine de cette « religion ». Enfin, il reste la question de l'autorité de la philosophie, de la défense philosophique de la religion et de la situation dangereuse dans laquelle peut se trouver la philosophie.

1. Le premier cas étudié par Alfarabi (sect. 149) est celui d'une religion basée sur une philosophie parfaite, mais dans laquelle toutes ou presque toutes les questions *théoriques* sont présentées à travers des similitudes. Cette religion est transférée dans une nation qui est ignorante du fait que cette religion est basée sur la philosophie ou que son contenu est composé de similitudes des questions théoriques vérifiées en philosophie par le moyen de certaines démonstrations. Quelqu'un, probablement le fondateur, s'est abstenu d'en parler. Il en résulte que cette nation croit que ces similitudes constituent la vérité et les questions théoriques elles-mêmes. Par la suite, la philosophie (parfaite) dont la religion dépend quant à son excellence est transférée à cette nation. Dans ce cas, le résultat n'est pas garanti et il se peut même que cette religion s'oppose à la philosophie et que ses adeptes attaquent la philosophie et la rejettent. Et les philosophes attaqueront cette religion aussi longtemps qu'ils ne sauront pas qu'elle consiste en similitudes du contenu de la philosophie. Mais ils s'en abstiendront aussitôt qu'ils l'apprendront ; pourtant les adeptes de cette religion continueront de les attaquer. D'où les conséquences suivantes : 1) La philosophie et les philosophes ne disposeront d'aucune autorité (gouvernement) sur cette religion et ses adeptes, et ils seront rejetés par ces derniers. 2) La religion ne sera pas défendue à un niveau appréciable par la philosophie. 3) La philosophie et les philosophes risquent d'être gravement affectés par cette religion et ses adeptes. 4) Il se peut que les philosophes se trouvent *forcés* à ce moment d'attaquer les adeptes de la religion « afin d'assurer la *protection* de ceux qui sont engagés

dans la philosophie ». Ils choisissent ou essaient de ne pas attaquer la religion elle-même, mais seulement la croyance des adeptes selon laquelle la religion contredit la philosophie. Ils s'évertuent à écarter cette croyance en essayant de faire comprendre aux adeptes de la religion que leur religion est constituée de similitudes.

Le silence sur la vérité de la dépendance de cette religion à l'égard de la philosophie parfaite a sans doute déjà reçu une explication (sect. 148). La religion a été transférée avant la philosophie et par conséquent le nouveau fondateur — et il importe peu maintenant qu'il en soit informé ou non — ne pouvait pas révéler la dépendance de sa religion à l'égard de la philosophie. L'aurait-il su qu'il eût été plus sage de garder le silence, car ses adeptes n'auraient guère compris ce dont il parlait. Le texte n'examine pas si le fait a été révélé, ni dans quelle mesure, ni à qui dans la nation modèle ; et il faut se reporter à *La Cité vertueuse* et au *Régime politique* pour y trouver l'évocation de ceux qui se révèlent capables de combattre la philosophie et en sont dissuadés. Ce serait plus tard le rôle des philosophes au sein de la nation qui est ici l'objet d'étude. Ainsi, le conflit entre la religion et la philosophie dans ce contexte particulier résulte de l'inversion dans l'ordre historique de l'apparition de la philosophie et de la religion.

Cette inversion serait responsable également de la situation fâcheuse où les philosophes eux-mêmes ne savent pas encore que la religion consiste en similitudes des contenus théoriques de la philosophie. Dans la situation modèle, l'apparition de la philosophie démonstrative va de pair avec la critique de la rhétorique, de la dialectique et de la sophistique, le développement des mathématiques et le penchant pour la science des questions politiques. C'est seulement après que la philosophie à la fois théorique et pratique a été complétée que les philosophes commencent à comprendre l'usage public de la rhétorique et de la poésie et le besoin d'une législation et d'une religion. Dans le cas présent, la religion est déjà présente avec la jurisprudence et la théologie, et les philosophes ne sont pas supposés avoir ressenti encore le besoin de fonder une religion, ni apprécié à quel point on a besoin de celle qui est déjà présente. La religion et la théologie se révèlent comme une partie de la rhétorique, de la dialectique et de la sophistique, que les philosophes tentent de rejeter. Mais il devient temps de révéler la situation à la fois aux adeptes de la religion et aux philosophes, pour leur bénéfice commun.

La religion y gagne en n'étant plus combattue ou, mieux encore, en s'assurant d'être « fortement défendue » par les philosophes, tandis que la philosophie évitera le « grand mal » que peut lui infliger la religion. Ces deux bénéfices vont de pair avec le sentiment que la sécurité et le développement de la philosophie se traduiront par un renforcement de la religion et que celle-ci, devenue plus éclairée, tendra à soutenir et protéger la philosophie.

Alfarabi dépeint implicitement un tableau heureux et pacifique de la situation où les adeptes de la religion et les philosophes sont éclairés sur la vraie relation entre la religion et la philosophie. La religion ne s'opposera pas à la philosophie, et ses adeptes ne l'attaqueront pas mais l'accueilleront. De leur côté, les philosophes n'attaqueront pas la religion. La philosophie et les philosophes s'assureront d'une position dominante au sein de cette religion et ils seront admis et honorés. La philosophie « défendra fortement » la religion. Dans le cas contraire, et pour se protéger, les philosophes peuvent se trouver forcés d'attaquer la religion. Ils choisissent de ne pas attaquer la religion elle-même ; ils ne sont d'ailleurs pas en position de s'y opposer directement et ouvertement, nonobstant le cas d'al-Râzî. Ils s'estimeront satisfaits en dissipant l'idée que la religion contredit la philosophie et en faisant comprendre aux adeptes de la religion que leur religion consiste en similitudes. Et ils se forceront à s'en tenir à cela, car c'est là le point capital. En effet, une fois qu'ils auront réussi, le reste s'ensuivra. Ils auront établi que la philosophie est la source et la vérité mêmes, et que la religion est la belle-fille de la philosophie. Ils seront honorés et élevés au rang de prophètes.

Alfarabi ne blâme ni la religion ni ses adeptes pour leur attitude à l'égard de la philosophie et des philosophes. Il perçoit les dangers et l'origine de ceux-ci ; et il ne s'attend pas à une accalmie sur ce front. La clé de la solution demeure aux mains des philosophes. Tout d'abord, ils doivent être formés à la compréhension de la vraie relation entre la philosophie et la religion. Ils doivent ensuite être préparés à faire ce qui est nécessaire pour améliorer leur position : leur rôle est éducatif. Le mythe de l'origine de la religion fait partie de la nouvelle activité de législation des nouveaux philosophes[12]. Le mythe est absolument essentiel pour la solution proposée ; tout autre mythe est intolérable à la philosophie démonstrative.

2. Le deuxième cas (sect. 150) est celui où la religion importée est basée à l'origine sur une philosophie « ancienne corrompue » (rhétorique, dialectique et/ou sophistique). Cette religion est supposée avoir été importée en premier, sans que l'on sache si ses adeptes savaient que leur religion était basée à l'origine sur une pareille philosophie. « La philosophie correcte et démonstrative » est ensuite importée dans cette nation, de sorte que la philosophie et la religion se trouvent en opposition totale. Alfarabi parle d'abord de la philosophie. La philosophie démonstrative sera opposée à la fois à la religion et aux bases philosophiques de celle-ci et, pour cette raison, la religion s'opposera à cette philosophie. La situation est décrite comme un état de guerre totale dans laquelle chacun des partis recherche la victoire complète sur l'autre et sa destruction (réfutation). Chacun essaie d'assujettir la nation et d'éliminer le parti adverse. Quelle pourrait être la référence existentielle de ce cas et pourquoi Alfarabi est-il si brutal ici ? S'agit-il des religions non musulmanes qui sont totalement inhospitalières à la philosophie, ou bien de certaines formes de *zandaqa* (hérésies), d'épicurisme, etc., mentionnées à la fin de *La Cité vertueuse* ? Là, la philosophie s'associe à la religion basée sur la philosophie parfaite pour combattre les religions basées sur la philosophie pré-démonstrative. Il pourrait s'agir également d'une allusion à

des interprétations inacceptables de l'islam par certains praticiens radicaux de la théologie, le *kalâm*, et par al-Râzî.

3. Le troisième cas étudié par Alfarabi (sect. 151) est celui de la nation qui est déjà en possession d'une religion bien établie au moment où la dialectique et la sophistique sont importées. Celles-ci porteraient préjudice à la religion et pousseraient ceux qui les adoptent à penser que la religion a peu d'importance. Le pouvoir de la dialectique et de la sophistique consiste à prouver la chose et son contraire. Par conséquent, leur utilisation ébranle les croyances religieuses, jette le doute sur elles et les réduit à des choses qui n'ont pas encore été vérifiées, ou encore provoque chez l'individu une perplexité qui le pousse à croire que rien ne peut être affirmé, ni ces croyances ni leurs contraires. C'est pourquoi aussi bien les législateurs que les princes désignés pour la protection de la religion interdisent fortement la pratique de la dialectique et de la sophistique. Cela est vrai de toutes les religions.

Alfarabi ne précise pas de quelle religion il s'agit et laisse entendre que cela n'importe guère. La dialectique et la sophistique, quoique utiles pour le développement de la philosophie, n'en sont pas moins dangereuses et destructives dès lors que la religion est concernée. Alfarabi semble approuver la position adoptée par les législateurs et les princes contre ces deux arts. Sa position n'est pas sans évoquer celle d'Averroès dans *Le Traité décisif*, où la dialectique et la sophistique sont rejetées au profit de la rhétorique et de la démonstration. Il est supposé que la religion dont il est question est instaurée grâce à la rhétorique et à la poésie. Au regard du développement des arts philosophiques, la sophistique et la dialectique représentent une étape postérieure et plus avancée. Elles sont intrinsèquement supérieures à la rhétorique et à la poésie comme méthode d'enquête. Une religion basée sur la persuasion rhétorique a peu de chance de vaincre dans une situation où la dialectique et la sophistique ont la main libre. Le seul moyen qu'elle a d'empêcher leur victoire consiste à user de moyens non discursifs : l'exclusion légale de la communauté. Le cas sera différent si la religion s'allie à la philosophie démonstrative et obtient son appui. La philosophie connaît l'utilité de la rhétorique et de la poésie comme arts publics (post-démonstratifs), de même que les contreparties philosophiques des choses imaginées ou exprimées à travers les similitudes dans la religion. Par-dessus tout, elle connaît la nature de la dialectique et de la sophistique, en particulier leurs faiblesses et la manière de faire taire ceux qui les pratiquent.

## L'ALLIANCE ENTRE LA RELIGION ET LA PHILOSOPHIE DÉMONSTRATIVE

Comme Averroès après lui, Alfarabi propose donc une alliance entre la religion et la philosophie démonstrative contre la dialectique et la sophistique. La théologie doit être débarrassée de la dialectique et de la sophistique et devenir plus rhétorique, suivant l'exemple du législateur. Cette alliance est profitable à la fois à la religion et à la philosophie : la religion sera bien soutenue par la philosophie démonstrative dans ses conflits avec la dialectique et la sophistique ; et la philosophie sera bien soutenue par la religion dans ses conflits avec la dialectique et la sophistique. Au début de la section 152, quatre groupes représentant quatre attitudes différentes à l'égard de la philosophie sont mentionnés : 1) ceux qui sympathisent avec elle et l'encouragent ; 2) ceux qui lui permettent de continuer ; 3) ceux qui gardent le silence à son égard ; 4) ceux qui l'interdisent. Alfarabi ne dit mot des trois premiers groupes. Le troisième a déjà été mentionné (sect. 149). Le quatrième correspond à l'attitude des législateurs et des princes à l'égard de la dialectique et de la sophistique. La suite de la section explique les raisons de la quatrième attitude, de la même manière que la section 151 le faisait pour l'interdiction de la dialectique et de la sophistique. Il semble ainsi que les groupes en question soient les législateurs (voir 156, 18) et les princes désignés pour protéger la religion, et sans doute aussi les théologiens et les juristes. Par « interdire », on signifie ici interdire à tout adepte de la religion, soit la nation entière, à l'opposé des trois premières attitudes qui impliquent que quelques personnes au moins puissent continuer à pratiquer la philosophie.

Le principal obstacle à cette alliance est qu'une minorité de législateurs ont interdit aux adeptes de leur religion de s'engager dans la philosophie (sect. 152). L'explication de cette interdiction de la philosophie est recherchée par Alfarabi dans le caractère de la nation et dans les caractères de la religion et du législateur.

Un législateur peut interdire à la nation de s'engager dans la philosophie parce que le caractère de celle-ci est tel qu'elle ne peut apprendre la vérité ou les questions théoriques telles qu'elles sont. Soit la disposition naturelle du peuple qui forme la nation, soit « le but » du législateur dans la nation (voir 156, 15) sont tels qu'elle ne devrait pas connaître la vérité elle-même, mais avoir son caractère formé seulement par les similitudes de la vérité. La nation peut aussi posséder un tempérament qui ne la prédispose qu'à une formation par « des actions et des choses pratiques seulement », et non par des questions théoriques, ou bien seulement par un petit nombre de celles-ci.

On suppose que le législateur a évalué correctement le caractère de la nation, déterminé ce qu'elle peut connaître et dans quelle mesure, et interdit la philosophie parce qu'elle est incompatible avec le caractère de la nation et sa disposition naturelle. La nation peut également avoir été destinée à jouer un rôle subordonné dans le schéma universel envisagé par le législateur pour un grand nombre de nations (cf. *L'Obtention du bonheur*). Mais qu'en serait-il si la philosophie se développait dans une telle nation en dépit de l'interdiction déclarée du législateur ? Le législateur (qui légifère pour son propre temps ; cf. *Le Régime politique*, Le *Livre de la religion*) avait raison d'interdire la philosophie ; mais, les choses ayant changé, la loi doit être interprétée et complétée pour tenir compte des nouvelles conditions, même si le philosophe ne peut pas révéler la vraie raison de la législation antérieure. Le philosophe doit justifier la philosophie dans des termes correspondant aux nouvelles conditions. Il peut arguer que la religion est basée en réalité sur la vraie philosophie ; l'interdiction était justifiée auparavant, mais elle doit maintenant être levée et la philosophie autorisée pour défendre la religion contre la dialectique et la sophistique, entre autres choses. Dans tous les cas, l'apparition de la philosophie dans la nation en dépit de l'interdiction du législateur indique un changement des conditions et un besoin de découvrir de nouvelles opinions et pratiques (besoin qui est la fonction de la théologie et de la jurisprudence). Il est possible que le législateur originel n'ait pas été philosophe, mais qu'il ait eu connaissance d'un peu de philosophie ou de quelque chose de similaire. Néanmoins, cela importe peu. L'intention du législateur est alors interprétée soit comme un accident de la croissance de la philosophie et un phénomène passager, soit comme un événement indiquant un changement radical dans le caractère de la nation (comme décrite au 156, 13-17). Si le phénomène est accidentel ou passager, le philosophe fera bien d'émigrer ou de demeurer silencieux et de laisser la nation en paix avec sa religion. Si, par contre, un changement fondamental a eu lieu dans le caractère de la nation, la religion devra être interprétée et complétée pour assurer à la philosophie suffisamment de liberté d'action, chose que le législateur originel aurait fait s'il avait vécu dans la nouvelle situation.

La nouvelle interprétation est nécessaire pour le bien du philosophe autant que des croyants qui sont maintenant en position d'interroger les croyances religieuses dans leur forme originelle. Ces derniers auront besoin de toute latitude pour arriver au degré de compréhension correspondant à leurs capacités respectives. Sinon ils rejetteront les croyances et ne trouveront aucune interprétation plus élevée à laquelle s'attacher. Un grand tort serait porté à la religion qui perdrait ses adeptes les plus intelligents. Leurs interrogations publiques et leur rejet des croyances menaceraient la foi de la communauté entière. Il pourrait être nécessaire de présenter le nouveau complément à la religion sous l'aspect d'une interprétation de l'ancienne religion plutôt que d'une innovation. Mais c'est au philosophe, en qualité de théologien et de juriste, d'en décider.

Cependant, un législateur ou un fondateur de religion pourrait aussi interdire la philosophie parce qu'elle ne sert pas ses intérêts privés. Il créerait une religion « corrompue et ignorante » (156, 18 ; cf. *Le Régime politique*, *La Cité vertueuse*, *Le Livre de la religion*) dont le but ne serait pas la recherche du bonheur de la nation mais du sien propre ; il utiliserait la nation pour son propre bénéfice. En autorisant l'enquête par la philosophie, il craindrait de voir la nation comprendre le caractère corrompu de la religion et ce qu'il cherche à instiller dans leurs âmes. Ce cas ou des cas proches avaient été évoqués auparavant (sect. 150) quand la croissance de la philosophie aboutissait à une guerre totale avec la religion. Nous supposons que telle est la situation ici aussi.

Il est clair, conclut Alfarabi (sect. 153), que, si une religion attaque la philosophie, l'art de la théologie fera de même ; et les théologiens attaqueront les philosophes de la même manière que la religion.

Cela paraît évident dans la mesure où le théologien ne découvre pas des objets non dévoilés par le législateur et demeure lié au but originel du législateur. Mais la fonction du théologien est aussi de déduire des propositions appropriées aux nouvelles conditions. Ce qui est désigné, apparemment, c'est la religion telle qu'elle existe à n'importe quel moment. Puisque le théologien est un serviteur de la religion, il s'opposera à ce à quoi s'oppose la religion. Ne sont pas prises en compte ici la division des théologiens en groupes animés par des attitudes divergentes à l'égard de la philosophie, ni l'activité du philosophe dans la réforme de la religion et l'éclairage des croyants sur la vraie relation entre la religion et la philosophie (comme expliqué à la sect. 149). Le philosophe est simplement alerté d'avoir à affronter une opposition, non seulement de la religion elle-même ou des affirmations et des intentions déclarées du législateur, mais également des théologiens qui tendent à défendre l'intention du législateur, élaborent ses affirmations et les défendent par tous les moyens accessibles.

*Chapitre 11*

# La religion et la vision cyclique de l'histoire

Sur la relation entre la religion et la vision cyclique de l'histoire, il paraît tout à fait indiqué de citer le dernier des philosophes qui a sérieusement réfléchi à la question. Dans les sections 61 et 62 de la troisième partie de *Par-delà le bien et le mal*, intitulée « Le phénomène religieux », nous lisons :

« *Le philosophe, tel que nous le comprenons, nous esprits libres, l'homme de la plus vaste responsabilité, qui se sent responsable de l'évolution totale de l'humanité, ce philosophe se servira des religions pour son œuvre de sélection et d'éducation, comme il se servira des conditions politiques et économiques existantes [...] la religion est un moyen de plus pour vaincre les résistances et être en mesure de dominer ; c'est un lien qui unit les maîtres et les sujets, qui dévoile et livre à ceux-là les consciences de ceux-ci, leur intimité cachée qui aimerait se soustraire à l'obéissance ; et s'il est des individus de cette nature aristocratique qui se consacrent, par leur haute spiritualité, à une vie plus retirée et contemplative et se réservent pour le mode le plus raffiné de domination, en s'entourant de disciples choisis ou de frères de leur ordre, la religion elle-même peut leur être un moyen de se tenir à l'écart du bruit et des tracas de la domination grossière, un moyen de se garder purs de la souillure nécessaire que comporte toute politique pratique. Ainsi le comprirent les brahmanes, par exemple : à l'aide d'une organisation religieuse, ils se donnèrent le pouvoir de nommer des rois pour le peuple, tandis qu'eux-mêmes se tenaient et se sentaient en dehors de ces contingences, comme des hommes voués à des tâches plus hautes et plus que royales.* [...]

« *En conclusion, pour mettre aussi en lumière le revers de la médaille et montrer ce que les religions ont de pernicieux, il faut dire qu'on paie toujours effroyablement cher le fait qu'elles ne sont pas des moyens de sélection et d'éducation entre les mains des philosophes, mais entendent régner souverainement, le fait qu'elles prétendent être des fins en soi et non pas des moyens parmi d'autres moyens*[1]. »

Si ces affirmations sur la relation entre la philosophie et la religion paraissent quelque peu audacieuses, elles ne sont pas, à mon sens, révolutionnaires. Elles ne constituent pas non plus une innovation, mais seulement une rénovation, une restauration ou une reviviscence d'un courant philosophique qui a toujours été étroitement lié à une vision cyclique de l'histoire qui pose « l'éternel retour » dans une forme ou une autre, et qui, de fait, en a dérivé le plus souvent. Mener une enquête visant à restituer ce courant et à en montrer l'importance dans l'aventure philosophique au cours de sa longue histoire exige rien moins qu'un type de pénétration comparable à celle de Nietzsche. Je serais satisfait si, au terme de ce que les archéologues nomment un sondage de surface, je pouvais persuader le lecteur qu'il y a ici quelque chose qui vaut la peine d'être creusé.

Par « histoire », on en est arrivé à indiquer deux significations au moins. La première est un exposé des périodes individuelles, des institutions, des idées ou des réalisations. L'histoire dans ce sens existait, bien entendu, dans l'Antiquité classique et à l'époque médiévale ; sa dimension pratique et sa modeste valeur théorique étaient reconnues par tous. La deuxième est un exposé ou une vision du cours général des événements humains, tels que le progrès historique, la montée et le déclin des civilisations, l'idée que chaque enseignement dépend essentiellement d'une situation historique, ou que ces situations historiques se répètent ou non.

Les remarques qui suivent visent à montrer qu'une conception de l'histoire au second sens faisait intimement partie de la philosophie classique et médiévale en général et de la philosophie politique en particulier. Après en avoir rapidement brossé les traits, il sera possible de mieux appréhender certaines caractéristiques de la philosophie politique prémoderne et de saisir le changement de perspective intervenu après l'abandon de cette vision dans les Temps modernes. Il est à espérer qu'elles montreront également que, pour comprendre ce changement de perspective, il est besoin d'un exposé de la conception prémoderne telle qu'elle s'articule non seulement à la philosophie classique, mais également à la philosophie médiévale ; et qu'il est particulièrement important de clarifier la relation changeante entre la philosophie et la religion.

On dit de l'histoire que c'est un mouvement dans le temps. Le temps a été pensé comme le plus grand des dieux, englobant toutes choses, ou comme un ou plusieurs dieux ou principes au pouvoir également éternel. Mais ce n'est pas le temps de l'homme et de son histoire. Le temps historique est le temps tel qu'il est expérimenté par l'homme et avec lequel l'homme mesure le mouvement des choses humaines. Dans sa forme la plus simple, il est comparable à une succession de points régulièrement disposés sur un ligne droite ou sur une ligne courbe formant un cercle. Le mouvement de l'histoire sur une ligne droite peut être infini, dépourvu de début et de fin ; ou fini, ayant à la fois un début et une fin, et de préférence un début et une fin qui ne sont pas distants l'un de l'autre au point de perdre tout rapport au présent ; ou encore semi-fini, ayant un début, mais pas de fin. Les lignes droites finies et semi-finies exigent une présentation du début qui précise s'il était grossier et dangereux ou si c'était un âge d'or dû à la présence de dieux parmi les hommes ou au règne de la raison, de la philosophie ou de la science dans les affaires humaines. Une ligne droite infinie doit avoir une direction (vers le haut ou le bas), ou comporter des variations (saisonnières, ou des contractions et des expansions). A l'intérieur du cercle, le mouvement peut avoir un début et une fin, tel un grand cycle unique qui s'achève dans une conflagration universelle ou un cataclysme eschatologique ; ou bien, de même qu'un cercle pur, n'avoir ni début ni fin. Il y aura alors éternel retour. Ce serait comme si un démiurge avait saisi la ligne et l'avait courbée pour en faire un cercle (Platon, *Timée*, 36b) de sorte que chaque point et phase précède et suit un autre point et phase du temps ; et pourtant, quel que soit l'endroit où l'on choisit de commencer, il y a un avant et un après, et il existe une distance mesurable entre ce point et les points précédents et suivants. L'arrangement des séries est tel « qu'il revient dans un cercle au point d'où il a commencé et assure ainsi continuité et identité de composition... Si la vie humaine est donc un cercle, et un cercle n'a ni début ni fin, nous ne devrions pas "antécéder" ceux qui ont vécu au temps de Troie, ni eux nous "antécéder" en étant plus proches du début » (Aristote, *Problemata*, XVII, 3, 916a17ff.).

La vision de l'histoire humaine progressant dans un cercle éternellement récurrent serait d'origine babylonienne et aurait été à la base de l'astrologie chaldéenne. Ceux qui prônent un cosmos d'une durée limitée la qualifient d'anti-historique, et ils la tiennent pour une vision statique du futur qui annule l'irréversibilité du temps. Mais si la durée du cosmos n'est pas limitée, ou si elle ne l'est pas pour des raisons pratiques liées à l'histoire humaine, alors la vision de l'histoire et du futur basée sur un cosmos de durée limitée devrait être écartée, et le retour cyclique « éternel » apparaîtrait comme le moyen plus raisonnable d'appréhender le cours général de l'histoire humaine.

## LES POINTS DE VUE D'ARISTOTE ET D'ARISTOTE/ARISTOCLÈS

L'exposé classique de cette vision se trouve chez Aristote et dans les fragments de l'œuvre d'Aristote/Aristoclès. Le peu d'estime qu'accordait Aristote au statut théorique de l'histoire est bien connu. Mais il nous importe peu de savoir si son appréciation concerne seulement la présentation historique faite par d'autres (les historiens) ou si elle inclut ses propres recherches historiques. Il suffit ici de relever qu'Aristote n'a pas laissé une présentation séparée de l'histoire comme il l'a fait pour bien d'autres disciplines, telles que la logique, la science naturelle, la politique et la poésie. Sa conception doit être reconstituée à partir de quelques courts passages dispersés dans ses œuvres.

### *A. Exploration, perfection et perte* *(*Métaphysique*, Lambda 8, 1074b1ff.)*

Notre enquête sur le début, sur « nos ancêtres des époques les plus reculées » et sur les traditions transmises par eux est compliquée par le fait suivant : nous n'avons aucune certitude sur le fait que la perte ou l'oubli sont complets, ou que les traditions transmises à nous sous une forme mythique sont de leur propre invention ou divination. Dans ce cas particulier, Aristote distingue deux strates : premièrement, les formes mythiques qui expriment divinement la vérité sur ce qui englobe la totalité de la nature ; deuxièmement, d'autres formes, en sus des précédentes, vouées à « la persuasion de la multitude et à leur usage légal et social », par exemple, la vision « que ces dieux ont la forme des hommes ou ressemblent à quelques autres animaux ». Si « les arts et les philosophies » ont été souvent explorés et perfectionnés, mais perdus, la première strate devrait être alors considérée comme un vestige ancien d'une philosophie qui aurait été jadis parfaite. La deuxième strate peut être également comprise comme un vestige ancien d'un art légal et politique jadis parfait, même si son état rudimentaire laisse supposer des conditions légales et politiques rudimentaires qui ne vont pas de pair avec la perfection de l'art légal et politique.

*B. Les cinq phases du cycle (Aristote/Aristoclès,* De la Philosophie, *Ross, fr. 8)*

A l'origine, *De la Philosophie* devait commencer par un exposé du début de la dernière phase : Socrate se rendant à Delphes. Il y a aussi des mentions de « l'ancienne philosophie », d'abord chez les Chaldéens (les Mages et Zoroastre qui était relié par Eudoxus à Platon, évaluant la distance entre eux à six mille ans, soit une grande année), puis chez les Egyptiens. Les proverbes sont présentés comme « des reliquats sauvés par leur concision et leur habileté quand l'ancienne philosophie périt dans la destruction générale de l'humanité ».

Aristote/Aristoclès donne au mot « sagesse » (*sophia*) une définition plus étendue et plus ambiguë que « philosophie » : « elle porte à la lumière (*phos*) des choses cachées ». Le mouvement qui va de l'obscurité de l'ignorance vers la lumière de la connaissance est présenté dans un exposé historique. Les hommes périssent de différentes manières : (a) par les plaies, les famines, les tremblements de terre, les maladies diverses, etc. ; (b) et surtout par les cataclysmes plus violents, tels que celui du temps de Deucalion, qui ne fut pourtant pas le plus grand de tous puisque les bergers et ceux qui vivaient dans les montagnes et au pied des collines furent sauvés. N'ayant pas de moyens de subsistance, ils furent (1) « forcés par *nécessité* d'inventer des appareils utiles — la meule, le semoir, etc. — et ils donnèrent le nom de sagesse à de telles pensées, pensées qui répondaient aux nécessités de la vie... » ; (2) ils conçurent les arts et se mirent à produire la *beauté* et l'*élégance* en les appelant sagesse ; (3) ils portèrent leur attention sur la *politique* et inventèrent des lois et toutes choses qui maintiennent une cité unie. Ils appelèrent ce type de pensée sagesse (les Sept Sages étaient des hommes qui avaient obtenu des vertus *politiques*) ; (4) allant plus loin, ils passèrent aux « corps eux-mêmes et à la nature qui les façonne ». Ils l'appelèrent *science naturelle* et « nous » qualifions ses possesseurs de sages dans les affaires de la nature ; (5) « cinquièmement, les hommes appliquèrent le nom en rapport avec les choses divines, supermondaines et entièrement inchangeables et appelèrent la connaissance de ces choses la *sagesse supérieure* ».

Si la vie humaine est un cycle, le cercle semble commencer après un cataclysme et avoir cinq phases caractérisées, dans le sens des aiguilles d'une montre, par (1) les nécessités, (2) les belles choses (les formes mythiques I), (3) la politique (les formes mythiques I et II), (4) la science naturelle et (5) la science divine (la sagesse supérieure).

En tant que modèle mathématique, le cercle est parfait, mais il n'a ni début ni fin et il ne possède aucune source de mouvement dans l'une ou l'autre direction. Qu'est-ce qui fait donc bouger de cette manière la vie humaine ? Les phénomènes naturels, tels que les tremblements de terre et autres cataclysmes d'une certaine intensité, peuvent arrêter ou terminer l'une quelconque des phases du cycle et imposer un retour au commencement. Par ailleurs, les plaies, les famines et certaines maladies sont des phénomènes humains et ils peuvent être les conséquences d'un certain mode de vie — cités surpeuplées, commerce international, guerres intensives, etc. — qui ont tendance à influer sur les phases ultérieures du cycle. La fin et la nécessité d'un nouveau départ peuvent alors s'expliquer à partir de causes soit extérieures, soit intérieures à la vie humaine. Quant au mouvement qui se produit au sein du cycle, Aristote distingue entre deux dimensions principales. La première consiste dans l'intérêt que porte l'homme à soi-même, à la satisfaction de ses besoins et de ses désirs. Ici, les principes qui commandent sont la nécessité et la nature (humaine) : « *Mais sans doute faut-il aussi penser que ces différentes* [institutions] *ont été découvertes un grand nombre de fois au cours d'une grande période de temps, et même un nombre infini de fois, car ce qui est* nécessaire *c'est selon toute vraisemblance le besoin lui-même qui l'enseigne, mais cela étant acquis, il est* normal *que ce qui relève de l'embellissement de la vie c'est-à-dire du superflu se développe, de sorte qu'il faut penser qu'il en va de même pour les institutions politiques* » (*Politique*, VII, 10, 1329b25, traduit par Pierre Pellegrin). La seconde consiste dans l'idée de dieu et des choses divines chez l'homme, et le fragment 12 dans *De la Philosophie* affirme que « l'idée de dieu chez l'homme jaillit de deux sources, l'expérience de l'âme et le phénomène des cieux ».

La récurrence ou le retour n'impose pas nécessairement une continuité externe des cycles, ou qu'une partie de la phase 5 soit remémorée, même vaguement, et exprimée dans le mythe de la phase 2 du cycle suivant. La phase 5 peut être entièrement oubliée ou perdue, mais elle sera redécouverte. Ce qui est nécessaire, c'est l'existence continue de deux sources de l'idée des dieux chez l'homme, les expériences de l'âme et les phénomènes des cieux. La redécouverte aura lieu à travers « l'inspiration et la puissance prophétique de l'âme dans les rêves ». Les hommes observeront ce qui se produit dans leur âme et dans les corps célestes, commenceront « à soupçonner l'existence de quelque chose de divin » (Ross, fr. 12) et poursuivront leur chemin. La nécessité, la nature humaine, l'expérience de l'âme et le phénomène des cieux fournissent à chaque cycle un début défini, une direction et une fin ; ce qui constitue la philosophie. Aristote possédait des informations sur les anciens Chaldéens et sur la philosophie égyptienne et il soupçonnait l'existence d'une philosophie grecque pré-homérique ; il avait également des informations sur les cataclysmes. Ainsi, la phase socratique du cycle qui culminait avec Aristote lui-même n'était ni la première ni la dernière phase philosophique. Pourtant son propre succès, en perfectionnant cette philosophie, signifie qu'il sera suivi par un âge obscur, mais un âge qui sera le début de nouveaux cycles et de nouveaux mouvements qui aboutiront encore (tout au moins dans certains cas) dans une phase philosophique. Etant donné que les cieux et l'espèce humaine sont éternels, il y aura un nombre infini de cycles identiques dans le futur, comme il a dû y en avoir un nombre infini dans le passé.

## L'APPARITION DE LA PHILOSOPHIE ET LE LIVRE DES *LETTRES* D'ALFARABI

Alfarabi conclut la première partie de sa *Philosophie de Platon et d'Aristote* de la manière suivante : « *La philosophie qui répond à cette description* [« la sagesse la plus élevée », etc. ; cf. sect. 53 ff.] *nous a été transmise par les Grecs à partir de Platon et d'Aristote seulement. Tous deux nous ont fourni un exposé de la philosophie, mais pas sans nous donner également un exposé des moyens d'y parvenir et des moyens de la rétablir quand elle devient confuse et éteinte.* » Treize siècles après Aristote, Alfarabi était naturellement curieux de savoir ce qui s'était produit effectivement depuis son époque.

Alfarabi écrivit un ouvrage traitant du nom, de la naissance ou de la cause de l'apparition (ou réapparition) de la philosophie, dont seuls quelques fragments subsistent. Le « nom » rappelle les différents sens du mot « sagesse » dans *De la Philosophie* d'Aristote/Aristoclès. La « cause de sa naissance ou apparition » (*zuhûr*) renvoie tout à la fois à sa ou ses premières apparitions, à son déclin, à sa disparition et à sa réapparition après une période de « voilement » (*sitr*). Mais là aussi seuls quelques fragments nous sont parvenus. Ils traitent de la survivance des écrits d'Aristote et de la tradition de leur enseignement en Grèce, ensuite à Alexandrie puis à Rome ; de l'arrivée du christianisme, de l'abandon ou de la suppression de l'enseignement philosophique à Rome et de la nouvelle politique (inaugurée par le souverain et par le conseil des évêques) consistant à abandonner ou supprimer la partie la plus importante de la tradition philosophique aristotélicienne et à restreindre l'instruction publique à la partie censée être la plus utile à la défense de leur religion, c'est-à-dire la « théologie » (la partie supprimée a continué d'exister sous le couvert, *mastûr*, c'est-à-dire qu'elle était enseignée seulement en privé). Suivent l'avènement de l'islam, le déplacement de l'école et des livres d'Alexandrie à Antioche, puis à Marv et à Harrân. A un moment donné, à Antioche, la transmission a dépendu de la survie d'un seul homme qui avait deux étudiants, chacun ayant à son tour deux étudiants. Toutefois, il y eut un disciple de chacun des deux premiers pour se dévouer aux questions religieuses, de sorte qu'il ne resta plus de nouveau que deux personnes pour enseigner la philosophie. Puis des étudiants et enseignants musulmans, comme Alfarabi, furent à même de lire (les œuvres logiques d'Aristote) et d'y progresser autant qu'il leur était possible. Le voilement de la philosophie est donc lié à la religion (au christianisme). Ce qui était auparavant advenu à la suite de cataclysmes naturels et avait été accompli inconsciemment à travers le mythe se produisait maintenant à dessein et consciemment du fait de la religion. La philosophie a survécu, mais elle avait dû s'enfouir à cause du cataclysme humain ou divin.

Dans son *Livre des lettres* (un commentaire des parties de *La Métaphysique* d'Aristote qui accorde une place un peu excessive à Lambda 8, 1074b1ff.), Alfarabi introduit la notion de la religion humaine qui devrait apparaître *chronologiquement* après la philosophie et enseigner à la multitude les sujets théoriques et pratiques découverts en philosophie par le moyen de la persuasion et/ou de la fabrication d'images. L'idée que l'on puisse et doive ériger une religion humaine qui s'accorde avec la philosophie ou la science n'est pas étrangère à *La Métaphysique* d'Aristote et elle avait été préconisée dans *La République* et *Les Lois* de Platon.

*Le Livre des lettres* comporte trois parties. Les première et troisième parties traitent de la question de l'être ou des multiples façons dont une chose est dite exister. La partie centrale traite de la question de la relation entre la philosophie et la religion, analytiquement et génétiquement, au fil de ce qui semble un exposé historique. Le but est de revenir — ou d'aller de l'avant, ce qui, dans ce contexte, signifie la même chose — vers une religion philosophique avec laquelle s'arrêterait le cycle à son sommet (sect. 108-113). Les phases du cycle d'Alfarabi ne sont pas vraiment différentes de celles d'Aristote/Aristoclès : ce sont (1) les affaires nécessaires ou indispensables (sect. 114-120) ; (2) les choses élégantes et belles (sect. 121-138) ; (3) les arts politiques et les vertus (sect. 139 et *passim*) ; (4) les mathématiques et la science naturelle ; (5) la sagesse supérieure (sect. 140-143). Il existe néanmoins deux différences. Premièrement, Alfarabi décrit l'ascension vers la sagesse supérieure en termes de raffinement progressif des méthodes d'enquête : on passe de la poétique à la rhétorique, à la sophistique, à la dialectique et à la démonstration. Deuxièmement, et cela constitue une nette divergence par rapport à Aristote, il ressent le besoin d'une sorte de supplément à la phase 5, qui éviterait ou repousserait la fin du cycle aussi loin qu'il est au pouvoir de l'homme de le faire. L'instrument en est le philosophe-législateur qui établit la religion humaine, de sorte que les sujets théoriques et pratiques découverts par la démonstration et la prudence sont enseignés à la multitude à travers les méthodes rhétoriques et poétiques, et que chacun est persuadé d'accepter les opinions correctes et d'accomplir des pratiques salutaires.

Tout cela est présenté comme le développement naturel, interne. Tout au long, la religion dépend de la philosophie ou de la science et elle apparaît postérieurement à elles. La philosophie constitue le modèle originel ; plus encore, elle est l'autorité ultime et le pouvoir dirigeant. La science ne peut se contenter de participer à l'acte initial d'établir une religion pour ensuite se retirer. Elle doit demeurer au pouvoir et surveiller la religion, s'assurer que les images et les arguments ne sont pas transformés, rajeunir constamment la religion et la maintenir au niveau des développements et des évolutions du caractère du public, et affronter les dangers externes et relever les défis. Il lui est également nécessaire de demeurer au pouvoir pour se protéger ; car le public peut se retourner contre la philosophie et la persécuter sous le prétexte qu'elle est différente de la religion, voire opposée à elle. Dans *La Cité vertueuse*, la plus grande concession qu'Alfarabi envisage est que la sagesse garde une part de l'autorité suprême, qu'il y ait un groupe dirigeant qui compte un sage en son sein. Autrement, le déclin serait inévitable, et le cycle se mettrait de nouveau en marche. Pour l'arrêter, la sagesse ou philosophie et l'autorité politique doivent être combinées et rester unies. Le cycle s'arrête à la fin de la phase 5 avec l'établissement de la religion humaine basée sur la sagesse supérieure perfectionnée.

## LES SUCCESSEURS D'ALFARABI

La notion de religion « philosophique », telle que proposée par Alfarabi, a été développée et appliquée par les principales figures de la philosophie médiévale islamique et juive, ainsi que par les averroïstes de l'Occident latin, dans l'interprétation de l'histoire des religions révélées, dans l'exégèse des textes révélés et dans la définition des tâches de la philosophie par rapport à la théologie et à la jurisprudence.

Maïmonide fait l'exposé d'un cycle au sein de la communauté ou nation juive, quand il parle des sabéens et de la révolte d'Abraham contre le sabéisme, de Moïse comme philosophe-législateur suprême, c'est-à-dire un Platon ou un Aristote qui instaure une religion philosophique s'accordant avec le tempérament païen ou sabéen de l'époque, ou le prenant en compte. Pour cette raison, la Bible et les Midrashim contiennent « des notions étranges mais correctes appréhendées par la spéculation des plus sublimes de ceux qui ont philosophé... » (*Guide*, I, 70), présentées de façon énigmatique et trop étrange pour être comprises par le vulgaire (par conséquent, pour saisir leur vrai sens, on doit devenir « un philosophe des plus sublimes »). Le contexte est l'explication de l'expression « chevaucher » (*rakhob*) dans l'expression « le chevaucheur des cieux » (Deut., 33, 26) et la relation entre les cieux et Dieu (cf. Aristote, *La Métaphysique*, Lambda 8 *supra*). Cet exposé est immédiatement suivi (dans le chapitre consacré à la critique de la théologie dans *Le Guide*, I, 71) par une présentation des causes de la disparition des « nombreuses sciences consacrées à l'établissement de la vérité relative à ces questions qui ont existé dans notre communauté religieuse... ». Ces causes sont la longueur du *temps* qui a passé ; notre sujétion aux nations ignorantes, nations à qui il manque la « science divine » correcte et les pratiques correspondantes ; et le fait qu'il n'est pas permis de divulguer ces sujets à tout le monde (elles étaient transmises par un petit nombre appartenant à l'élite à un autre petit nombre de même type). Telles étaient les causes qui menèrent à « la disparition de ces grandes racines de la connaissance de la nation », laissant seulement des indications et des indices légers : « *Ce sont, pour ainsi dire, quelques grains appartenant au noyau, qui furent recouverts par plusieurs couches d'écorces, de sorte que les gens étaient occupés avec ces couches et pensaient qu'au-dessous il n'y avait aucun noyau.* » La présentation de Maïmonide offre un parallèle avec celle d'Alfarabi sur ce qui advint après l'avènement du christianisme. Et, de même qu'Alfarabi, Maïmonide pensait évidemment que le temps était venu de faire revivre ce « cœur » dont il parlait et de le rétablir comme le fondement de la source vivifiante de la Loi, aussi bien que de récupérer la position d'autorité que la philosophie occupait avant son voilement et sa disparition.

Ceux qu'on appelle les averroïstes latins étaient confrontés à de plus grandes difficultés dans leurs relations avec les théologiens. En islam et dans le judaïsme, on pouvait tout simplement dénier à la théologie le pouvoir de limiter ou de proscrire l'étude de la philosophie ou les enquêtes philosophiques, en s'appuyant sur l'autorité de la loi divine et sur celle du prince. Dans la chrétienté latine, on ne pouvait obtenir cette liberté qu'en niant et l'autorité de la théologie *et* celle des conciles et du pape. Le seul recours était de se placer sous la protection d'un prince séculier. La première étape consistait à mettre en avant l'autosuffisance de la raison humaine, la suprématie de la science humaine, la mondanité de la fin ou du bonheur suprême de l'homme, toutes choses qui étaient réalisées par les commentateurs averroïstes de *L'Ethique à Nicomaque* d'Aristote (examinée par des commentateurs tels que Grabmann et Gauthier). L'essence de la lutte contre la théologie était la défense de la science démonstrative contre ce qui était perçu comme la rhétorique, la sophistique et la dialectique (la synthèse thomiste peut avoir satisfait l'Eglise, mais elle n'a pas satisfait les philosophes). Le penseur qui fournit l'expression politique la plus claire à cet anticléricalisme philosophique fut Marsile de Padoue, qui contesta le pouvoir coercitif de l'Eglise, son autorité mondaine, sa prétention à gouverner dans ce monde, etc. L'Eglise pouvait, tant qu'elle voulait, enseigner « l'autre » monde, c'est-à-dire les rétributions et les châtiments dans l'autre monde, mais le garder pour elle-même. Cela est à comprendre suivant les termes du *Défenseur de la paix* (I, V, 11) consacrés aux religions philosophiques, ou aux actes posés ou inventés par les philosophes sages. Leur utilisation, dit-il, peut être *démontrée* (elle est rationnelle). Ils contribuent à la paix et au bien-être de ce monde. Les visions justes concernant Dieu, d'une part, et la vraie prêtrise, d'autre part, ne peuvent être connues par la raison. L'Eglise ne devrait pas gouverner en ce monde, ni concourir à la guerre et à la misère. Marsile tente d'isoler l'Eglise et, en cela, il peut être considéré comme l'un des pères de la doctrine de la séparation entre l'Eglise et l'Etat.

## LA NOUVELLE PERSPECTIVE : MACHIAVEL ET NIETZSCHE

Dans la nouvelle perspective inaugurée par Machiavel, ce sont tout à la fois la vision cyclique de l'histoire et la notion politico-théologique d'une religion philosophique comme moyen de conquérir le cycle qui sont préservées. Mais elles sont radicalement modifiées par la nouvelle conception de la philosophie ou de la science. La pensée de la nature chez l'homme (y compris la nature humaine) et sa pensée de Dieu et des choses divines ne sont plus des opinions préphilosophiques légitimes, et les sciences naturelles et divines des philosophes ne sont plus des aires légitimes d'investigation et ne constituent pas la sagesse supérieure. A la fois la philosophie (la métaphysique) et la religion (la chrétienté) telles que comprises auparavant doivent être éliminées. Selon Polybe, le changement cyclique intervient « selon la nature » tout comme chez Aristote. Selon Machiavel, le changement cyclique intervient « par hasard » ou par des accidents inattendus. Les dieux célestes sont également remplacés par la *fortune*. La nature et les dieux ne sont pas nos amis, mais nos ennemis. Nous ne devrions pas aspirer à les connaître, encore moins à les aimer ou être aimés d'eux. Surtout, nous ne devons pas nous laisser terroriser par eux et par conséquent nous affaiblir et perdre notre humanité et notre vertu. Nous devons les reconnaître comme n'étant rien d'autre que la *fortune*, et être suffisamment hommes pour « régir » celle-ci, « la battre et peser sur elle » (*Discours*, III, 30 ; *Le Prince*, chap. 26). En admettant la vision cyclique de l'histoire telle qu'elle est proposée par Polybe, Machiavel blâme les Anciens pour s'y être soumis, pour leur manque de courage et de volonté de se battre et de contrôler le cycle par des moyens politiques, c'est-à-dire en renouvelant constamment le régime politique. La vision de la science chez les Anciens, leur idéal contemplatif, étaient une capitulation lâche devant les forces de la nature, à la fois externes et humaines. Ils s'étaient condamnés à être enchaînés dans la cave ; ils ne pouvaient réussir à en sortir et rester au sommet. Une religion basée sur une telle philosophie est une autre forme de cette capitulation. L'homme peut contrôler son propre destin et conquérir la nature par le moyen de la science, laquelle est perçue maintenant comme la servante destinée à être utilisée plutôt qu'un maître auquel on se soumet. Avec l'ordre politique placé sous contrôle, la nouvelle science offre des perspectives illimitées sur le progrès dans le futur. Le cycle devrait être arrêté à la phase 3, et le cercle déployé, dans les faits, en éliminant les phases postérieures au point le plus élevé de la vertu politique.

Les anciennes activités des phases 4 et 5 ont vécu aux crochets de la phase 3 et contribué à son déclin. La nouvelle science, la religion et la rhétorique seront solidement basées sur l'art politique pratique qui préservera le point élevé de la vertu politique (*Histoires florentines*, V, 1 ; *Discours* I, Préface, III, 1).

L'innovation apportée par Nietzsche ne consiste pas dans la conception cyclique de l'histoire qu'il appelle « l'enseignement de l'éternel retour », ni même la conception très souvent citée que « la chrétienté est le platonisme du peuple ». L'innovation était tout d'abord de faire remonter à la surface une conception qui demeurait à l'arrière-plan de la tradition philosophique et de la formuler comme un enseignement explicite et majeur ; et ensuite de présenter l'éternel retour comme une base pour « le rejet radical du concept même d'être » et comme un substitut de la « métaphysique » et de la religion (*Werke*, éd. Schlechta, II, 111 ; III, 560).

# Notes

## *Introduction*

1. Voir *L'Enumération des sciences*, 102, 6, 8ff.

## *1. L'orientation politique de la philosophie islamique*

1. *Réflexions sur la révolution de France*, Hachette Pluriel, 1989, pp. 116-117.
2. McCarthy, 1980, pp. 61-114.
3. Voir Shehadi, 1964, et Sherif, 1975.

## *2. Philosophie et pensée politique*

1. Gilson, 1955, 5. On y trouve aussi la réfutation de la thèse d'Adolph Natnach énoncée par lui.
2. Voir ces questions chez Alfarabi, *L'Harmonisation.*
3. Les mu'tazilites appartenaient à la première école de théologie spéculative, devenue doctrine de l'Etat sous le califat d'al-Ma'mûn (813-833). Les mu'tazilites pratiquèrent une véritable inquisition avant d'être évincés sous al-Mutawakkil (847-861). (NdT.)
4. Par référence à al-Ash'arî (874 env.-935), fondateur de l'école de théologie musulmane, qui a enseigné la doctrine du Coran incréé et éternel.

## *3. La fondation de la philosophie islamique*

1. Cette question est traitée de façon complexe et néanmoins lumineuse dans *Le Guide des égarés* de Maïmonide.
2. Mahdi, 1976, pp. 76-78.

## *4. Science, philosophie et religion*

1. Dans *L'Harmonisation* (8, 20ff.), la « question » de la division [*qisma*] et de la synthèse [*tarkîb*], envisagée dans le but de proposer des définitions complètes, est comparée au fait de grimper et de descendre une même échelle, et les deux sont déclarés totalement différents.
2. Le commentaire de *La Métaphysique* d'Aristote, connu sous le nom de *Livre des lettres*, l'opuscule *Des objectifs de la Métaphysique d'Aristote* et *La Philosophie d'Aristote.*
3. Voir *Le Livre de la religion*, 52, 18 ; 55, 7-8 ; où les biens (et le bonheur) de ce monde sont considérés comme bons par la multitude, ce qui signifie qu'ils sont des biens vulgaires.
4. Il est précisé ici que les questions examinées doivent être recherchées dans *La Politique* d'Aristote, mais que « *cette* [seconde division de la science politique] *doit* [être recherchée] *également dans* La République *de Platon et dans des ouvrages de Platon et d'autres auteurs* » [105, 5-6]. La presque totalité de la section qui suit correspond à des parties de *La Philosophie de Platon* d'Alfarabi.

## *5. Philosophie politique et religion*

1. Voir la relation entre les quatre éléments dans cette définition initiale de la religion dans *Le Livre de la religion* [44, 3ff.] et les quatre causes d'Aristote.
2. Voir pourtant *Le Livre de la religion*, 53, 20ff., où seules la cité et la nation sont mentionnées.
3. Voir *L'Enumération des sciences*, 104, 1-3. Sur l'usage métaphorique de la « sagesse », *hikma*, pour prudence, *ta'aqqul*, voir *Aphorismes*, section 52 (61, 10 ; 62, 1), *passim.*
4. Avicenne inclut ces questions dans la partie réservée aux « branches de la science divine » dans *Des Divisions des sciences rationnelles*, 114-16.

5. 46, 22-47, 17, où l'expression « philosophie » est introduite pour la première fois.

6. Sur l'expression curieuse « calculatrice ou délibérative théorique » (*nazhariyya-fikriyya*), voir *Le Livre de la religion*, 46, 23, où elle est définie comme ce que l'on peut connaître mais non pas faire. Le calcul ou la délibération aboutit à une connaissance (pratique). Voir le sens de *fikriyya* dans *Aphorismes*, sect. 7 [29, 15], 33, 94 [96, 9], 95 ; *L'Obtention du bonheur*, 2, 4 ; 20, 11 ff. L'expression *nazhariyya-fikriyya* n'est pas reprise dans *Le Livre de la religion.*

7. Voir cependant les *Aphorismes*, sect. 7 [29.15] : « La *fikriyya* est cette [faculté] avec laquelle quelqu'un *yurawwî* dans la chose que nous voulons faire. »

8. *La Cité vertueuse* [58.20] est plus proche en ce sens du compte rendu initial sur le souverain suprême dans *Le Livre de la religion* [44.6-7], tandis que *Le Régime politique* est plus proche des comptes rendus sur la science politique dans *Le Livre de la religion* [sect. 11ff. (52, 10ff.)].

9. Dans le paragraphe précédent, Alfarabi élargit le sens de ce terme en y incluant aussi bien les actions, c'est-à-dire en le rendant coextensif à la religion.

10. *Le Livre de la religion* (sect. 8 et début) est clair sur ce sujet. Voir les dimensions de ce problème dans *La Cité vertueuse*, *Le Régime politique* et les *Aphorismes.*

11. A la fois dans son contenu et sa forme, la présentation de la relation entre la jurisprudence et la philosophie est une répétition de celle de la relation entre la religion et la philosophie présentée dans *Le Livre de la religion*, 46, 22 ff.

12. Cette distinction et cette subordination semblent liées au problème du savoir en tant qu'il est un et fractionné, tel qu'il est présenté dans *Le Sophiste* de Platon, 257c7-d3. Voir Klein 1965, 84-86.

13. Voir Klein, 1965, 85.

14. Cf. la définition de la philosophie humaine et politique dans *L'Enumération des sciences*, chapitre 5 (104-107).

15. Cette question est discutée en détail dans *L'Obtention du bonheur.*

## *6. La cité vertueuse*

1. Selon la psychologie aristotélicienne, telle qu'Alfarabi la présente dans ses œuvres politiques, la perfection de la faculté rationnelle consiste dans sa correspondance ou son « contact » avec l'intellect actif.

## *7. Prophétie et révélation*

1. *Aphorismes*, 58, 8 ; 61, 8 ; 66, 4 ; *La Cité vertueuse*, 244, 12 (Walzer). Alfarabi parle de la « conception d'Aristote » du jugement pratique dans les *Aphorismes*, 89, 12-15 ; mais il n'y mentionne pas le jugement pratique « complet ».

2. Voir les significations de *w.h.y.* dans B. Kazimirski, *Dictionnaire arabe-français*, Maisonneuve, 1460.

3. *Epître sur l'intellect*, 12ff. ; et *Le Régime politique*, 32ff., pour l'exposé de l'intellect en acte, l'intellect potentiel et l'intellect passif. La relation forme-matière parmi les intelligences divines se trouve dans l'*Epître sur l'intellect.*

4. *La Cité vertueuse*, 240, 10 ; 242, 9 (Walzer). Les étapes sont : éléments de connaissance, conscience de soi et connaissance de soi, puis contact. Voir l'usage des termes « passif » et « en potentiel » dans l'*Epître sur l'intellect*, *Le Régime politique* et *La Cité vertueuse.*

5. *La Cité vertueuse*, 244, 5-14 (Walzer). Les lecteurs de la version anglaise ne doivent pas se laisser dérouter en voyant l'expression « en possession de la totalité du jugement pratique » (*muta'aqqilan 'alâ al-tamâm*) traduite par « penseur accompli » (dans *La Cité vertueuse*, 245 ; Walzer), ni par la tendance à traduire « sage » et « sagesse » (*hâkim* et *hikma*) par « philosophe » et « philosophie » dans le reste de l'ouvrage.

6. La « sagesse » comme faculté et compétence du souverain suprême est définie dans *Aphorismes*, sect. 37, 52 [le jugement pratique serait le même que la sagesse si les êtres humains étaient les choses les plus excellentes au monde et les choses les plus excellentes qui existent], 53 [sur la relation entre la sagesse et le jugement pratique], 58 [la sagesse comme l'une des composantes de l'art de gouvernement]. Comme Aristote (*Ethique à Nicomaque*, 6, 7), Alfarabi affirme [sect. 37 (54, 8-9)] que la sagesse est utilisée pour dénoter également ceux qui sont les maîtres les plus parfaits de leur art, mais il l'appelle sens figuratif, plutôt que vrai, de la sagesse. Il convient de noter que le terme « philosophie » n'apparaît pas dans les *Aphorismes* avant la sect. 94.

7. *La Cité vertueuse*, 250, 3-4 (Walzer). Alfarabi mentionne, en particulier, la faculté de prédire le futur au moyen de la faculté imaginative. C'était la fonction centrale de la prophétie dans *La Cité vertueuse*, 244, 13 (Walzer).

8. La question veut la peine d'être examinée. Les religions monothéistes accordent-elles une place aux gentilshommes ? Quelle est la synthèse alfarabienne particulière, si l'on peut dire, du radicalisme platonicien dont le perfectionnisme est exprimé par la cité en paroles, et du radicalisme corani-

que dont le perfectionnisme est exprimé dans une cité à construire par les croyants ici, sur terre ?

9. Voir *Aphorismes*, sect. 4 [25, 6, 10, 12], 21 [39, 14].

## *8. Le bonheur*

1. Ceci soulève de sérieux problèmes à l'éditeur ou au traducteur, forcé de spécifier le nom ou le pronom implicite. Les manuscrits diffèrent quant aux points diacritiques nécessaires et les signes vocaliques ne sont pas fiables. Rajouter ces signes implique de décider du genre, du nombre, de la personne et du temps du verbe ; très souvent, on ne peut le faire que sur la base de ce qui peut être appelé l'évidence circonstancielle.

2. La division du texte en quatre sections, appelées ici parties, est celle de la traduction citée en bibliographie.

3. Il est fait mention (41, 6) d'un mystérieux personnage qui aurait représenté la matière par l'abysse, l'obscurité ou l'eau, et le néant par l'obscurité. Alfarabi ne livre pas le nom de ce prophète anonyme, mais l'allusion suivant laquelle « la philosophie a précédé la religion dans le temps. » (41, 12) suggère qu'il a imité Platon.

4. La trilogie d'Alfarabi, *La Philosophie de Platon et d'Aristote*, était également connue sous le titre des *Deux Philosophies*.

## *9. Le point de départ d'Aristote*

1. Voir la distinction entre la certitude, la conviction et la croyance au début de *L'Obtention du bonheur*, sect. 2-3.

2. Dans cette note, la référence est aux sections 19 et 37 de la traduction citée ci-dessus.

3. Par « introduction », j'indique la partie qui précède l'exposé des écrits d'Aristote qui commence par une présentation des *Catégories*, c'est-à-dire *La Philosophie d'Aristote*, 59, 5-72. 16 ou sect. 1-3 et une partie de la section 4.

4. A la différence de Porphyre dont l'Introduction aux *Catégories* traite du langage et des prédicats, l'introduction d'Alfarabi présente la totalité du corpus logique et physique d'Aristote.

5. L'expression figure cinq fois dans *La Philosophie d'Aristote*, sect. 1 ; *yarâ*, *doxein*, est le verbe d'où dérive *ra'y* (*doxa*), opinion ; comme *doxein*, il signifie aussi résoudre.

6. Les expressions « certitude » et « démonstration » ne figurent pas dans *La Philosophie de Platon.*

7. L'autre subdivision de l'utile est le « vertueux » ou « le bénéfique ». Voir *La Philosophie de Platon*, sect. 13-16, 20 ; la dernière section dit que la philosophie est l'utile-nécessaire. Voir cependant le développement subséquent de la notion « utile » dans *La Philosophie d'Aristote.*

8. Cette référence supplémentaire et l'horizon de la science pratique, *in*60, 20-61, 21.

9. Elle n'est pas mentionnée avant la section 8 [68, 7ff.] où elle figure en rapport avec les actes spécifiquement humains.

## *10. De la philosophie et de la religion*

1. Sect. 142-143 ; en outre, cf. sect. 215ff., sur les différentes méthodes ; cf., également, sect. 98-98 sur les visions du non-être par la multitude, les premiers parmi les Anciens, les premiers physiciens et les penseurs « divins », respectivement.

2. Nous avons affaire à l'enquête sur les sujets théoriques, la physique et les mathématiques ; 150, 9-10 ; 150, 11 ; 151, 5.

3. Voir le résumé par Alfarabi de *L'Organon* [Université de Bratislava, MS 231, TE 41, fol. 180b] sur la poésie philosophique : Empédocle et les Pythagoriciens. Sur les méthodes logiques, notamment en liaison avec 152, 2-6, cf. *ibid.*, fol. 180b, 217b, 218a, 219b et *La Philosophie d'Aristote.* Sur l'usage post-démonstratif de la rhétorique, voir *La Rhétorique* 57, 4-9. Sur un aspect curieux de la rhétorique et de la poésie post-démonstrative, voir sect. 165.

4. Voir les commentaires sur sect. 148 *infra.*

5. Voir *L'Obtention du bonheur.* Il est réalisé par la faculté de prudence dont l'activité n'est pas confinée à ces objets pratiques, mais couvre l'art d'accorder les *nomoi* en général.

6. Voir *La Rhétorique* et *La Philosophie d'Aristote* ; ils comprennent des arguments et des méthodes externes : menaces et promesses.

7. Jusqu'ici la section 144 élabore et explique la version précédente de la section 108. On peut trouver des développements conséquents dans *L'Obtention du bonheur*, *La Philosophie d'Aristote* et *Les Lois de Platon.*

8. Cf. le contexte de l'expression conditionnelle en 131, 15.

9. Cf. *L'Obtention du bonheur*, *La Cité vertueuse* et *Le Régime politique.*

10. Section 112 : « Sur la relation entre le juriste et l'homme prudent ».

11. 159, 1 ; cf. 151, 15-16 ; 151, 18 ; et *L'Obtention du bonheur*, où la vraie philosophie vient des Grecs, de Platon et Aristote.

12. La suite décrit la situation telle que l'a trouvée Alfarabi et les solutions qu'il apporte.

## *11. La religion et la vision cyclique de l'histoire*

1. *Par-delà le bien et le mal*, Gallimard, Folio/essais, pp. 75-76.

# Bibliographie

## 1. OUVRAGES D'ALFARABI

*L'Obtention du bonheur.* Texte arabe : *Tahsîl al-sa'âda*, Hyderabad, 1345 H./1931. Traduction anglaise avec une introduction par Muhsin Mahdi : « Attainment of Happiness », in *Alfarabi's Philosophy of Plato and Aristotle* ; édition révisée, Cornell Paperbacks, Pt. I, Ithaca, New York, 1969.

Les renvois sont faits aux pages et lignes de l'édition de Hyderabad. Voir les notes marginales du texte arabe de *L'Obtention du bonheur* dans *Alfarabi's Philosophy of Plato and Aristotle*, pp. 149-156. Ce dernier volume comprend, en plus de *L'Obtention du bonheur*, *La Philosophie de Platon* et *La Philosophie d'Aristote*, qui forment ensemble une trilogie.

*Le Livre des lettres.* Texte arabe édité par Muhsin Mahdi : *Kitâb al-Hurûf* (Alfarabi's Book of Letters : A Commentary on Aristotle's Metaphysics), Beyrouth, 1969. Traduction anglaise avec texte arabe révisé par l'auteur, à paraître.

*Le Livre de la religion.* Texte arabe édité par Muhsin Mahdi : *Kitâb al-milla wa-nusûs ukhrâ* (Alfarabi's Book of Religion and Related Texts), Beyrouth, 1968. Traduction française : « Traité de la religion », *in* Dominique Mallet, *Deux Traités philosophiques*, I.F.D., Damas, 1989. Traduction anglaise par Charles E. Butterworth, à paraître.

*L'Enumération des sciences.* Texte arabe édité par Osmane Amine :

*Ihsâ' al-'ulûm*, 2e édition, Le Caire, 1949. Traduction anglaise du chapitre 5 par Fauzi M. Najjar : « The Enumeration of the Sciences », in *Medieval Political Philosophy : A Sourcebook*, éd. par Ralph Lerner et Muhsin Mahdi avec la collaboration d'Ernest L. Fortin, New York, 1963 ; réimp., Cornell Paperbacks, Ithaca, New York, 1984, sect. 1. Deux version latines de l'ouvrage, une traduction et une adaptation, éditées avec le texte arabe et une traduction espagnole, se trouvent dans Angel Gonzalez Palencia, *Al-Fârâbî : Catalogo de las ciencias*, 2e éd., Madrid, 1953. La traduction latine (pp. 117-176), littérale et précise dans l'ensemble, est due à Gérard de Crémone. L'adaptation (pp. 83-115), publiée pour la première fois par Camerarius, et attribuée de façon plausible à Gundissalinus (qui utilisa la classification des sciences par Alfarabi dans son « De Divisione scientiarum »), fut éditée sous son nom par Manuel Alonso, s.j., *Domingo Gundisalvo : De scientiis*, Madrid, 1954.

*Epître sur l'Intellect.* Texte arabe édité par Maurice Bouyges, s.j. : *Alfarabi Risâlat fi'l-'aql*, Beyrouth, 1938. Traduction anglaise par Arthur Hyman, « Letter Concerning the Intellect », *in* Arthur Hyman et James J. Walsh (éd.), *Philosophy in the Middle Ages : The Christian, Islamic, and Jewish Traditions*, New York, 1967. Traduction latine médiévale avec sa tradition française, *in* E. Gilson, *Les Sources gréco-arabes de l'augustinisme avicennisant*, suivi de Louis Massignon, « Notes sur le texte original arabe du "de Intellectu" d'Alfarabi », Paris, 1981.

*Les Expressions.* Texte arabe, avec introduction et notes de Muhsin Mahdi : *al-Alfâz al-musta'mala fi'l-mantiq* (The Utterances Employed in Logic), Beyrouth, 1968.

*L'Harmonisation.* Texte arabe édité par Friedrich Dieterici : « The Harmonization of the Opinions of Plato and Aristotle (*al-Jam' bayna ra'yay al-hakîmayn Aflâtûn al-ilâhî wa Aristûtâlîs*) », in *Althamara al-Mardiyya*, Leyde, 1890 ; nouvelle édition arabe par Albert Nader, Beyrouth, 1968 ; en préparation une nouvelle édition du texte, avec traduction anglaise par Fauzi M. Najjar. Texte arabe et traduction française : *L'Harmonie entre les opinions de Platon et Aristote*, par Fawzi Mitri Najjar et Dominique Mallet, I.F.D., 1999.

*Des Objectifs de la Métaphysique d'Aristote.* Texte arabe édité par

Friedrich Dieterici : « Fî Aghrâd al-Hakîm », in *Althamara al-mardiyya*, Leyde, 1890.

*Les Lois de Platon.* Texte arabe et traduction latine par Francesco Gabrieli : *Alfarabius Compendium Legum Platonis*, Londres, 1952.

*De la Naissance (ou réapparition) de la philosophie.* Fragments *in* Ibn Abî Usaybi'ah : *'Uyûn al-anbâ' fî tabaqât al-atibbâ'*, texte arabe édité par August Müller, Nachtragsband, Le Caire-Königsberg, 1882-1884, pp. 49, 78 ; traduction allemande *in* Franz Rosenthal, *Das Fortleben des Antike im Islam*, Zürich-Stuttgart, 1965, pp. 74-76 ; traduction anglaise par Emile et Jenny Marmostein, *The Classical Heritage of Islam*, Berkeley, Californie, 1975 ; traduction partielle en allemand, *in* Max Meyerhof, *Von Alexandrien nach Bagdad : Ein Beitrag zur Geschichte des philosophischen und medizinischen Unterrichts bei den Arabern*, SPAW, phil.-hist., K1, 23 [Berlin 1930], pp. 387-429 ; tradition allemande partielle par Gotthard Strohmaier, « "Von Alexandrien nach Bagdad" Eine fictive Schultradition », *in* Jüren Wiesner (éd.), *Aristoteles : Werk und Wirkung — Paul Moraux Gewidmet*, Berlin, 1987, v. 2, pp. 380-389 ; traduction anglaise d'un fragment supplémentaire par Muhsin Mahdi, « Al-Alfarabi », in *Dictionary of Scientific Biography*, v. 4, pp. 523-526 ; traduction française à partir d'al-Mas'ûdî, *in* Michel Tardieu, « Sabiens coraniques et "Sabiens" de Harran, *Journal asiatique*, 274, 1986, 1-44.

*La Philosophie d'Aristote.* Texte arabe édité par Muhsin Mahdi : *Falsafat Aristûtâlîs* (Al-Fârâbî's Philosophy of Aristotle), Beyrouth, 1961 ; traduction anglaise, in *Alfarabi's Philosophy of Plato and Aristotle*, III^e^ partie.

*La Philosophie de Platon.* Texte arabe édité et traduit en latin par Franz Rosenthal et Richard Walzer : *Alfarabius de Platonis Philosophia* (*Falsafat Aflâtûn*), Londres, 1943 ; traduction anglaise in *Alfarabi's Philosophy of Plato and Aristotles*, II^e^ partie.

*Le Régime politique.* Texte arabe édité par Fauzi M. Najjar : *al-Siyâsa al-madaniyya* (Alfarabi's The Political Regime, Also Known as the Treatise of the Principle of Beings) ; traduction anglaise partielle de Fauzi M. Najjar, in *Medieval Political Philosophy : A Sourcebook*, sect. 2.

*La Rhétorique.* Texte arabe édité par J. Langhade et M. Grignaschi : *Kitâb al-Khatâba* (Alfarabi : Deux ouvrages inédits sur la Rhétorique), Beyrouth, 1971.

*Aphorismes.* Texte arabe édité par Fauzi M. Najjar : *Alfârâbî's Fusûl Muntaza'a* (Selected Aphorisms), Beyrouth, 1971 ; édition et tradition anglaise partielles par D. M. Dunlop, *Al-Fârâbî : The Fusûl al-Madanî* (Aphorismes de l'homme d'Etat), Cambridge, 1961.

*La Cité vertueuse.* Texte arabe édité par Friedrich Dieterici : *Arâ' ahl al-madîna al-fâdila,* Leyde, 1895 ; texte arabe et traduction anglaise par Richard Walzer, *Al-Alfarabi On the Perfect State : Abû Nasr al-Fârâbi's Mabâdi' Arâ' ahl al-madîna al-fâdila,* texte révisé avec une introduction, une traduction et un commentaire, Oxford, 1985. Les renvois sont aux pages et lignes de l'édition Dieterici, sauf pour les mentions « Walzer ». Edition arabe avec une traduction française : *Idées des habitants de la Cité vertueuse,* par Y. Karam, J. Chlala et P. A. Jaussen, Beyrouth, 1980 ; édition française : *Traité des opinions des habitants de la Cité idéale,* par Tahani Sabri, Vrin, 1990.

## 2. AUTRES OUVRAGES

### *A. Textes médiévaux*

Averroès, *Le Traité décisif.* Texte arabe : *Fasl al-maqâl,* édité par George F. Hourani, Londres, 1959 ; traduction en anglais par George F. Hourani, *On the Harmony of Religion and Philosophy,* Londres, 1961 ; traduction française par L. Gauthier, Ibn Rochd : *Traité décisif sur l'accord de la religion et de la philosophie,* Alger, 1948 ; nouvelle traduction française : *Discours décisif,* par Marc Geoffroy, GF-Flammarion, 1996.

— *Parva Naturalia.* Texte arabe édité par Harry Blumberg : *Averrois Dordubensis compendia librorum Aristotelis qui Parva Naturalia vocantur,* Cambridge, MA, 1972 ; traduction anglaise par Harry Blumberg, *Averroes Epitome of Parva Naturalia,* Cambridge, MA, 1961.

Avicenne, *Des Divisions des sciences rationnelles.* Texte arabe in

*Rasâ'il*, Le Caire, 1908 ; traduction anglaise partielle par Muhsin Mahdi, in *Medieval Political Philosophy : A Sourcebook*, section 5.

Al-Ghazâlî, *al-Munqidh min al-Dalâl* (La Délivrance de l'erreur), texte arabe édité par Jamil Saliba et Kamil Ayyad, 3e éd., Damas, 1939 ; traduction française : *Erreur et délivrance*, par Farid Jabre, Beyrouth, 1959.

— *Tahâfut al-Falâsifah* (L'Incohérence des philosophes), texte arabe édité par Maurice Bouyges, s.j., Beyrouth, 1927 ; traduction anglaise par Sabih Ahmad Kamali, Lahore, 1958.

Falaquera, *Reschith Chokhmah*, édité par M. David, Berlin, 1902.

Ibn Tufayl, *Hayy ibn Yaqzân*. Texte arabe édité par Léon Gauthier. *Hayy Ben Yaqdhân : Roman philosophique d'Ibn Tofaïl*, texte arabe et traduction française, 2e édition, Beyrouth, 1936. Traduction anglaise partielle par George Atiyeh, « Ibn Tufayl, Hayy the Son of Yaqzan », in *Medieval Political Philosophy : A Sourcebook*, sect. 9.

Maïmonide, *Logique*. Texte arabe édité par Mübahat Türker, Mûsâ Ibn-i Meymûn'un Al-Makâla fî Sinâ'at al-Mantik Inin Arabça Asli, Ankara Üniversitesi Dil ve Tarih CoÈrafya Fakütesi Dergisi, 18, 1-2 [1961], 40-64 ; traduction anglaise du chap. 14 par Muhsin Mahdi, in *Medieval Political Philosophy : A Sourcebook*, sect. 11.

— *Le Guide des égarés*. Texte arabe : *Dalâlat al-Hâ'irîn*, édité par S. Munk ; *Le Guide des égarés*, 3 vol., Paris, 1856-1866 ; traduction anglaise par Shlomo Pines, *The Guide of the Perplexed*, traduction avec une introduction et des notes, et un essai par Leo Strauss, Chicago, 1963 ; traduction partielle par Ralph Lerner et Muhsin Mahdi, in *Medieval Political Philosophy : A Sourcebook*, sect. 12.

Sa'îd al-Andalusî, *Les Classes des Nations*. Texte arabe : *Tabaqât al-Umam*, édité par Louis Cheikho, Beyrouth, 1912.

### *B. Textes modernes*

Etienne Gilson, *Histoire de la philosophie chrétienne au Moyen Age*, Paris, 1955.

Martin Heidegger, *Introduction à la Métaphysique*, traduit par Gilbert Kahn, Gallimard, 1967.

Jacob Klein, *A Commentary on Plato's Meno*, Chapel Hill, NC, 1965.

Muhsin Mahdi, « Al-Ta'âlîm wa 'l-tajriba fî 'l-tanjîm wa 'l-mûsîqâ », in *Nusûs falsafiyya muhdât ilâ al-duktûr Ibrâhîm Madkour*, édité par 'Uthmân Amîn, Le Caire, 1976.

Ibrahim Madkour, *La Place d'al-Fârâbî dans l'école philosophique musulmane*, Paris, 1934.

Richard J. McCarthy, *Freedom and Fulfillment*, Boston, 1980.

Friedrich Nietzsche, *Par-delà le bien et le mal*, traduit de l'allemand par Cornelius Heim, Gallimard, 1975 ; Folio/essais, 1987.

Fadlou A. Shehadi, *Ghazali's Unique Unknowable God*, Leyde, 1964.

Mohamed A. Sherif, *Ghazali's Theory of Virtue*, Albany, NY, 1975.

Leo Strauss, « Ein vermisste Schrift Fârâbis », in *Monatschrift für Geschichte und Wissenschaft des Judentums*, 1936.
— « Farabi's Plato », in *Louis Ginzberg Jubilee Volume*, American Academy for Jewish Research, 1945.

# Références

Les chapitres sont des versions récrites de textes qui furent publiés ou proposés à publication. Ce sont, dans l'ordre :

1. *The Political Orientation of Islamic Philosophy*, Occasional Papers Series, Center for Contemporary Arab Studies, Washington, DC, 1982.

2. Philosophy and Political Thought, in *Arabic Sciences and Philosophy 1*, 1990, pp. 9-29.

3. Al-Fârâbî and the Foundation of Islamic Philosophy, in *Islamic Philosophy and Mysticism*, édité par Parviz Morewedge, Caravan Books, Delmar, NY, 1981, pp. 3-21.

4. Science, Philosophy and Religion in Alfarabi's *Enumeration of the Sciences*, in *The Cultural Context of Medieval Learning*, dirigé par J. E. Murdoch et E. E. Sylla, D. Reidel Publishing Company, Dordrecht, Hollande et Boston, Etats-Unis, 1975, pp. 113-47.

5. Alfarabi on Political Philosophy and Religion, conférence à l'Institut du monde arabe, Paris.

6. Alfarabi, in *History of Political Philosophy*, dirigé par Leo Strauss et Joseph Crospey, Rand McNally, Chicago, 1963, pp. 160-80.

7. Prophecy and Revelation in *Alfarabi's Political Philosophy*.

8. Remarks on Alfarabi's Attainment of Happiness, in *Essays on Islamic Philosophy and Science*, dirigé par George F. Hourani, State Univesity of New York Press, Albany, NY, 1975, pp. 47-66.

9. Alfarabi on Aristotle's Starting Point, in *Philosophies of Being and Mind : Ancient and Medieval*, édité par James T.H. Martin, Caravan Books, Delmar, NY, 1992, pp. 221-33.

10. Alfarabi on Philosophy and Religion, in *Philosophical Forum* *4*, 1 [1972], pp. 5-25.

11. Religion and the Cyclical View of History, in *Hommage à Jean Jolivet*, Vrin, Paris, 1998.

# Table

## DANS LA MÊME COLLECTION

JACQUES BERQUE
*Relire le coran*

J. BOTTÉRO, CL. HERRENSCHMIDT, J.-P. VERNANT
*L'Orient ancien et nous. L'écriture, la raison, les dieux*

OLEG GRABAR
*Penser l'art islamique. Une esthétique de l'ornement*

OLEG GRABAR ET SAID NUSEIBEH
*Le Dôme du Rocher, Joyau de Jérusalem*

ABDALLAH LAROUI
*Islam et histoire. Essai d'épistémologie*

*La composition de cet ouvrage*
*a été réalisée par Nord Compo,*
*l'impression et le brochage ont été effectués*
*sur presse Cameron*
*dans les ateliers de* ***Bussière Camedan Imprimeries***
*à Saint-Amand-Montrond (Cher),*
*pour le compte des Éditions Albin Michel.*

*Achevé d'imprimer en octobre 2000.*
*N° d'édition : 19254. N° d'impression : 004654/4.*
*Dépôt légal : novembre 2000.*